DEIN COACH ZUM ERFOLG!

Dein ActiveBook auf My**STARK**:

Du kannst auf alle digitalen Inhalte zu diesem Band online zugreifen. Registriere dich dazu unter **www.stark-verlag.de/mystark** mit deinem **persönlichen Zugangscode:**

C02500-001013

Die Inhalte dieser Auflage stehen bis Schuljahresende zur Verfügung.

MySTARK

Das Active**Book** *bietet dir:*

- Viele zusätzliche interaktive Übungsaufgaben zu allen prüfungsrelevanten Kompetenzbereichen
- Sofortiges Feedback und Auswertung der Ergebnisse
- Interaktive Lösungen: in kleinen Schritten zum Ergebnis
- Vorgerechnete Beispiele als weitere Hilfe
- Lernvideos mit Erklärungen zu zentralen Themen
- Online-Glossar zum Nachschlagen wichtiger Definitionen

DEIN COACH ZUM ERFOLG!

So kannst du interaktiv lernen:

Interaktive Aufgaben

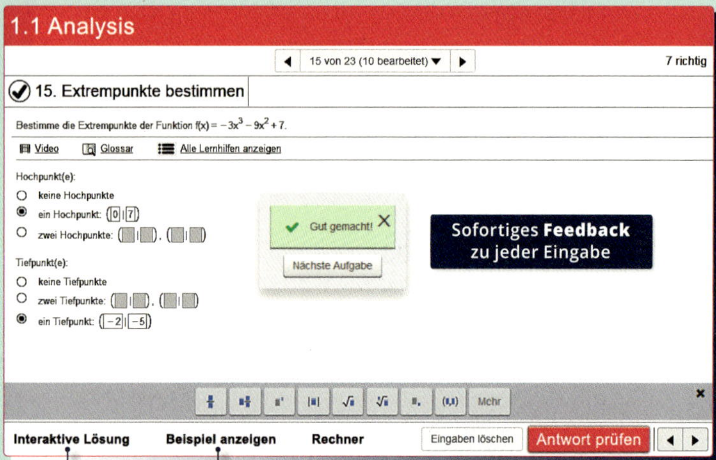

Interaktive Lösung mit kleinschrittiger Anleitung zu jeder Aufgabe

Vorgerechnetes **Beispiel** zu jeder Aufgabe

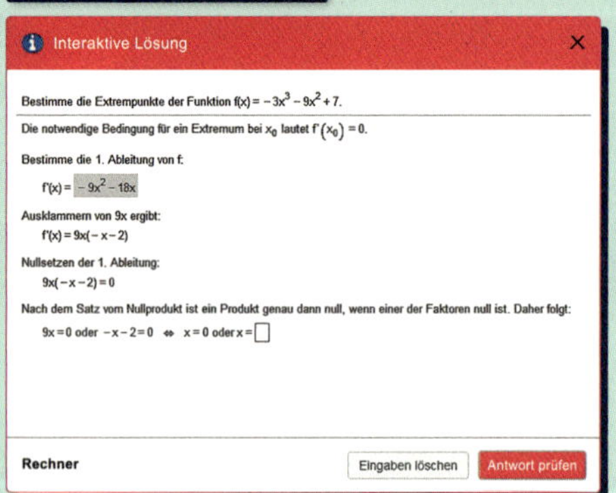

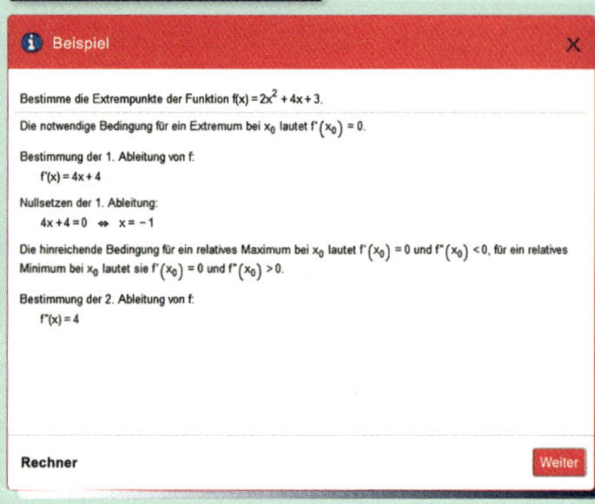

Systemvoraussetzungen:

- Mindestens 1024×768 Pixel Bildschirmauflösung
- Chrome, Firefox oder ähnlicher Webbrowser
- Internetzugang

2023

Abitur

Original-Prüfungsaufgaben
mit Lösungen

Hamburg

Mathematik

STARK

13. ergänzte Auflage
www.stark-verlag.de

Inhalt

Sobald die Original-Prüfungsaufgaben 2022 freigegeben sind, können sie als PDF auf der Plattform MyStark heruntergeladen werden (Zugangscode vgl. Farbseiten vorne im Buch).

ActiveBook Interaktives Training

Ihr Coach zum Erfolg: Mit dem **interaktiven Training zum hilfsmittelfreien Teil des Abiturs** lösen Sie online auf MyStark Aufgaben, die speziell auf diesen Prüfungsteil zugeschnitten sind. Am besten gleich ausprobieren! Ausführliche Infos inkl. Zugangscode finden Sie auf den Farbseiten vorne in diesem Buch.

Sitzen alle mathematischen Begriffe? Im interaktiven Training und unter www.stark-verlag.de/mathematik-glossar/ finden Sie ein kostenloses Glossar zum schnellen Nachschlagen aller wichtigen Definitionen mitsamt hilfreicher Abbildungen und Erläuterungen.

Autor der Lösungen:

Dr. Jürgen Leitz

Vorwort

Liebe Schülerinnen und Schüler,

mit dem vorliegenden Buch geben wir Ihnen eine **optimale** Hilfestellung zur Vorbereitung auf die **Abiturprüfung** in **Hamburg**.

- Im ersten Teil des Buches erhalten Sie zahlreiche **Informationen zum Abitur**, die für eine gezielte Vorbereitung auf die Abiturprüfung hilfreich und wichtig sind. Hierzu gehören die komplette Auflistung der Schwerpunktthemen für das **Abitur**, die **Hinweise zum Prüfungsablauf** sowie alles Wissenswerte zum Aufbau und zu den Anforderungen der Prüfungsaufgaben.
- Weiter geben wir Ihnen eine Vielzahl **praktischer Hinweise**, die Ihnen sowohl bei der Vorbereitung auf die Abiturprüfung als auch während der Prüfung (Klausuren) ermöglichen, gestellte Prüfungsaufgaben gut zu lösen.
- Sie finden in diesem Band die **Original-Abituraufgaben 2019 bis 2021**. Die **Original-Abituraufgaben 2022** stehen Ihnen auf der **Plattform MyStark** zum Download zur Verfügung. Somit können Sie sich ein Bild davon machen, welche Anforderungen an die Abiturprüfung in den vergangenen Jahren gestellt wurden.
- Zu allen Aufgaben finden Sie vollständige und schülergerechte **Lösungsvorschläge**. Zusätzlich werden in den **Hinweisen und Tipps**, die zwischen Aufgabe und Lösung stehen, die Lösungsansätze dargestellt, ohne dass die Lösung vorweggenommen wird. Hier können Sie nachlesen, wenn Sie nicht wissen, wie Sie mit der Lösung einer Aufgabe anfangen sollen. Die Hinweise und Tipps sind hierarchisch nach aufsteigender **Hilfestellung** sortiert, sodass Sie nach dem Lesen des ersten Tipps nochmals nachdenken sollten, ob Sie jetzt die Lösung schaffen. Erst dann lesen Sie den zweiten Hinweis, der den Lösungsansatz genauer beschreibt.
- Damit Sie in diesem Buch passende Aufgaben zum Üben heraussuchen können, z. B. für die Vorbereitung auf eine anstehende Klausur, finden Sie gleich am Anfang ein **Stichwortverzeichnis**.

Wir wünschen Ihnen viel Erfolg bei der Vorbereitung auf das Abitur und bei Ihrer Prüfung, nicht nur im Fach Mathematik!

Dr. Jürgen Leitz und Stark Verlag

Stichwortverzeichnis 2019 – 2021

I. Analysis

II. Lineare Algebra/Analytische Geometrie

III. Stochastik

Allgemeine Hinweise zum Zentralabitur

Ablauf der schriftlichen Abiturprüfung

Zentrale schriftliche Prüfung

Die Abiturprüfung bildet den Abschluss der zweijährigen Studienstufe, die in Hamburg als Profiloberstufe ausgestaltet ist. An allen allgemeinbildenden und den berufsbildenden Gymnasien sowie an den Stadtteilschulen in Hamburg wird das Abitur mit zentraler Aufgabenstellung durchgeführt. Die Abituraufgaben werden in der Hamburger Behörde für Schule und Bildung entwickelt.
Das Abitur kann in Mathematik auf dem grundlegenden oder dem erhöhten Anforderungsniveau abgelegt werden. Ob das Anforderungsniveau in Mathematik grundlegend oder erhöht ist, wurde vor dem Eintritt in die Profiloberstufe verbindlich festgelegt, die Prüfung muss in dem gewählten Niveau abgelegt werden.
Den ersten von vier Aufgabenblöcken bildet der **hilfsmittelfreie Teil**. Im Rahmen dieses Aufgabenblocks müssen **mehrere kleinere** Aufgaben, die die Sachgebiete Analysis, Analytische Geometrie bzw. Lineare Algebra und Stochastik umfassen, bearbeitet werden. Die Bearbeitung dieses Teils muss – wie der Name schon andeutet – ohne Hilfsmittel wie Taschenrechner und Formelsammlung erfolgen.

Die prüfungsrelevanten Inhalte der Studienstufe

Modul 1 (Von der Änderungsrate zum Bestand)
Funktionen und Änderungsraten • zu Anwendungskontexten mit funktionalen Zusammenhängen mathematische Modelle erstellen und Funktionsgraphen darstellen • Veränderungen der Graphen von Funktionen bei Variation von Parametern untersuchen und diese Veränderungen beschreiben • lineare Gleichungssysteme aufstellen und lösen zur Bestimmung der Koeffizienten ganzrationaler Funktionen • Funktionswerte aus Argumenten bestimmen und umgekehrt, auch durch Lösen von Gleichungen, und die Ergebnisse im Anwendungskontext interpretieren • geeignetes Verfahren auswählen und anwenden zur Lösung von linearen, quadratischen und biquadratischen Gleichungen sowie einfachen Bruch- und Wurzelgleichungen • Sekanten- und Tangentensteigung an Funktionsgraphen bestimmen sowie die Annäherung der mittleren an die lokale Änderungsrate beschreiben • lokale Änderungsraten berechnen und im Anwendungskontext interpretieren • Änderungsraten funktional beschreiben (Ableitungsfunktion) und im Anwendungskontext interpretieren • Ableitungsgraphen aus Funktionsgraphen entwickeln und umgekehrt

- Funktionen mithilfe von Faktor-, Potenz-, Summen- und Kettenregel ableiten
- Ableitungen als notwendige und hinreichende Bedingungen zur Bestimmung von Monotonie, Krümmungsverhalten sowie lokalen Extrem- und Wendepunkten von Funktionen anwenden und im Anwendungskontext interpretieren
- funktionale Zusammenhänge in Anwendungssituationen mit abschnittsweise definierten Funktionen modellieren und die Übergänge auf Sprung- und Knickfreiheit untersuchen
- Passung und Grenzen gewählter mathematischer Modelle in den jeweiligen Anwendungskontexten überprüfen und Modelle zielgerichtet modifizieren
- das Verhalten von Funktionen im Unendlichen beschreiben und ggf. senkrechte und waagerechte Asymptoten bestimmen
- erkennbare Symmetrie (Achsensymmetrie zur y-Achse und Punktsymmetrie zum Koordinatenursprung) für Argumentationen und zur Vereinfachung von Berechnungen nutzen
- einen Plan zur Lösung von Optimierungsproblemen entwickeln und umsetzen, den Lösungsweg argumentativ darstellen und das Vorgehen reflektieren

Zusätzlich im erhöhten Anforderungsniveau

- Ableitung mithilfe der Approximation durch lineare Funktionen deuten
- Randextrema bestimmen
- Nullstellen, Extrem- und Wendepunkte von Funktionsscharen bestimmen in Abhängigkeit von Parametern und unter Berücksichtigung von Fallunterscheidungen
- Funktionsscharen bei der Lösung von Problemen anwenden

Bestandsänderungen

- Bestandsänderungen in Anwendungskontexten als Fläche unter Funktionsgraphen beschreiben und die Flächen als Bestandsveränderungen interpretieren
- Inhalte von Flächen unter Funktionsgraphen näherungsweise durch Berechnung von Ober- und Untersummen mithilfe digitaler Mathematikwerkzeuge (Tabellenkalkulation, CAS) bestimmen und deren gegenseitige Annäherung bei steigender Anzahl von Teilintervallen beschreiben
- Hauptsatz der Differenzial- und Integralrechnung begründen und geometrisch veranschaulichen
- den Zusammenhang von Integral und Ableitung nutzen, auch in Anwendungskontexten
- Stammfunktion von ganzrationalen Funktionen und Potenzfunktionen mit rationalen Exponenten (mit Ausnahme von –1) sowie von der Sinus- und der Kosinusfunktion bestimmen, auch mithilfe der Summen- und Faktorregel
- Integrale in Anwendungskontexten zur Berechnung von Mittelwerten von Funktionen nutzen
- Integrale mithilfe von Stammfunktionen und durch Abschätzungen bestimmen, auch zur Berechnung des Inhalts der Fläche zwischen zwei Funktionsgraphen

Zusätzlich im erhöhten Anforderungsniveau

- das Volumen von Körpern bestimmen, die durch Rotation von Funktionsgraphen um die Abszissenachse entstehen
- die Volumenformel für Körper begründen, die durch Rotation von Funktionsgraphen um die Abszissenachse entstehen
- bestimmte Integrale bei Sinus- und Kosinusfunktionen mit linearen Argumenten als Bestandsänderungen berechnen
- elementare Rechenregeln für bestimmte Integrale anwenden und Symmetriebetrachtungen nutzen

Verbindliche Funktionsklassen

- ganzrationale Funktionen
- einfache gebrochen-rationale Funktionen
- einfache Wurzelfunktionen
- Potenzfunktionen $f(x) = x^q$, $q \in \mathbb{Q}$
- Sinus- und Kosinusfunktionen
- Funktionen, die durch elementare Verknüpfungen und Verkettungen dieser Funktionen entstehen

Unter einfachen Funktionen werden Funktionen verstanden, deren jeweiliger Graph aus dem Graphen zu $f(x) = \frac{1}{x}$ bzw. $f(x) = \sqrt{x}$ durch Verschieben in x-Richtung und y-Richtung, Strecken in x- oder y-Richtung sowie Spiegeln an den Koordinatenachsen hervorgehen kann.

Modul 2 (Der Zufall steht Modell)

- Häufigkeits- und Wahrscheinlichkeitsverteilungen auf unterschiedliche Weise (z. B. mit Histogrammen und Boxplots) darstellen, diese Darstellungen interpretieren und nutzen und deren Angemessenheit beurteilen
- Lage- und Streumaße bestimmen und deuten, u. a. Varianz und Standardabweichung
- Zufallsexperimente durch Ergebnismengen und Baumdiagramme beschreiben
- je nach Situation auf angemessene Grundvorstellungen zum Wahrscheinlichkeitsbegriff zurückgreifen (z. B. als beste prognostische Erwartung, als erwartete relative Häufigkeit, als relativer Anteil nach Laplace)
- die Begriffe relative Häufigkeit und Wahrscheinlichkeit sowie arithmetisches Mittel und Erwartungswert sachgerecht voneinander unterscheiden und ihre gegenseitige Beziehung nutzen
- Baumdiagramme und Mehrfeldertafeln nutzen, auch zur Bestimmung von Wahrscheinlichkeiten
- realistische Problemstellungen bearbeiten mithilfe bedingter Wahrscheinlichkeiten
- Teilvorgänge mehrstufiger Zufallsexperimente hinsichtlich stochastischer Unabhängigkeit untersuchen
- Daten aus Texten und anderen Darstellungsformen entnehmen, ihre Plausibilität mithilfe stochastischer Methoden prüfen, wahrscheinlichkeitsbasierte Aussagen beurteilen und selbst geeignete Schlüsse ziehen

Zusätzlich im erhöhten Anforderungsniveau

Komplexere Aufgabenstellungen auf derselben inhaltlichen Basis bearbeiten

Modul 3 (Koordinatengeometrie)

- im Alltag vorkommende räumliche Objekte durch geradlinig und ebenflächig begrenzte räumliche Objekte modellieren, die Modelle koordinatisieren und sie zeichnerisch als Schrägbilder und als orthogonale Projektionen auf die Koordinatenebenen darstellen
- räumliche Objekte und ihre Lage im Koordinatensystem veranschaulichen
- Streckenlängen im Raum sowie Winkelgrößen zwischen Vektoren berechnen, auch mithilfe des Skalarproduktes
- Vektoren addieren und subtrahieren, Vektoren mit einem Skalar multiplizieren sowie diese Operationen geometrisch veranschaulichen
- Vektoren im Kontext geometrischer Anwendungen auf Kollinearität untersuchen
- das Skalarprodukt geometrisch deuten

Zusätzlich im erhöhten Anforderungsniveau

Komplexere Aufgabenstellungen auf derselben inhaltlichen Basis bearbeiten

Modul 4 (Änderungsraten und Bestände)

- Mathematische Modelle zu Wachstums- und Veränderungsprozessen erstellen und modifizieren unter Verwendung von Exponentialfunktionen mit linearen Exponenten
- die Veränderungen der Graphen von Exponentialfunktionen bei Variation der Parameter beschreiben
- Graphen von Exponentialfunktionen skizzieren und jeweils den prinzipiellen Verlauf, einschließlich ihres asymptotischen Verhaltens, beschreiben
- die Ableitungsfunktionen von Exponentialfunktionen bestimmen, einschließlich der e-Funktion, von deren Verkettungen mit linearen Funktionen und von deren Summen und Produkten mit ganzrationalen Funktionen
- in Anwendungskontexten zu Exponentialfunktionen aus Argumenten Funktionswerte berechnen und umgekehrt, auch mithilfe des natürlichen Logarithmus, und die Ergebnisse interpretieren
- Zusammenhang von Ableitung und Integral auch bei Wachstums- und Veränderungsprozessen nutzen
- bei Exponentialfunktionen mit linearen Exponenten bestimmte Integrale als Bestandsänderungen berechnen, elementare Rechenregeln für bestimmte Integrale anwenden und Symmetriebetrachtungen nutzen

Zusätzlich im erhöhten Anforderungsniveau

- Auswirkungen der prinzipiell begrenzten Rechengenauigkeit von Taschenrechnern beschreiben
- Nullstellen sowie Extrem- und Wendepunkte von Funktionsscharen in Abhängigkeit von Parametern mit Fallunterscheidung bestimmen
- Funktionsscharen zum Lösen von Problemen nutzen
- die ln-Funktion als Stammfunktion von einfachen gebrochen-rationalen Funktionen nutzen
- den Verlauf von einfachen Logarithmusfunktionen beschreiben

Verbindliche Funktionsklassen

Exponentialfunktionen einschließlich der e-Funktion sowie Funktionen, die durch elementare Verknüpfungen und Verkettungen mit Funktionen aus Modul 1 entstehen

Modul 5 (Anwendungsprobleme der Stochastik)

- Zufallsexperimente mit diskreten Zufallsgrößen und den entsprechenden Wahrscheinlichkeitsverteilungen beschreiben und charakteristische Eigenschaften von Wahrscheinlichkeitsverteilungen nutzen
- die Formel für die Wahrscheinlichkeitsverteilung einer binomialverteilten Zufallsgröße begründen
- die Binomialverteilung zur stochastischen Modellierung nutzen
- Erwartungswerte und Standardabweichungen von binomialverteilten Zufallsgrößen bestimmen und nutzen
- bei binomialverteilten Zufallsgrößen die Sigma-Regeln für Wahrscheinlichkeitsaussagen nutzen
- zweiseitige Hypothesentests mithilfe der Binomialverteilung durchführen
- stochastische Modelle erstellen, interpretieren und beurteilen
- die Problematik der Übertragung von Eigenschaften einer Stichprobe auf die Grundgesamtheit reflektieren

Zusätzlich im erhöhten Anforderungsniveau

- die Unsicherheit und Genauigkeit von Hypothesentests mithilfe der Untersuchung der Wahrscheinlichkeit von Fehlern 1. und 2. Art beurteilen
- Null- und Alternativhypothesen bei einseitigen Hypothesentests aufstellen und die Tests durchführen
- mithilfe der Normalverteilung modellieren und dabei auch Erwartungswerte und Standardabweichungen von normalverteilten Zufallsgrößen für Wahrscheinlichkeitsaussagen nutzen
- den Unterschied zwischen diskreten und stetigen Zufallsgrößen am Beispiel der Binomial- und Normalverteilung beschreiben
- Wahrscheinlichkeiten einer binomialverteilten Zufallsgröße mit den durch die Normalverteilung genäherten Werten vergleichen

Wahlpflichtmodul 6 (Analytische Geometrie)

- Geraden und Ebenen mithilfe von Vektoren analytisch beschreiben
- Ebenengleichungen, auch in Koordinatenform, bei Problemlösungen nutzen
- Lagebeziehungen Punkt/Gerade sowie Punkt/Ebene untersuchen
- geeignete Verfahren zur Lösung von Gleichungssystemen auswählen und anwenden
- das Gauß'sche Eliminationsverfahren für lineare Gleichungssysteme erläutern und anwenden
- Lagebeziehungen Gerade/Gerade sowie Gerade/Ebene im Raum untersuchen und diese in Beziehung zur Lösungsvielfalt des entsprechenden Gleichungssystems setzen und begründen
- Neigungswinkel von Ebenen gegen die Horizontale mithilfe des Skalarprodukts bestimmen
- Größen von Winkeln zwischen Gerade/Gerade, Gerade/Ebene und Ebene/Ebene berechnen
- ein Verfahren zur Berechnung des Abstands zwischen Punkt und Ebene entwickeln und anwenden
- rechnerisch die Koordinaten von Bildern geometrischer Objekte in der Ebene mithilfe der Multiplikation mit 2x2-Matrizen bestimmen und anschaulich den Einfluss der Abbildungsmatrizen untersuchen
- geometrische Probleme durch strategiegestütztes Vorgehen lösen und den Lösungsweg verständlich dokumentieren

Zusätzlich im erhöhten Anforderungsniveau

- Abstand zwischen Punkt/Gerade sowie zwischen Gerade/Gerade bestimmen
- Lagebeziehung zwischen Ebene/Ebene untersuchen
- Lagebeziehung zwischen Gerade/Ebene untersuchen

Wahlpflichtmodul 7 (Lineare Algebra)

- Wachstums- und Umverteilungsprozesse sowie Produktionsverflechtungen modellieren mithilfe von Übergangsgraphen und Matrizen
- Modelle vergleichen und validieren, auch durch Interpretation von Übergangsgraphen und Matrixelementen im Kontext
- Modelle modifizieren unter Berücksichtigung zusätzlicher Einflussgrößen
- Zustandsvektoren bestimmen zur Beschreibung von nachfolgenden und vorausgehenden Zuständen, auch mithilfe von Matrixmultiplikation und inversen Matrizen
- im Anwendungskontext lineare Gleichungssysteme aufstellen, geeignete Lösungsverfahren auswählen und anwenden

- das Gauß'sche Eliminationsverfahren für lineare Gleichungssysteme erläutern und anwenden
- Fixvektoren bestimmen und interpretieren
- Lösungswege beschreibend und argumentativ darstellen

Aufbau der Prüfungsaufgaben und Dauer der Prüfung

Die **Schule** teilt dem IfBQ anlässlich der Abiturienteneingabe für jeden Kurs mit, für welchen der beiden Schwerpunkte der Aufgabe III sie sich entschieden hat:

- III.1: Schwerpunkt Lineare Algebra (ggf. mit kleinem Vektorgeometrieanteil)
- III.2: Schwerpunkt Analytische Geometrie (ggf. mit kleinem Anteil zu Matrizen und nichtgeometrischen Vektoren)

Die **Fachlehrkraft** erhält **vier** Aufgaben:

- Aufgabe I (hilfsmittelfreier Teil, bestehend aus sieben kleineren Teilaufgaben)
- Aufgabe II (Schwerpunkt Analysis)
- Aufgabe III.1 (Schwerpunkt Lineare Algebra) **oder**
  Aufgabe III.2 (Schwerpunkt Analytische Geometrie)
- Aufgabe IV (Schwerpunkt Stochastik)

Die **Aufgabe I** enthält die Unteraufgaben I.1 und I.2 (Analysis), I.3 (Lineare Algebra oder Analytische Geometrie) und I.4 (Stochastik) sowie I.5.1 (Analysis), I.5.2 (Lineare Algebra oder Analytische Geometrie) und I.5.3 (Stochastik).

Die **Abiturientin** bzw. der **Abiturient**

- erhält zuerst die Aufgabe I zur Bearbeitung,
- wählt bei erhöhtem Anforderungsniveau zwei, bei grundlegendem Anforderungsniveau eine der Unteraufgaben I.5.1, I.5.2 und I.5.3 zur Bearbeitung aus,
- bearbeitet die Unteraufgaben I.1, I.2, I.3 und I.4 sowie die ausgewählte(n) Unteraufgabe(n) I.5.x, $x \in \{1,2,3\}$,
- erhält nach Abgabe der Aufgabe I und der zugehörigen Lösungen die Aufgaben II, III.1 bzw. III.2 und IV sowie die zugelassenen Hilfsmittel,
- ist verpflichtet, die Vollständigkeit der vorgelegten Aufgaben vor Bearbeitungsbeginn zu überprüfen (Anzahl der Blätter, Anlagen usw.),
- bearbeitet die Aufgaben II, III.1 bzw. III.2 und IV.

Arbeitszeit

Grundlegendes Anforderungsniveau: 270 Minuten
Erhöhtes Anforderungsniveau: 330 Minuten
(Die Zeiten beinhalten jeweils Lese- und Auswahlzeit. Sie gelten vorbehaltlich einer abschließenden Entscheidung der Länder.)

Hilfsmittel

Taschenrechner (nicht programmierbar, nicht grafikfähig) bzw. CAS-Rechner (in Kursen mit Einsatz von Computer-Algebra-Systemen), zugelassene Formelsammlung, Rechtschreiblexikon

Gewichtung der Aufgaben

	I	II	III	IV
Grundlegendes Anforderungsniveau	25 BE	35 BE	20 BE	20 BE
Erhöhtes Anforderungsniveau	30 BE	40 BE	25 BE	25 BE

Operatoren in zentralen Prüfungsaufgaben Mathematik

Wenn Sie den Text einer Mathematikaufgabe lesen, dann fragen Sie sich: Was soll ich denn jetzt machen? Die Anweisung, was Sie tun sollen, steckt im sogenannten Operator und findet sich im Aufgabentext. Hier folgt ein Überblick über den Grundstock der in der Mathematik gebräuchlichen Operatoren, wie sie in den zentralen schriftlichen Abiturprüfungen verwendet werden. Zu jedem Operator ist die Handlungsanweisung aufgeschrieben, also das, was Sie tun sollen, und die Operatoren sind in einem Beispiel dargestellt.

Operator	**Was tun?**	**Beispiele und Anmerkungen**
Angeben Nennen	Ohne nähere Erläuterungen und Begründungen aufzählen.	„Geben Sie drei Punkte an, die in der Ebene liegen.“ Bestimmen Sie drei Punkte, die in der Ebene liegen, indem Sie die Aufpunkte der Geraden, die die Ebene aufspannen, oder andere einfache Punkte wählen.
Begründen	Die Frage „Warum …?“ in den Mittelpunkt einer textlichen Ausführung stellen.	„Begründen Sie, dass der Graph nur drei Wendepunkte hat.“ Sie müssen inhaltlich argumentieren, also den Tatbestand auf Gesetzmäßigkeiten und kausale Zusammenhänge zurückführen. „Begründen Sie, dass die zweite Ableitung höchstens drei Nullstellen hat.“ „Begründen Sie, dass die Polynomfunktion 5. Grades ….“ usw. Lückenlose Beweisketten sind nicht gefordert, nur allgemeine inhaltliche Überlegungen, die aber sprachlich gut ausformuliert werden sollten. „Begründen Sie ein Verfahren (z. B. zur Nullstellenbestimmung oder zur Abstandsbestimmung von einem Punkt zu einer Geraden) …“ Überlegen Sie, welche mathematischen Gesetzmäßigkeiten dem Verfahren zugrunde liegen und warum es funktioniert. Oft sind bei Begründungen Skizzen hilfreich.

Operator	Was tun?	Beispiele und Anmerkungen
Berechnen	Ergebnisse von einem Ansatz ausgehend durch Rechenoperationen gewinnen.	„Berechnen Sie das Volumen ....“ „Berechnen Sie die Wahrscheinlichkeit des Ereignisses.“ „Berechnen Sie den Anstieg der Kurve ...“ Rechnen Sie so lange wie möglich exakt und gehen Sie erst zum Schluss zu Näherungslösungen über, wenn es sein muss.
Beschreiben	Etwas in Textform mit eigenen Worten in vollständigen Sätzen wiedergeben.	„Beschreiben Sie den Verlauf des Graphen.“ Verwenden Sie die Begriffe (monoton) steigend, Hochpunkt usw. im Zusammenhang mit dem Koordinatensystem. „Beschreiben Sie einen Lösungsweg.“ Sie müssen die Lösung nicht finden, Sie müssen nur aufschreiben, was Sie tun würden, um die Lösung zu erhalten.
Bestimmen Ermitteln	Einen möglichen Lösungsweg aufschreiben, das Ergebnis klar bezeichnen, die numerische Lösung durch „≈“ kennzeichnen.	„Ermitteln Sie den Schnittpunkt der beiden Geraden aus der grafischen Darstellung.“ Es sind die beiden Koordinaten des Schnittpunktes im Koordinatensystem abzulesen. „Bestimmen Sie die Koordinaten des Schnittpunktes numerisch.“ Es ist die Lösungsmenge des Gleichungssystems zu berechnen.
Beurteilen	Zu einem Sachverhalt ein selbstständiges Urteil unter Verwendung von Fachwissen und Fachmethoden formulieren.	„Beurteilen Sie, welche der beiden vorgeschlagenen modellierenden Funktionen das ursprüngliche Problem besser darstellt.“ Erklären Sie fundiert, warum die eine Funktion besser als die andere passt. Sie können dazu das Verhalten der Funktionen bei kleinen x-Werten, bei den Extrempunkten oder bei den Grenzübergängen für x gegen $\pm\infty$ vergleichen.
Entscheiden	Sich auf eine von mehreren Möglichkeiten festlegen.	„Entscheiden Sie, welche Alternative die kostengünstigere ist.“ „Entscheiden Sie, welche Funktion das Problem am besten annähert.“ Es steht zunächst der Vergleich im Vordergrund. Sie müssen aus dem Kontext alles, was für die Entscheidung wichtig ist, herausfinden und gegenüberstellen. Danach treffen Sie Ihre Entscheidung.
Erläutern	Etwas in Textform mit eigenen Worten in ganzen Sätzen erklärend wiedergeben, ggf. durch andere Darstellungen ergänzen.	„Erläutern Sie, wie man den Inhalt der vom Graphen f mit der x-Achse eingeschlossenen Flächenstücke im Intervall [–1; 5] berechnen kann.“ Es ist nicht notwendig, dass Sie die Berechnungen im Einzelnen ausführen; insbesondere brauchen Sie eine Stammfunktion nicht konkret auszurechnen.

Operator	**Was tun?**	**Beispiele und Anmerkungen**
Interpre-tieren Deuten	Ergebnisse im Zusammenhang deuten.	„Interpretieren Sie das Ergebnis.“ Sie haben etwas ausgerechnet und sollen dies in einem anderen Zusammenhang bringen, z. B.: „Was bedeutet diese berechnete Dosis des Medikamentes für den Patienten?“ „Interpretieren Sie die Matrix.“ Geben Sie die Bedeutung der Zahlen (Elemente) in den Spalten und Zeilen der Matrix an.
Skizzieren	Etwas mit Bleistift und Papier schnell darstellen und beschriften.	Skizzieren Sie den Graphen im Intervall von … “ Skizzen müssen nicht genau sein, sie sollen aber den charakteristischen Verlauf oder typische Zusammenhänge wiedergeben.
Untersuchen	Sachverhalte nach bestimmten, fachlich üblichen bzw. sinnvollen Kriterien darstellen.	„Untersuchen Sie die Lagebeziehung.“ „Untersuchen Sie, ob die Kurve für einen Straßenübergang geeignet ist.“ Verwenden Sie mathematische Untersuchungsmethoden und beschreiben Sie deren Ergebnisse. „Untersuchen Sie Besonderheiten der Funktion...“ Hier ist keine stereotype Kurvendiskussion gemeint. Sie müssen genau nachsehen, was diese Funktion von anderen Funktionen auszeichnet. Nullstellen und Extrempunkte hat fast jeder Graph. Eine Besonderheit wäre z. B. deren Fehlen. Auch Polstellen, Asymptoten, Ähnlichkeiten zu anderen Graphen wären Besonderheiten, die zu erwähnen wären.
Zeichnen grafisch dar-stellen	Etwas mit Bleistift genau (im Koordinatensystem) darstellen und beschriften.	„Zeichnen Sie das Schrägbild.“ Bei Zeichnungen kommt es auf Genauigkeit und Sauberkeit an. Oft ist die Verwendung verschiedener Farben nötig, damit die Zeichnung übersichtlich wird. Achsenbeschriftung und Maßeinheiten dürfen nicht fehlen.
Zeigen Nachweisen	Eine Aussage, einen Sachverhalt mittels gültiger Schlussregeln, Berechnungen, Herleitungen oder logischen Begründungen nachweisen bzw. bestätigen	„Zeigen Sie, dass das Viereck ABCD ein Quadrat ist.“ Zum Nachweis berechnet man die Seitenlängen und einen Winkel des Vierecks und begründet damit die Behauptung. Oft wird bei der Aufforderung „Zeigen Sie, dass gilt …“ ein Ergebnis angegeben, das man für die nachfolgenden Rechnungen benötigt.

Methodische Hinweise und allgemeine Tipps zur schriftlichen Prüfung

Vorbereitung

- Bereiten Sie sich **langfristig** (spätestens ab Herbst) auf die Abiturprüfung vor und fertigen Sie sich eine Übersicht über die von Ihnen bereits bearbeiteten Themen, Inhalte und Verfahren an. Teilen Sie die Inhalte in sinnvolle Teilbereiche ein und legen Sie fest, bis wann Sie welche Teilbereiche bearbeitet haben wollen.
  Es ist zweckmäßig, alle schriftlichen Bearbeitungen dieser Aufgaben übersichtlich aufzubewahren, das erleichtert spätere Wiederholungen.
- Benutzen Sie zur Prüfungsvorbereitung neben diesem Übungsbuch Ihre **Unterrichtsaufzeichnungen** und das Lehrbuch.
- Verwenden Sie während der Prüfungsvorbereitung grundsätzlich die **Hilfsmittel**, die auch in der Prüfung zugelassen sind. Prägen Sie sich wichtige Seiten in Ihrer Formelsammlung ein und nutzen Sie Ihren Taschenrechner mit allen Funktionen.
- Oft ist der Zeitfaktor ein großes Problem. Testen Sie, ob Sie eine Aufgabe in der dafür vorgegebenen Zeit allein lösen können. **Simulieren Sie selbst eine Prüfungssituation**, indem Sie die Abituraufgaben eines Jahrgangs auswählen und in der vorgegebenen Zeit (270 Min. bzw. 330 Min.) versuchen zu lösen. Beachten Sie dabei die Wahlmöglichkeiten im hilfsmittelfreien Teil.
- Gehen Sie optimistisch in die Prüfung. Wer sich gut vorbereitet hat, braucht sich keine Sorgen zu machen.

Bearbeitung der Prüfung

- Es ist hilfreich, wenn Sie bei der Analyse der Aufgabenstellungen wichtige Angaben oder Informationen (z. B. gegebene Größen, Lösungshinweise) **farbig markieren**.
- Um den Lösungsansatz zu einer Aufgabe zu finden oder die gegebene Problemstellung zu veranschaulichen, kann das **Anfertigen einer Skizze** nützlich sein.
- Beachten Sie, dass in manchen Teilaufgaben **Zwischenlösungen** angegeben sind, die Ihnen als Kontrolle dienen bzw. mit denen Sie weiterarbeiten können.
- Falls Sie mit einer Aufgabe gar nicht weiterkommen, so halten Sie sich nicht zu lange daran auf. Versuchen Sie mit der nächsten Teilaufgabe weiterzumachen oder mit einer Aufgabe aus einem anderen Schwerpunkt. Wenn Sie die anderen Aufgaben bearbeitet haben, kommen Sie nochmals auf die angefangene Aufgabe zurück und versuchen in Ruhe nochmals eine Lösung.
- Orientieren Sie sich an der angegebenen Punktezahl: Je mehr Punkte eine Aufgabe ergibt, desto mehr Zeit lohnt es sich für die Bearbeitung zu investieren.
- Achten Sie auf die **sprachliche Richtigkeit** und eine **saubere äußere Form** Ihrer Lösungen.

Lösungsplan

Aufgrund der Komplexität und des Umfangs der Abituraufgaben ist ein systematisches Vorgehen beim Lösen der Aufgaben notwendig. Folgende Schrittfolge kann Ihnen dabei helfen:

1. Schritt: Analyse der Aufgabe – Erfassen des Sachverhalts

1.1 Lesen Sie die Aufgabe gründlich durch und klären Sie die vorkommenden Begriffe (Elemente und Beziehungen).

1.2 Die Operatoren in der Aufgabe geben an, was Sie tun sollen. Kennzeichnen Sie diese mit einem Textmarker in der Aufgabenstellung.

1.3 Schränken Sie die Formulierung der Aufgabe auf das Wesentliche ein:
- Welche Angaben sind für die Lösung wesentlich, welche sind überflüssig?
- Welche der wesentlichen Angaben beziehen sich auf Elemente, welche auf deren Beziehungen?

1.4 Stellen Sie die Ziel- und Startgrößen fest:
- Welche Elemente (Größen) sind gesucht?
- Welche Elemente (Größen) sind für die Lösung gegeben?

1.5 Versuchen Sie – wenn möglich – den Sachverhalt (Elemente und deren Beziehungen) in einer Skizze oder Tabelle darzustellen.

1.6 Führen Sie für die ermittelten Elemente (Größen) entsprechende Variablen ein, verwenden Sie Aussageformen und schreiben diese auf.

2. Schritt: Finden einer Lösungsidee (Ermitteln des mathematischen Ansatzes)

2.1 Überlegen Sie, ob Sie schon einmal eine ähnliche Aufgabe gelöst haben.

2.2 Stellen Sie Beziehungen zwischen Gesuchtem und Gegebenem her:
- Orientieren Sie sich dabei an Sätzen, Gleichungen (Ungleichungen) sowie Beziehungen (bestimmte Rechenoperationen, Proportionalität), die sich aus dem Sachverhalt, der Skizze oder Tabelle ergeben.
- Bestimmen Sie die Lösungsstrategie (Vorwärtsarbeiten, Rückwärtsarbeiten oder beides).
- Machen Sie einen geeigneten Ansatz, stellen Sie eine Gleichung (Ungleichung) oder ein Gleichungssystem auf.
- Enthält der Ansatz, die Gleichung (Ungleichung) oder das Gleichungssystem außer den gesuchten und gegebenen Elementen (Größen) noch weitere, so eliminieren Sie diese Zwischenelemente durch einen erneuten Ansatz, durch eine Gleichung (Ungleichung) – evtl. in der Skizze Hilfslinien einzeichnen.

2.3 Geben Sie eine allgemeine Lösung an.
Die Gleichung ist nach dem gesuchten Element umzustellen.

2.4 Schätzen Sie das Ergebnis.

2.5 Halten Sie die Lösungsidee fest (Lösungsplan).

3. Schritt: Lösungsvollzug (Numerische Lösung)

3.1 Stimmen Sie bei Größen die Angabe (Einheit) ab (notfalls umrechnen).
3.2 Setzen Sie die gegebenen Elemente (Größen) in die gefundene Lösung ein.
3.3 Führen Sie einen Überschlag durch (gerundete Werte verwenden).
3.4 Berechnen Sie das Gesuchte.

4. Schritt: Lösungsrückschau (Auswertung und Kontrolle)

4.1 Vergleichen Sie das Ergebnis mit
- dem Schätzwert und dem Überschlag.
- der eigenen Erfahrung und der Praxis.

4.2 Gibt es noch andere mögliche Wege, um zur Lösung der Aufgabe zu gelangen?
- Evtl. eine zeichnerische Lösung bei Aufgaben mit geometrischem Inhalt.
- Gehen Sie diese Wege, erhalten Sie damit auch dasselbe Ergebnis?

4.3 Kontrollieren Sie das Ergebnis am Sachverhalt.
4.4 Fixieren Sie das Ergebnis schriftlich (Antwort – Ergebnissatz).

Weiterführende Informationen

Sie finden weitere Informationen zur zentralen schriftlichen Abiturprüfung im Internet unter der Adresse:
www.bildungsserver.hamburg.de/abitur-mathematik/
Außerdem sollten Sie bei konkreten Fragen Ihre Kurslehrkraft kontaktieren.

Sollten nach Erscheinen dieses Bandes noch wichtige Änderungen in der anstehenden Abiturprüfung von der Hamburger Behörde für Schule und Bildung bekannt gegeben werden, finden Sie aktuelle Informationen dazu auf der Plattform **MyStark** (Zugangscode vgl. Farbseiten vorne im Buch).

Hamburg Kernfach Mathematik – Zentralabitur 2019
Grundlegendes Anforderungsniveau – Hilfsmittelfreier Prüfungsteil

Punkte

I.1 Analysis

Gegeben sind die in $\mathbb{R}$ definierten Funktionen $g: x \mapsto x^2 - 3$ und $h: x \mapsto -x^2 + 2x + 1$.

a) **Zeigen** Sie, dass sich die Graphen von g und h nur für $x = -1$ und $x = 2$ schneiden. 2

b) **Berechnen** Sie den Inhalt der Fläche, die die Graphen von g und h einschließen. 3

I.2 Lineare Algebra#

Vögel einer bestimmten Art brüten einmal pro Jahr in einem der beiden Brutgebiete A und B. Das abgebildete Übergangsdiagramm zeigt die Änderung der Verteilung der Vögel auf die beiden Brutgebiete von einem Jahr zum nächsten.

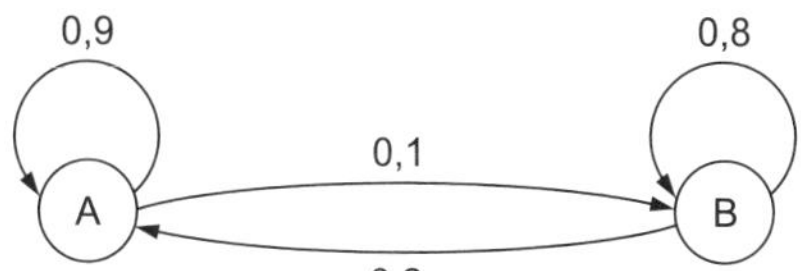

Abb. 1

a) **Stellen** Sie diese Änderung der Verteilung durch eine Gleichung unter Verwendung einer Matrix **dar**.
Geben Sie die Bedeutung aller in der Gleichung auftretenden Variablen **an**. 3

b) In einem Jahr brüten alle Vögel im Gebiet A.
Berechnen Sie den prozentualen Anteil der Vögel, die dort zwei Jahre später brüten. 2

I.2 Analytische Geometrie#

In einem kartesischen Koordinatensystem sind die Punkte $A(0|2|2)$, $B(4|-1|z_B)$ und $C(-3|y_C|6)$ gegeben.

a) B liegt auf der Geraden mit der Gleichung $\vec{x} = \begin{pmatrix} 0 \\ 2 \\ 2 \end{pmatrix} + r \cdot \begin{pmatrix} -1 \\ 0{,}75 \\ -2 \end{pmatrix}$.
Bestimmen Sie den Wert von z_B. 2

b) **Zeigen** Sie, dass der Abstand von A und C mindestens 5 beträgt. 3

I.3 Stochastik

In einer Urne befinden sich drei rote und sieben weiße Kugeln.

a) Zweimal nacheinander wird jeweils eine Kugel zufällig entnommen und wieder zurückgelegt.
Berechnen Sie die Wahrscheinlichkeit dafür, dass höchstens eine der entnommenen Kugeln weiß ist. 2

b) Zehnmal nacheinander wird jeweils eine Kugel zufällig entnommen und wieder zurückgelegt. Die Zufallsgröße X beschreibt die Anzahl der entnommenen weißen Kugeln.
Begründen Sie ohne Berechnung von Wahrscheinlichkeiten, dass keine der folgenden Abbildungen die Wahrscheinlichkeitsverteilung von X darstellt. 3

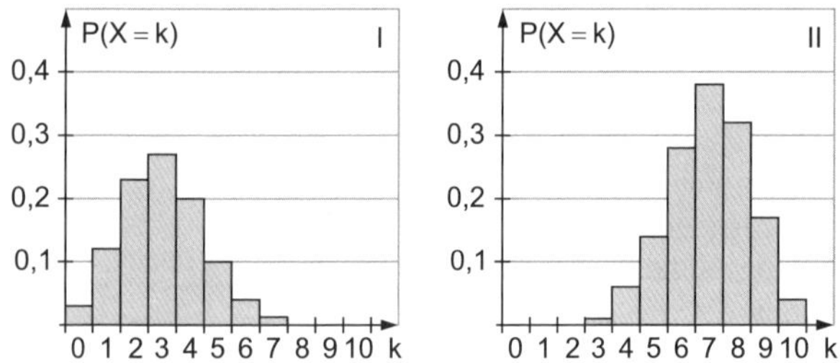

I.4.1 Analysis

Gegeben ist die Funktion $f: x \mapsto \sin(x) - 2$ mit Definitionsmenge $\mathbb{R}$.

a) **Skizzieren** Sie den Graphen von f für $-\pi \leq x \leq 4\pi$ im abgebildeten Koordinatensystem in Abbildung 2. 1

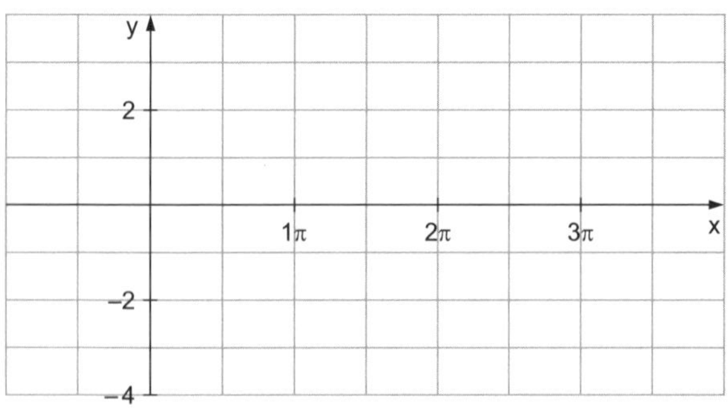

Abb. 2

b) Jede Tangente an den Graphen von f in einem der Punkte $(2k\pi \mid f(2k\pi))$ mit $k \in \mathbb{N}$ schließt mit den Koordinatenachsen ein Dreieck ein.
Begründen Sie, dass jedes dieser Dreiecke gleichschenklig ist. 4

I.4.2 Lineare Algebra#

Betrachtet wird eine Population von Käfern in ihren unterschiedlichen Entwicklungsstadien. Zusammensetzungen der Population werden durch Vektoren der Form $\begin{pmatrix} E \\ L \\ K \end{pmatrix}$ dargestellt, wobei E die Anzahl der Eier, L die Anzahl der Larven und K die Anzahl der voll entwickelten Käfer ist.

Die Entwicklung der Population von einem Monat zum nächsten wird durch die Matrix

$$M = \begin{pmatrix} 0 & 0 & a \\ \frac{1}{4} & 0 & 0 \\ 0 & \frac{1}{2} & 0 \end{pmatrix}$$

mit $a \in \mathbb{R}^+$ beschrieben.

a) **Geben** Sie die Matrix M^2 **an**. 1

b) Es gilt $M^3 = \begin{pmatrix} \frac{a}{8} & 0 & 0 \\ 0 & \frac{a}{8} & 0 \\ 0 & 0 & \frac{a}{8} \end{pmatrix}$.

Interpretieren Sie diese Gleichung im Sachzusammenhang.
Beschreiben Sie in Abhängigkeit von a, wie sich die Population langfristig entwickelt. 4

I.4.2 Analytische Geometrie#

In einem kartesischen Koordinatensystem sind die Punkte $A(0|4|2)$, $B(0|0|0)$ und $C(0|4|0)$ gegeben (siehe Abbildung 3).
Eine Gerade g verläuft durch A und hat den Richtungsvektor $\begin{pmatrix} -2 \\ 1 \\ 2 \end{pmatrix}$.

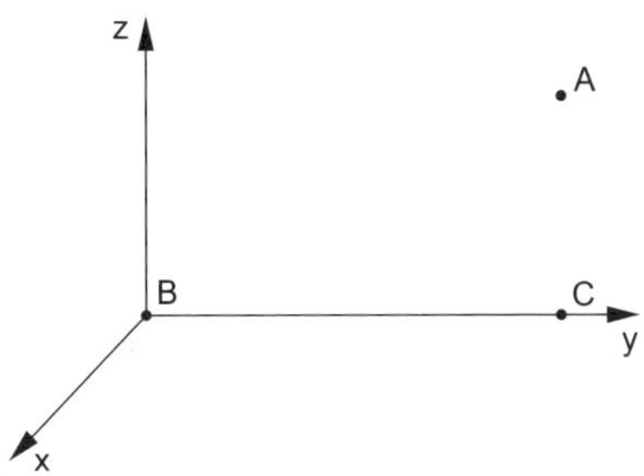

Abb. 3

a) **Bestimmen** Sie die Koordinaten eines Punkts, der auf g liegt und von A den Abstand 6 hat. 2

b) **Ermitteln** Sie die Koordinaten zweier Punkte, die von A, B und C den gleichen Abstand haben. 3

I.4.3 Stochastik

Bei einem Spiel gewinnt man mit einer Wahrscheinlichkeit von 30 % einen Zitronenbonbon und mit einer Wahrscheinlichkeit von 50 % einen Orangenbonbon. Die Wahrscheinlichkeit dafür, dass man keinen Gewinn erzielt, beträgt 20 %.

a) Eine Person nimmt zehnmal an dem Spiel teil.
Geben Sie dazu ein Ereignis **an**, dessen Wahrscheinlichkeit mit dem Term $\binom{10}{7} \cdot 0{,}8^7 \cdot 0{,}2^3$ berechnet werden kann. 1

b) Eine andere Person gewinnt sechs Bonbons. Sie wählt zwei dieser Bonbons zufällig aus und verschenkt sie. Die Wahrscheinlichkeit dafür, dass sie einen Zitronenbonbon und einen Orangenbonbon verschenkt, beträgt $\frac{3}{5}$.
Ermitteln Sie, wie viele Orangenbonbons diese Person gewonnen hat. 4

20*

Im Abitur 2019 erhielten die Schülerinnen und Schüler jeweils nur eine der beiden Aufgaben I.2 sowie eine der beiden Aufgaben I.4.2 (Lineare Algebra oder Analytische Geometrie), abhängig von der Schwerpunktsetzung des Kurses.

* Die hier angegebene Gesamtpunktzahl ergibt sich, wenn **eine** der Aufgaben I.2 sowie **eine** der Aufgaben I.4.1, I.4.2 oder I.4.3 bearbeitet und gewertet werden.

Lösung

I.1 Analysis

a) Da es sich bei g und h um quadratische Funktionen handelt, können sich deren Graphen maximal zweimal schneiden. Um zu zeigen, dass es sich bei $x=-1$ und $x=2$ um die beiden Schnittstellen handelt, werden diese in g(x) und h(x) eingesetzt:

$$g(-1)=(-1)^2-3=-2$$

$$h(-1)=-(-1)^2+2\cdot(-1)+1=-2$$

$$g(2)=2^2-3=1$$

$$h(2)=-2^2+2\cdot 2+1=1$$

Somit gilt $g(-1)=h(-1)=-2$ und $g(2)=h(2)=1$. Also schneiden sich die beiden Graphen von g und h nur für $x=-1$ und $x=2$. (w. z. z. w.)

Bemerkung:
Alternativ kann die Gleichung $g(x)=h(x)$ aufgestellt und gelöst werden, es ergeben sich die Lösungen $x=-1$ und $x=2$.

b) Die eingeschlossene Fläche liegt zwischen den beiden Schnittstellen (siehe Teilaufgabe a). Für den Flächeninhalt A gilt:

$$A=\left|\int_{-1}^{2}(h(x)-g(x))\,dx\right|=\left|\int_{-1}^{2}((-x^2+2x+1)-(x^2-3))\,dx\right|$$

$$=\left|\int_{-1}^{2}(-2x^2+2x+4)\,dx\right|=\left|\left[-\frac{2}{3}x^3+x^2+4x\right]_{-1}^{2}\right|$$

$$=\left|-\frac{2}{3}\cdot 2^3+2^2+4\cdot 2-\left(-\frac{2}{3}\cdot(-1)^3+(-1)^2+4\cdot(-1)\right)\right|$$

$$=\left|-\frac{16}{3}+12-\left(\frac{2}{3}-3\right)\right|=-\frac{18}{3}+15=9$$

Die von den Graphen eingeschlossene Fläche hat den Inhalt 9 FE.

I.2 Lineare Algebra

a) Die Zusammensetzung der Population in einem bestimmten Jahr kann durch den Vektor $\vec{v}_n=\binom{a}{b}$ dargestellt werden, wobei a und b die Anzahl der Vögel in den beiden Brutgebieten A und B angeben.
Die Entwicklung der Population von einem Jahr zum nachfolgenden Jahr kann man modellhaft durch die Gleichung

$$\vec{v}_{n+1}=M\cdot\vec{v}_n \text{ mit } M=\begin{pmatrix}0{,}9 & 0{,}2\\ 0{,}1 & 0{,}8\end{pmatrix}$$

beschreiben.

b) Die Anzahl aller Vögel sei x. Der Bestand im Jahr 0 ist also $\vec{v}_0 = \begin{pmatrix} x \\ 0 \end{pmatrix}$.
Für die Population nach zwei Jahren gilt:

$$\vec{v}_2 = M^2 \cdot \vec{v}_0 = \begin{pmatrix} 0{,}9 & 0{,}2 \\ 0{,}1 & 0{,}8 \end{pmatrix}^2 \cdot \begin{pmatrix} x \\ 0 \end{pmatrix}$$

$$= \begin{pmatrix} 0{,}9 & 0{,}2 \\ 0{,}1 & 0{,}8 \end{pmatrix} \cdot \begin{pmatrix} 0{,}9 & 0{,}2 \\ 0{,}1 & 0{,}8 \end{pmatrix} \cdot \begin{pmatrix} x \\ 0 \end{pmatrix}$$

$$= \begin{pmatrix} 0{,}81 + 0{,}02 & 0{,}18 + 0{,}16 \\ 0{,}09 + 0{,}08 & 0{,}02 + 0{,}64 \end{pmatrix} \cdot \begin{pmatrix} x \\ 0 \end{pmatrix}$$

$$= \begin{pmatrix} 0{,}83 & 0{,}34 \\ 0{,}17 & 0{,}66 \end{pmatrix} \cdot \begin{pmatrix} x \\ 0 \end{pmatrix} = \begin{pmatrix} 0{,}83x \\ 0{,}17x \end{pmatrix}$$

Nach zwei Jahren befinden sich im Brutgebiet A 83 % der Vögel.

I.2 Analytische Geometrie

a) B in g einsetzen:

$$\begin{pmatrix} 4 \\ -1 \\ z_B \end{pmatrix} = \begin{pmatrix} 0 \\ 2 \\ 2 \end{pmatrix} + r \cdot \begin{pmatrix} -1 \\ 0{,}75 \\ -2 \end{pmatrix}$$

Mit der ersten Zeile:
$4 = 0 - r \;\Rightarrow\; r = -4$

Kontrolle mit der zweiten Zeile:
$-1 = 2 - 4 \cdot 0{,}75$
$-1 = 2 - 3 = -1$ wahre Aussage

Dann erhält man mit der dritten Zeile:
$z_B = 2 - 4 \cdot (-2) = 10$

b) Der Verbindungsvektor von A und C:

$$\overrightarrow{AC} = \begin{pmatrix} -3 \\ y_C \\ 6 \end{pmatrix} - \begin{pmatrix} 0 \\ 2 \\ 2 \end{pmatrix} = \begin{pmatrix} -3 \\ y_C - 2 \\ 4 \end{pmatrix}$$

Der Abstand ist dann:

$$|\overrightarrow{AC}| = \sqrt{(-3)^2 + (y_C - 2)^2 + 4^2}$$

$$= \sqrt{9 + (y_C - 2)^2 + 16}$$

$$= \sqrt{(y_C - 2)^2 + 25}$$

Mit $(y_C - 2)^2 \geq 0 \;\Rightarrow\; |\overrightarrow{AC}| \geq \sqrt{25}$, also $|\overrightarrow{AC}| \geq 5$.
Somit beträgt der Abstand von A und C mindestens 5 LE. (w. z. z. w.)

I.3 Stochastik

a) Beschreibt die Zufallsgröße X die Anzahl der gezogenen weißen Kugeln bei zweimaligem Ziehen, so findet man mithilfe des Baumdiagramms und den Pfadregeln:

Baumdiagramm:

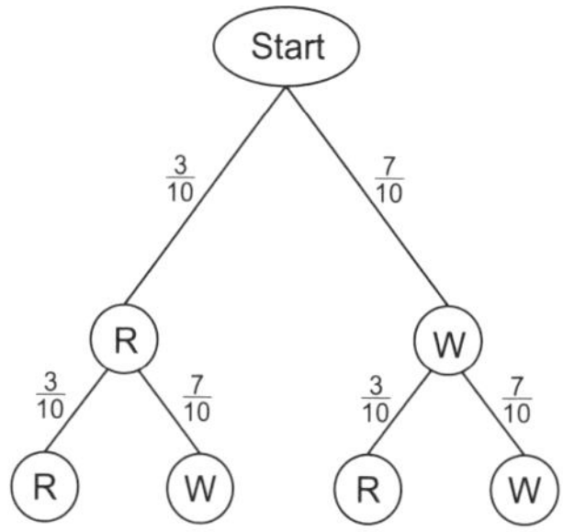

$$P(X \leq 1) = \frac{3}{10} \cdot \frac{3}{10} + \frac{3}{10} \cdot \frac{7}{10} + \frac{7}{10} \cdot \frac{3}{10}$$

$$= \frac{51}{100} = 51\,\%$$

Die Wahrscheinlichkeit dafür, dass höchstens eine gezogene Kugel weiß ist, beträgt 51 %.

Alternative Lösung:
Gegenereignis:

$$P(X \leq 1) = 1 - P(X = 2) = 1 - \frac{7}{10} \cdot \frac{7}{10} = 1 - \frac{49}{100} = \frac{51}{100}$$

b) Histogramm I:
Mit $n = 10$ und $p = 0{,}7$ beträgt der Erwartungswert $\mu = 10 \cdot 0{,}7 = 7$. Der höchste Balken müsste sich also bei 7 befinden und nicht bei 3, wie in I dargestellt.

Histogramm II:
Die Summe der Balkenhöhen ist hier größer als 1, was nicht sein kann. Histogramm II stellt also gar keine Wahrscheinlichkeitsverteilung dar.

I.4.1 Analysis

a) Grafische Darstellung:

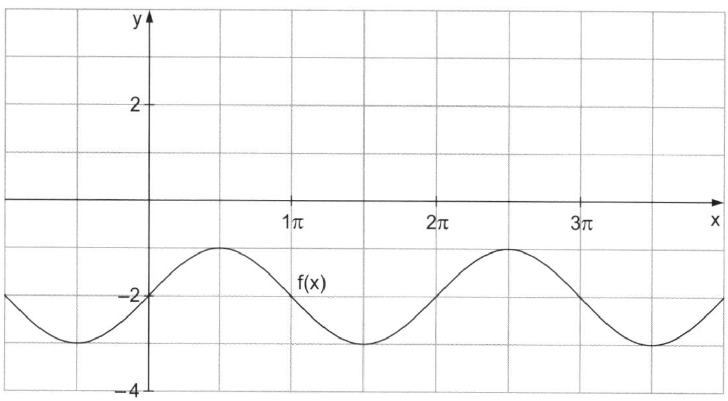

b) Skizze:

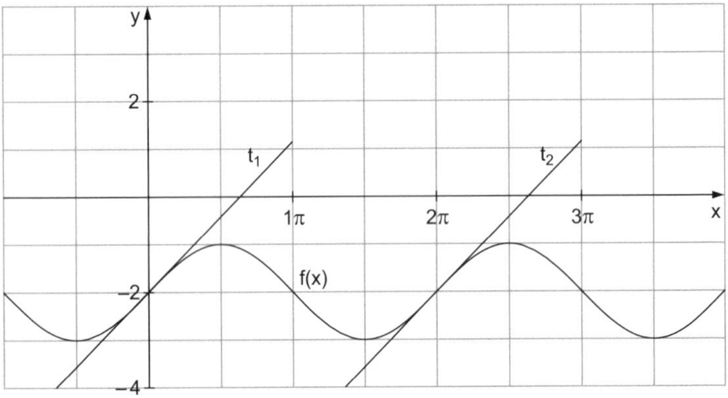

Für die Ableitungsfunktion von f gilt:
$f'(x) = \cos(x)$

An den Punkten $(2k\pi \mid f(2k\pi))$ mit $k \in \mathbb{N}$ gilt:
$f'(2k\pi) = \cos(2k\pi) = 1$

Die Steigung der Tangenten ist also stets 1. Dies bedeutet, dass für jede Tangente gilt: Der Abstand des Schnittpunktes mit der x-Achse vom Ursprung ist gleich groß wie der Abstand des Schnittpunktes mit der y-Achse vom Ursprung. Somit handelt es sich beim entstehenden Dreieck jeweils um ein gleichschenkliges Dreieck. (w. z. z. w.)

I.4.2 Lineare Algebra

a) Es gilt:

$$M^2 = \begin{pmatrix} 0 & 0 & a \\ \frac{1}{4} & 0 & 0 \\ 0 & \frac{1}{2} & 0 \end{pmatrix} \cdot \begin{pmatrix} 0 & 0 & a \\ \frac{1}{4} & 0 & 0 \\ 0 & \frac{1}{2} & 0 \end{pmatrix} = \begin{pmatrix} 0 & \frac{a}{2} & 0 \\ 0 & 0 & \frac{a}{4} \\ \frac{1}{8} & 0 & 0 \end{pmatrix}$$

b) Durch die Matrix M^3 wird die Veränderung der Anzahl der Eier, Larven und Käfer innerhalb von drei Monaten mit dem Faktor $\frac{a}{8}$ beschrieben.

Für $a = 8$ werden alle drei Monate die Anfangswerte der Eier, Larven und Käfer erreicht.

Für $a > 8$ nehmen die Anzahlen zu (die Population wächst stetig) und für $a < 8$ nehmen die Anzahlen ab (die Population stirbt langfristig aus).

I.4.2 Analytische Geometrie

a) Die Gerade g ist gegeben durch:

$$g:\ \vec{x}=\overrightarrow{OA}+r\cdot\vec{u}=\begin{pmatrix}0\\4\\2\end{pmatrix}+r\cdot\begin{pmatrix}-2\\1\\2\end{pmatrix};\quad r\in\mathbb{R}$$

Der Betrag des Richtungsvektors $\vec{u}$ ist:

$$|\vec{u}|=\sqrt{(-2)^2+1^2+2^2}=\sqrt{9}=3$$

Da ein Punkt P gesucht ist, der den Abstand 6 LE vom Punkt A hat, muss der Richtungsvektor zweimal von A abgetragen werden bzw. $r=2$ in die Geradengleichung eingesetzt werden:

$$\overrightarrow{OP}=\begin{pmatrix}0\\4\\2\end{pmatrix}+2\cdot\begin{pmatrix}-2\\1\\2\end{pmatrix}=\begin{pmatrix}-4\\6\\6\end{pmatrix}\quad\Rightarrow\quad P(-4|6|6)$$

Der Punkt $P(-4|6|6)$ liegt auf g und hat vom Punkt A den Abstand 6 LE.

Alternative Lösung (1):
Statt $r=2$ kann auch $r=-2$ eingesetzt werden:

$$\overrightarrow{OP'}=\begin{pmatrix}0\\4\\2\end{pmatrix}-2\cdot\begin{pmatrix}-2\\1\\2\end{pmatrix}=\begin{pmatrix}4\\2\\-2\end{pmatrix}\quad\Rightarrow\quad P'(4|2|-2)$$

Alternative Lösung (2):
Der Einheitsvektor des Richtungsvektors $\vec{u}$ lautet:

$$\vec{u}_e=\frac{1}{\sqrt{(-2)^2+1^2+2^2}}\cdot\begin{pmatrix}-2\\1\\2\end{pmatrix}=\frac{1}{3}\cdot\begin{pmatrix}-2\\1\\2\end{pmatrix}$$

Dann gilt:

$$\overrightarrow{OP}=\overrightarrow{OA}+6\cdot\vec{u}_e=\begin{pmatrix}0\\4\\2\end{pmatrix}+6\cdot\frac{1}{3}\cdot\begin{pmatrix}-2\\1\\2\end{pmatrix}=\begin{pmatrix}0\\4\\2\end{pmatrix}+2\cdot\begin{pmatrix}-2\\1\\2\end{pmatrix}=\begin{pmatrix}-4\\6\\6\end{pmatrix}\quad\Rightarrow\quad P(-4|6|6)$$

b) Da die Punkte A und C die gleiche y-Koordinate haben, ist ΔABC rechtwinklig mit $\sphericalangle BCA=90°$.
Der Punkt C liegt auf dem Thaleskreis über $\overline{AB}$ (siehe nebenstehende Skizze).

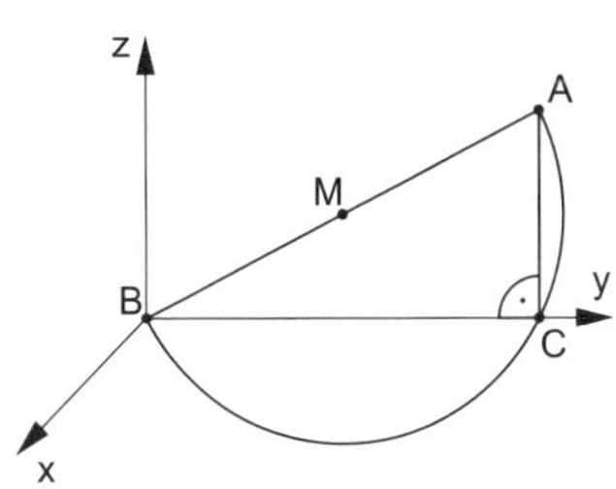

Für den Mittelpunkt M der Strecke $\overline{AB}$ gilt:

$$\overrightarrow{OM}=\frac{1}{2}\cdot(\overrightarrow{OA}+\overrightarrow{OB})=\frac{1}{2}\cdot\left[\begin{pmatrix}0\\4\\2\end{pmatrix}+\begin{pmatrix}0\\0\\0\end{pmatrix}\right]=\begin{pmatrix}0\\2\\1\end{pmatrix}$$

$\Rightarrow\quad M(0|2|1)$

M ist Mittelpunkt des Thaleskreises, für den Radius r gilt:

$r = |\overrightarrow{MA}| = |\overrightarrow{MB}| = |\overrightarrow{MC}|$

Somit hat der Punkt M von den Punkten A, B und C den gleichen Abstand und ist ein Punkt mit der geforderten Eigenschaft. Weitere Punkte mit der geforderten Eigenschaft liegen auf der Lotgeraden ℓ zur Dreiecksebene (bzw. zur yz-Ebene) durch den Punkt M.

Die Gleichung der Lotgeraden lautet mit $\overrightarrow{OM}$ als Stützvektor und dem Normalenvektor der yz-Ebene $\vec{n} = \begin{pmatrix} 1 \\ 0 \\ 0 \end{pmatrix}$ als Richtungsvektor:

$$\ell:\ \vec{x} = \begin{pmatrix} 0 \\ 2 \\ 1 \end{pmatrix} + s \cdot \begin{pmatrix} 1 \\ 0 \\ 0 \end{pmatrix};\quad s \in \mathbb{R}$$

Durch Einsetzen eines Wertes $s \neq 0$ ergibt sich ein weiterer Punkt N, der von A, B und C den gleichen Abstand hat:

Zum Beispiel $s = 1$:

$$\overrightarrow{ON} = \begin{pmatrix} 0 \\ 2 \\ 1 \end{pmatrix} + 1 \cdot \begin{pmatrix} 1 \\ 0 \\ 0 \end{pmatrix} = \begin{pmatrix} 1 \\ 2 \\ 1 \end{pmatrix} \quad \Rightarrow \quad N(1\,|\,2\,|\,1)$$

Kontrolle für N *(nicht verlangt)*:

$$|\overrightarrow{NA}| = \left| \begin{pmatrix} 0 \\ 4 \\ 2 \end{pmatrix} - \begin{pmatrix} 1 \\ 2 \\ 1 \end{pmatrix} \right| = \left| \begin{pmatrix} -1 \\ 2 \\ 1 \end{pmatrix} \right| = \sqrt{(-1)^2 + 2^2 + 1^2} = \sqrt{6}$$

$$|\overrightarrow{NB}| = \left| \begin{pmatrix} 0 \\ 0 \\ 0 \end{pmatrix} - \begin{pmatrix} 1 \\ 2 \\ 1 \end{pmatrix} \right| = \left| \begin{pmatrix} -1 \\ -2 \\ -1 \end{pmatrix} \right| = \sqrt{(-1)^2 + (-2)^2 + (-1)^2} = \sqrt{6}$$

$$|\overrightarrow{NC}| = \left| \begin{pmatrix} 0 \\ 4 \\ 0 \end{pmatrix} - \begin{pmatrix} 1 \\ 2 \\ 1 \end{pmatrix} \right| = \left| \begin{pmatrix} -1 \\ 2 \\ -1 \end{pmatrix} \right| = \sqrt{(-1)^2 + 2^2 + (-1)^2} = \sqrt{6}$$

I.4.3 Stochastik

a) Die Wahrscheinlichkeit dafür, bei einem Spiel einen Bonbon (egal, welcher Geschmacksrichtung) zu gewinnen, beträgt 80 %.

Mit dem Term wird demnach die Wahrscheinlichkeit für folgendes Ereignis berechnet:

„Die Person gewinnt genau sieben Bonbons.“

b) Bezeichnet x mit $0 < x < 6$ die Anzahl der gewonnenen Orangenbonbons, so kann folgendes Baumdiagramm erstellt werden:

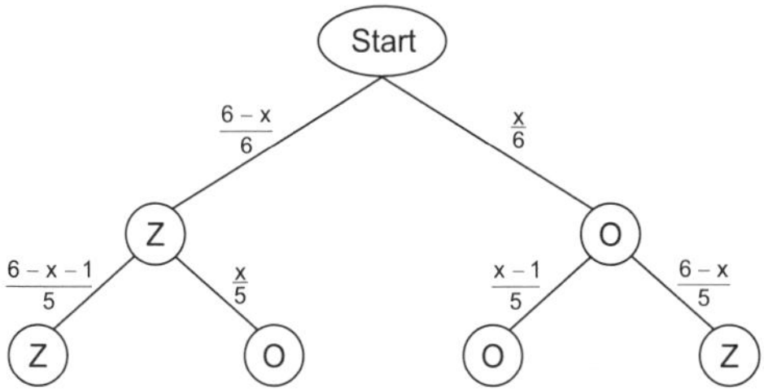

Ereignis A: Die Person verschenkt einen Zitronen- und einen Orangenbonbon.

Mithilfe des Baumdiagramms ist zu erkennen:

$$P(A) = \frac{6-x}{6} \cdot \frac{x}{5} + \frac{x}{6} \cdot \frac{6-x}{5}$$

Mit $P(A) = \frac{3}{5}$ folgt:

$$\frac{6-x}{6} \cdot \frac{x}{5} + \frac{x}{6} \cdot \frac{6-x}{5} = \frac{3}{5}$$

$$\Leftrightarrow \quad \frac{6x-x^2}{30} + \frac{6x-x^2}{30} = \frac{3}{5}$$

$$\Leftrightarrow \quad 2 \cdot \frac{6x-x^2}{30} = \frac{3}{5}$$

$$\Leftrightarrow \quad \frac{6x-x^2}{15} = \frac{3}{5} \qquad |\cdot 15$$

$$\Leftrightarrow \quad 6x - x^2 = 9$$

$$\Leftrightarrow \quad x^2 - 6x + 9 = 0$$

$$\Leftrightarrow \quad (x-3)^2 = 0 \qquad |\sqrt{}$$

$$\Rightarrow \quad x = 3$$

Die Person hat 3 Orangenbonbons gewonnen.

II Laktatkonzentration

Die Abbildung 1 zeigt den Graphen G_k der Funktion k mit
$k(x) = \frac{1}{40} \cdot (x^3 - 30x^2 + 288x - 815)$ und $x \in \mathbb{R}$.

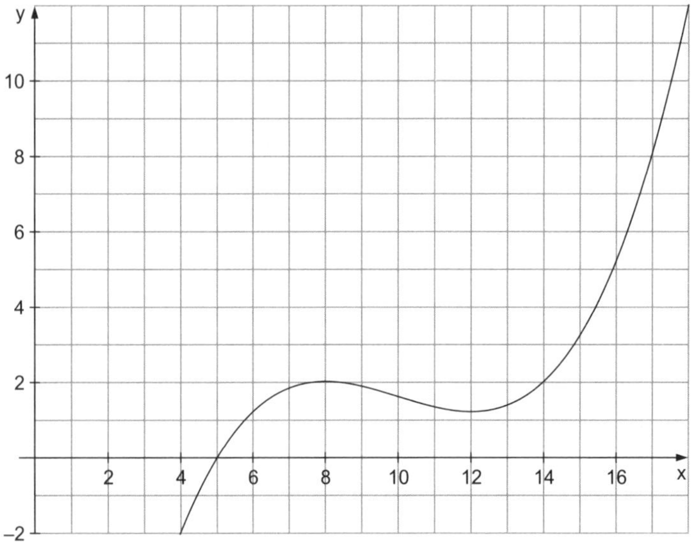

Abb. 1

1. Im Rahmen eines Tests läuft ein Sportler auf einem Laufband. Dabei wird bei ansteigender Geschwindigkeit jeweils die Konzentration sogenannter Laktate im Blut gemessen.
   Die Abhängigkeit der Laktatkonzentration von der Geschwindigkeit kann für $8{,}5 \leq x \leq 17{,}5$ modellhaft durch die Funktion k beschrieben werden. Dabei ist x die Geschwindigkeit des Sportlers in Kilometer pro Stunde und k(x) die Laktatkonzentration in Millimol pro Liter ($\frac{\text{mmol}}{\ell}$).

Punkte

   a) Der Tabelle 1 können einzelne Werte entnommen werden, die während des Tests gemessen wurden.

Geschwindigkeit in $\frac{\text{km}}{\text{h}}$	9	13	17
Laktatkonzentration in $\frac{\text{mmol}}{\ell}$	1,92	1,44	8,09

Tab. 1

Ermitteln Sie die prozentuale Abweichung der Laktatkonzentration, die das Modell für eine Geschwindigkeit von $13\,\frac{\text{km}}{\text{h}}$ liefert, vom zugehörigen Messwert. 2

b) **Bestimmen** Sie im Modell mithilfe von Abbildung 1 die Geschwindigkeit, ab der die Laktatkonzentration ansteigt, sowie die Geschwindigkeit, bei der die Laktatkonzentration $3{,}25\,\frac{\text{mmol}}{\ell}$ überschreitet. 2

c) **Ermitteln** Sie rechnerisch, bei welcher Geschwindigkeit die Laktatkonzentration im Modell am stärksten abnimmt. 4

d) **Berechnen** Sie im Modell für den Geschwindigkeitsbereich von $12{,}0\,\frac{\text{km}}{\text{h}}$ bis $17{,}5\,\frac{\text{km}}{\text{h}}$ die mittlere Änderungsrate der Laktatkonzentration. 3

2. Der Graph von k ist symmetrisch bezüglich seines Wendepunkts $W\left(10 \,\middle|\, \frac{13}{8}\right)$. Betrachtet werden die Geraden, die durch W verlaufen.

a) Eine Gerade durch W mit negativer Steigung hat mit dem Graphen von k keinen weiteren Punkt gemeinsam.
Ermitteln Sie alle Steigungen, die diese Gerade haben könnte. 3

b) Die y-Koordinate des Schnittpunkts einer der durch W verlaufenden Geraden mit der y-Achse wird mit n bezeichnet.
Stellen Sie einen Term **auf**, der n in Abhängigkeit von der Steigung m dieser Geraden angibt. 2

c) **Zeigen** Sie rechnerisch, dass der Graph G_g der in $\mathbb{R}$ definierten Funktion g mit $g(x) = \frac{13}{40} \cdot (x-5)$ durch W verläuft.
Zeichnen Sie diese Gerade in die Abbildung 1 **ein**. 3

d) **Beschreiben** Sie mithilfe der Abbildung 1, wie man die Lösungen der Gleichung $k(x) - g(x) = 0$ grafisch ermitteln kann.
Geben Sie die Lösungen der Gleichung **an**. 3

e) **Begründen** Sie ohne zu rechnen, dass $\int_5^{15} k(x)\,dx = \frac{1}{2} \cdot (15-5) \cdot k(15)$ gilt. 4

f) **Begründen** Sie mithilfe der Abbildung 1, dass es eine reelle Zahl z mit $4 < z < 5$ gibt, für die $\int_z^{z+1} k(x)\,dx = 0$ gilt. 3

3. Neben der Funktion g aus Aufgabe 2 wird im Folgenden die Funktion h mit $h(x) = \frac{40}{13} \cdot \frac{1}{(x-5)}$ und $x \in \setminus \{5\}$ betrachtet. Die Abbildung 2 zeigt den Graphen von h.

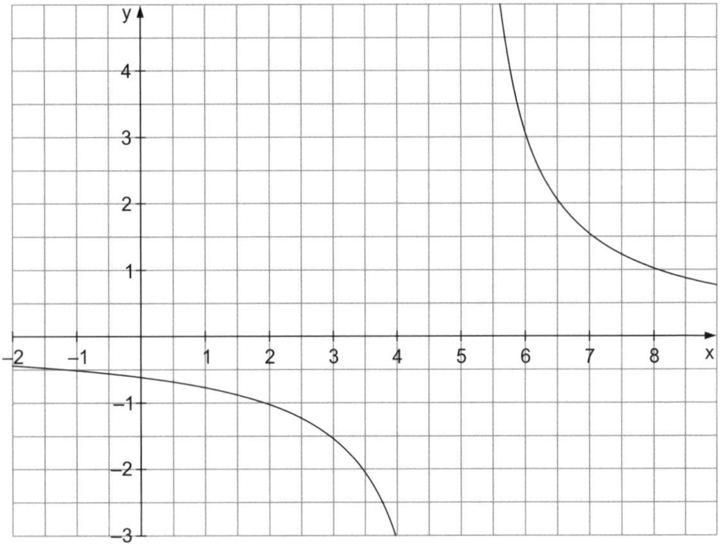

Abb. 2

a) **Beschreiben** Sie, wie der Graph von h aus dem Graphen der Funktion i mit $i(x) = \frac{1}{x}$ und $x \in \mathbb{R} \setminus \{0\}$ hervorgeht. 2

b) **Berechnen** Sie die Koordinaten der beiden Punkte, die die Graphen von g und h gemeinsam haben. 4

c) **Begründen** Sie, dass es keine Gerade gibt, die sowohl Tangente des Graphen von g als auch Tangente des Graphen von h ist. 2

d) **Geben** Sie eine Möglichkeit für Werte von $a, b \in \,]-\infty; 5[$ und $c, d \in \,]5; +\infty[$ **an**, für die $\int_a^b h(x)\,dx \cdot \int_c^d h(x)\,dx > 0$ gilt.

Begründen Sie Ihre Angabe. 3

40

Hinweise und Tipps

Teilaufgabe 1 a

Abweichung des Modellwerts vom Messwert

- Bestimmen Sie k(x) für $x = 13$.
- Der Tabellenwert für $13\,\frac{\text{km}}{\text{h}}$ ist $1{,}44\,\frac{\text{mmol}}{\ell}$.
- Ermitteln Sie die relative Abweichung, indem Sie die absolute Abweichung durch den Messwert dividieren.

Teilaufgabe 1 b

Steigungsbeginn und Überschreitung von 3,25 $\frac{mmol}{\ell}$

- Die Geschwindigkeit, ab der die Laktatkonzentration steigt, entspricht dem x-Wert des Tiefpunktes.
- Prüfen Sie, welcher x-Wert zum y-Wert 3,25 gehört.

Teilaufgabe 1 c

Stärkste Abnahme der Konzentration

- Die stärkste Abnahme befindet sich an der Stelle des Wendepunktes.
- Notwendige Bedingung für die Existenz eines Wendepunktes ist, dass die zweite Ableitung an der Stelle x_W den Wert null hat, hinreichende Bedingung für einen Wendepunkt ist, dass zusätzlich $f'''(x_W) \neq 0$ gilt.

Teilaufgabe 1 d

Mittlere Änderungsrate der Konzentration

- Die mittlere Änderungsrate einer Funktion f in einem Intervall $I = [a;\, b]$ ist gleich der Steigung der Geraden (der Sekante) durch die zwei Punkte $(a \mid f(a))$ und $(b \mid f(b))$.
- Sie lässt sich mit dem Differenzenquotienten berechnen. Er lautet:
  $$m = \frac{\Delta y}{\Delta x} = \frac{f(b) - f(a)}{b - a}$$

Teilaufgabe 2 a

Mögliche Steigungen der Geraden

- Fertigen Sie ggf. eine Skizze an.
- Die Tangente an den Graphen im Wendepunkt W schneidet den Graphen nur einmal.
- Bestimmen Sie die Steigung m_W der Tangente.
- Alle Geraden durch W mit der Steigung $m < m_W$ schneiden den Graphen ebenfalls nur einmal.

Teilaufgabe 2 b

Abhängigkeit n von m

- Allgemeine Form der Geradengleichung ist $y = mx + n$.
- Setzen Sie die Koordinaten von W in diese Form ein und bestimmen Sie so den Term, der n in Abhängigkeit von m angibt.

Teilaufgabe 2 c

Graph von g verläuft durch W

- Setzen Sie die x-Koordinate von W in g(x) ein und prüfen Sie, ob sich die y-Koordinate von W ergibt.

Zeichnung der Geraden

- Sie benötigen zwei Punkte. Den Punkt W kennen Sie bereits.
- Als zweiten Punkt können Sie z. B. den Schnittpunkt der Geraden mit der y-Achse bestimmen.

Teilaufgabe 2 d

Grafische Lösung der Gleichung

- Betrachten Sie einen äquivalenten Term zum Term $k(x) - g(x) = 0$.
- Was bedeutet das Gleichsetzen zweier Funktionsterme grafisch?

Teilaufgabe 2 e

Begründen, dass die Gleichung wahr ist

- Fertigen Sie eine Skizze entsprechend Abb. 1 an.
- Die linke Seite der Gleichung entspricht dem Inhalt der Fläche, die sich zwischen dem Graphen von k und der x-Achse befindet.
- Die rechte Seite gibt den Flächeninhalt eines bestimmten Dreiecks an. Um welches Dreieck geht es?
- Vergleichen Sie beide Flächen und begründen Sie, dass deren Inhalte gleich sind.

Teilaufgabe 2 f

Begründen, dass eine reelle Zahl z existiert

- Treffen Sie eine Aussage über die Funktionswerte von k für $x < 5$ und für $x > 5$.
- Welches Vorzeichen hat dann der Wert des Integrals für $z = 4$, welches für $z = 5$?
- Wie verändert sich folglich der Wert des Integrals für $4 \leq z \leq 5$?

Teilaufgabe 3 a

Zusammenhang zwischen den Graphen von i und h

- Der Graph von h geht aus dem Graphen von i durch eine Verschiebung in x-Richtung und eine Streckung in y-Richtung hervor.
- Ordnen Sie die Verschiebung und die Streckung den entsprechenden Teilen des Funktionsterms von h zu.

Teilaufgabe 3 b

Schnittpunkte von g und h

- Mit Blick auf die Funktionsterme fällt auf, dass sie Kehrwerte voneinander sind.
- Es gibt genau zwei Zahlen, die gleich ihrem Kehrwert sind. Welche?
- Setzen Sie z. B. g(x) mit diesen beiden Zahlen gleich.
- *Alternative:* Setzen Sie beide Funktionsgleichungen gleich.

Teilaufgabe 3 c

Keine Gerade gleichzeitig Tangente von g und h

- Gehen Sie bei der Begründung auf die Monotonie der beiden Funktionen ein.

Teilaufgabe 3 d

Mögliche Werte

- Prüfen Sie für beide Intervalle, ob sich die Fläche zwischen Graph und x-Achse oberhalb oder unterhalb der x-Achse befindet.
- Das Produkt der beiden Integralwerte soll positiv sein. Überlegen Sie, wie dann die Vorzeichen der beiden Faktoren (bzw. Integralwerte) sein müssen.
- Nutzen Sie aus, dass gilt:

$$\int_a^b f(x)\,dx = -\int_b^a f(x)\,dx$$

- Geben Sie ein konkretes Beispiel möglicher Werte für a, b, c und d an. Es gibt unendlich viele Möglichkeiten!

Lösung

1. a) Das Modell liefert mit k(x):

$$k(13) = \frac{1}{40} \cdot (13^3 - 30 \cdot 13^2 + 288 \cdot 13 - 815) = \frac{56}{40} = 1{,}4$$

Messwert für 13 $\frac{\text{km}}{\text{h}}$ aus der Tabelle: $1{,}44\ \frac{\text{mmol}}{\ell}$

Prozentuale Abweichung des Modellwerts vom Messwert:

$$\frac{1{,}4 - 1{,}44}{1{,}44} = -\frac{0{,}04}{1{,}44} = -0{,}0277\ldots$$

Die Abweichung des Modellwerts vom Messwert beträgt etwa 2,8 %.

b) Bestimmung mithilfe der Abbildung:

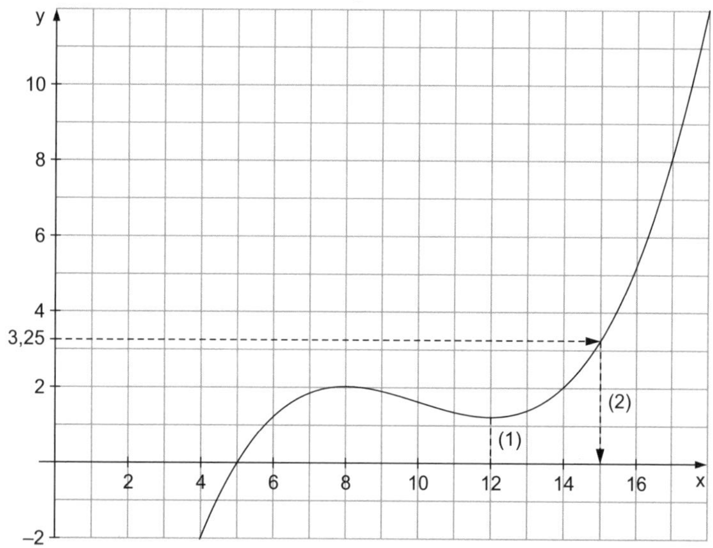

(1) Die Laktatkonzentration steigt ab einer Geschwindigkeit von 12 $\frac{\text{km}}{\text{h}}$ an.

(2) Bei einer Geschwindigkeit von 15 $\frac{\text{km}}{\text{h}}$ überschreitet die Laktatkonzentration den Wert von $3{,}25\ \frac{\text{mmol}}{\ell}$.

c) Die Ableitungsfunktionen k' und k'' sind gegeben durch:

$$k'(x) = \frac{1}{40} \cdot (3x^2 - 60x + 288)$$

$$k''(x) = \frac{1}{40} \cdot (6x - 60)$$

Die stärkste Abnahme der Laktatkonzentration liegt beim Wendepunkt. Mit der notwendigen Bedingung $k''(x)=0$ ergibt sich:

$$\frac{1}{40}\cdot(6x-60)=0 \quad \Rightarrow \quad x=10$$

Da $k'''(10)=\frac{3}{20}\neq 0$ gilt, liegt die Wendestelle bei $x=10$.

Die Laktatkonzentration nimmt bei einer Geschwindigkeit von $10\,\frac{\text{km}}{\text{h}}$ am stärksten ab.

d) Die Laktatkonzentrationen an den Grenzen des Geschwindigkeitsbereiches sind:

$$k(12)=\frac{1}{40}\cdot(12^3-30\cdot 12^2+288\cdot 12-815)=\frac{49}{40}=1{,}225$$

$$k(17{,}5)=\frac{1}{40}\cdot(17{,}5^3-30\cdot 17{,}5^2+288\cdot 17{,}5-815)=\frac{396{,}875}{40}=9{,}921875$$

Die mittlere Änderungsrate $\overline{m}$ der Konzentration im Geschwindigkeitsbereich $12\,\frac{\text{km}}{\text{h}}$ bis $17{,}5\,\frac{\text{km}}{\text{h}}$ ist:

$$\overline{m}=\frac{\Delta y}{\Delta x}=\frac{k(17{,}5)-k(12)}{17{,}5-12}=\frac{9{,}921875-1{,}225}{17{,}5-12}=1{,}58125$$

Die mittlere Änderungsrate der Laktatkonzentration beträgt etwa $1{,}58\,\frac{\text{mmol}}{\ell}$ pro $\frac{\text{km}}{\text{h}}$.

2. a) Die Tangente an den Graphen von k im Wendepunkt $W\left(10\,\middle|\,\frac{13}{8}\right)$ hat die Steigung m_W und schneidet den Graphen von k in keinem weiteren Punkt.

$$m_W=k'(10)$$
$$=\frac{1}{40}\cdot(3\cdot 10^2-60\cdot 10+288)$$
$$=-\frac{3}{10}$$

Skizze:

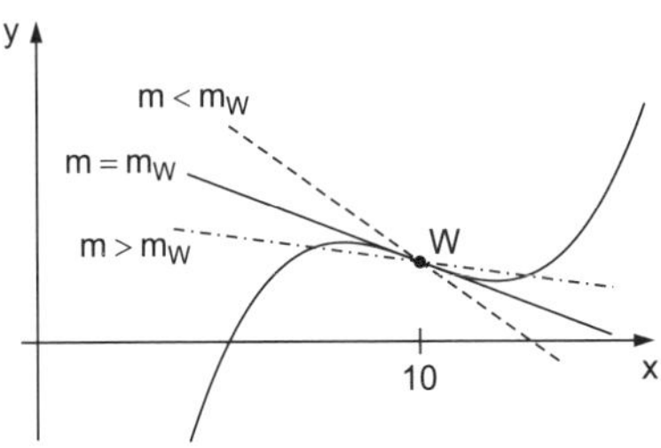

Alle Geraden durch W mit einer Steigung $m<m_W$ schneiden den Graphen von k ebenfalls nur einmal. Alle Geraden mit einer negativen Steigung $m>m_W$ schneiden den Graphen mehrmals.

Es gilt also:

Alle Geraden durch W mit einer Steigung $m\in\left]-\infty;-\frac{3}{10}\right]$ bzw. $m\leq-\frac{3}{10}$ haben mit dem Graphen von k keinen weiteren Punkt gemeinsam.

b) Die Geradengleichung kann allgemein geschrieben werden als:
$g(x) = mx + n$

Mit den Koordinaten von W gilt:

$$\frac{13}{8} = m \cdot 10 + n \quad \Rightarrow \quad n = \frac{13}{8} - 10m$$

c) Die x-Koordinate von W in g(x) einsetzen:

$$g(10) = \frac{13}{40} \cdot (10-5) = \frac{13}{8}$$

Damit verläuft der Graph von g durch W. (w. z. z. w.)

Zeichnung:

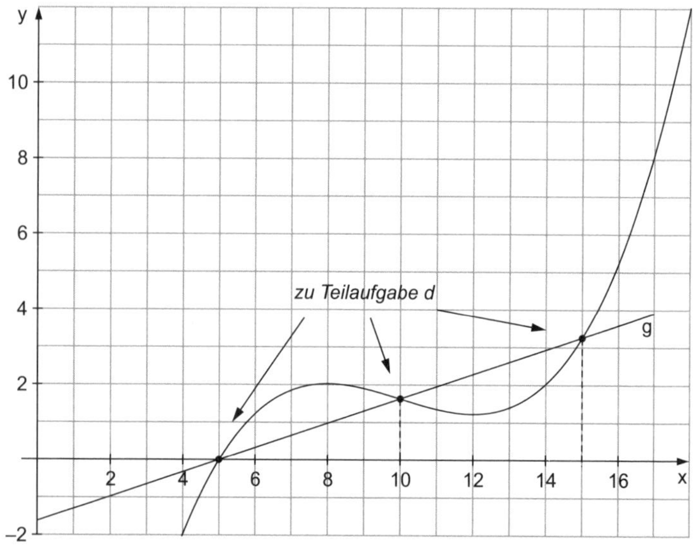

d) Die x-Koordinaten der Schnittpunkte der Graphen von g und k (siehe Abbildung in der Lösung zu Teilaufgabe c) sind die Lösungen der Gleichung $k(x) - g(x) = 0$ bzw. $k(x) = g(x)$.

Die Lösungen sind: $x_1 = 5$, $x_2 = 10$ und $x_3 = 15$

e) Die linke Seite der Gleichung

$$\int_5^{15} k(x)\,dx$$

entspricht dem Inhalt der Fläche, die sich zwischen dem Graphen von k und der x-Achse im Bereich $5 \le x \le 15$ befindet.

Die rechte Seite der Gleichung entspricht dem Flächeninhalt eines rechtwinkligen Dreiecks ABC mit den Katheten $\overline{AB} = 15 - 5$ und $\overline{BC} = k(15)$. Aufgrund der Symmetrie des Graphen von k bezüglich des Punktes W sind die beiden Flächenstücke A_1 und A_2, die der Graph von k mit dem Graphen von g einschließt, gleich groß. Somit sind auch die durch die beiden Seiten der Gleichung beschriebenen Flächenstücke gleich.

Abbildung zu den Überlegungen *(nicht verlangt)*:

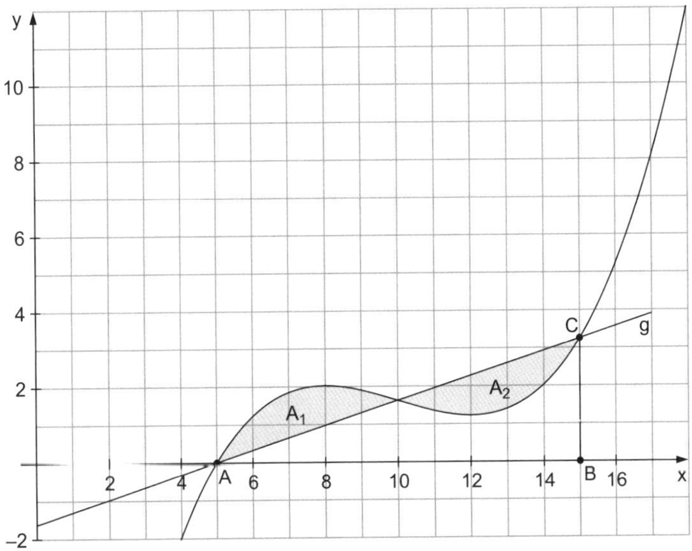

f) Da die Funktionswerte von k für $x < 5$ negativ und für $x > 5$ positiv sind, ist der Wert des Integrals für $z = 4$ negativ und für $z = 5$ positiv. Das bedeutet, dass der Wert des Integrals für $4 < z < 5$ mit zunehmendem Wert von z fortlaufend zunimmt und somit für ein z gleich null sein muss.

3. a) Den Graphen von h erhält man geometrisch aus dem Graphen von i durch
   (1) Verschiebung des Graphen von i um 5 Einheiten in positiver x-Richtung und
   (2) Streckung des Graphen von i in y-Richtung mit dem Faktor $\frac{40}{13}$.

   b) Die Funktionsterme von g und h sind Kehrwerte voneinander:
   $$\frac{40}{13} \cdot \frac{1}{x-5} = \frac{1}{\frac{13}{40} \cdot (x-5)}$$
   Die einzigen beiden Zahlen, die gleich ihrem Kehrwert sind, sind 1 und −1.
   Für die beiden Schnittpunkte muss also gelten:
   $g(x) = h(x) = 1$ oder $g(x) = h(x) = -1$

Damit ergeben sich die Schnittpunkte:

$$g(x)=1 \quad\Leftrightarrow\quad \frac{13}{40}\cdot(x-5)=1 \quad\Leftrightarrow\quad x=\frac{105}{13} \quad\Rightarrow\quad S_1\left(\frac{105}{13}\,\middle|\,1\right)$$

$$g(x)=-1 \quad\Leftrightarrow\quad \frac{13}{40}\cdot(x-5)=-1 \quad\Leftrightarrow\quad x=\frac{25}{13} \quad\Rightarrow\quad S_2\left(\frac{25}{13}\,\middle|\,-1\right)$$

Alternative Lösung:

Schnittpunkte $g \cap h \quad\Rightarrow\quad g(x)=h(x)$

$$\frac{13}{40}\cdot(x-5)=\frac{40}{13}\cdot\frac{1}{x-5}$$

$$\Leftrightarrow \qquad x-5=\left(\frac{40}{13}\right)^2\cdot\frac{1}{x-5}$$

$$\Leftrightarrow \qquad (x-5)^2=\left(\frac{40}{13}\right)^2$$

$$\Leftrightarrow \qquad x^2-10x+25-\frac{1600}{169}=0$$

$$\Leftrightarrow \qquad x^2-10x+\frac{2625}{169}=0$$

$$\Rightarrow \qquad x_{1/2}=5\pm\sqrt{25-\frac{2625}{169}}$$

$$\Rightarrow \qquad x_1=\frac{105}{13}$$

$$x_2=\frac{25}{13}$$

Koordinaten der Schnittpunkte (z. B. durch Einsetzen in g(x)):

$$g\left(\frac{105}{13}\right)=\frac{13}{40}\cdot\left(\frac{105}{13}-5\right)=\frac{13}{40}\cdot\frac{40}{13}=1 \qquad\Rightarrow\quad S_1\left(\frac{105}{13}\,\middle|\,1\right)$$

$$g\left(\frac{25}{13}\right)=\frac{13}{40}\cdot\left(\frac{25}{13}-5\right)=\frac{13}{40}\cdot\left(-\frac{40}{13}\right)=-1 \quad\Rightarrow\quad S_2\left(\frac{25}{13}\,\middle|\,-1\right)$$

c) Die Funktion g ist streng monoton wachsend, die Funktion h jedoch fallend. Somit kann es keine gemeinsame Tangente geben.

d) Es ist zu erkennen, dass der Wert des Integrals

$$\int_a^b h(x)\,dx$$

für $a, b \in\,]-\infty; 5[$ und $a<b$ negativ ist, da sich die Fläche zwischen dem Graphen und der x-Achse unterhalb der x-Achse befindet.

Damit das Produkt aus den Werten der beiden Integrale positiv ist, muss der Wert des Integrals

$$\int_c^d h(x)\,dx$$

mit $c, d \in\ ]5; +\infty[$ ebenfalls negativ sein. Dies ist genau dann der Fall, wenn $c > d$.

Als konkrete Möglichkeit für die Werte a, b, c und d ergibt sich also z. B.:

$a = 2;\ b = 3;\ c = 7;\ d = 6$

Alternative Lösung:
Für $a, b \in\ ]-\infty; 5[$ und $a > b$ ist das Integral

$$\int_a^b h(x)\,dx$$

positiv. Für $c, d \in\ ]5; +\infty[$ und $c < d$ ist das Integral

$$\int_c^d h(x)\,dx$$

ebenfalls positiv.
Eine Möglichkeit für die Werte a, b, c und d ist also z. B. auch:

$a = 3;\ b = 1;\ c = 6;\ d = 9$

Anmerkung der Redaktion:
Diese Aufgabe wurde nur den Schülerinnen und Schülern von Kursen vorgelegt, die den Schwerpunkt Lineare Algebra gewählt hatten.

III Tretboote

Ein Unternehmen vermietet Tretboote. In der Hauptsaison betreibt es dazu an einem See die drei Stationen N, S und W. Ein Boot, das an einer der drei Stationen ausgegeben wurde, kann an einer beliebigen der drei Stationen zurückgegeben werden. Jedes Boot kann an einem Tag mehrfach ausgegeben werden; die Rückgabe erfolgt stets am selben Tag wie die Ausgabe.
Für jeden Tag können die Ausgaben von Booten an den drei Stationen durch einen Vektor $\vec{a}$ beschrieben werden, die Rückgaben durch einen Vektor $\vec{r}$.
Beide Vektoren haben die Form

$$\begin{pmatrix} n \\ s \\ w \end{pmatrix},$$

wobei n, s und w die Anzahlen der Boote sind, die an den Stationen N, S bzw. W am betrachteten Tag insgesamt ausgegeben bzw. zurückgegeben wurden.

Der Zusammenhang zwischen den Vektoren lässt sich modellhaft durch die Gleichung $\vec{r} = M \cdot \vec{a}$ mit

$$M = \begin{pmatrix} 0{,}6 & 0{,}1 & 0{,}2 \\ 0{,}1 & 0{,}75 & 0{,}05 \\ 0{,}3 & 0{,}15 & 0{,}75 \end{pmatrix}$$

darstellen.

Punkte

a) **Interpretieren** Sie im Sachzusammenhang den Eintrag 0,05 von M sowie die Tatsache, dass die Summe der Einträge in jeder der drei Spalten von M den Wert 1 hat. 3

b) **Stellen** Sie den durch die angegebene Gleichung dargestellten Zusammenhang in einem Übergangsdiagramm **dar**. 3

c) **Beurteilen** Sie die folgende Aussage:
Wenn an einem Tag an allen drei Stationen gleich viele Boote ausgegeben werden, dann ist an der Station W die Anzahl der Rückgaben 20 % höher als die Anzahl der Ausgaben. 3

d) An einem Dienstag wurde an der Station N 40-mal ein Boot ausgegeben und 40-mal eines zurückgegeben. An der Station S wurde 37-mal ein Boot zurückgegeben, an der Station W 63-mal.
Ermitteln Sie, wie viele Boote an der Station S ausgegeben wurden. 4

e) Für einen Samstag werden die Ausgaben von Booten an den drei Stationen durch

$$\begin{pmatrix} a \\ b \\ a+b \end{pmatrix}$$

beschrieben, die Rückgaben durch

$$\begin{pmatrix} a+2 \\ b \\ c \end{pmatrix}.$$

Zeigen Sie, dass $c = a + b - 2$ gilt.
Interpretieren Sie diese Gleichung im Sachzusammenhang. 3

f) In der Nebensaison werden nur die Stationen N und S betrieben, Boote werden also nur dort ausgegeben und können auch nur dort zurückgegeben werden.
An einem Mittwoch wurde an der Station N 15-mal ein Boot ausgegeben und 8-mal eines zurückgegeben, an der Station S wurde 10-mal ein Boot ausgegeben und 17-mal eines zurückgegeben.
Der Zusammenhang zwischen den Ausgaben und Rückgaben von Booten in der Nebensaison kann modellhaft mithilfe einer Matrix dargestellt werden.
Ermitteln Sie eine Matrix, die dafür infrage kommt. 4

20

Hinweise und Tipps

Teilaufgabe a

Matrixelement $m_{23} = 0{,}05$

- Das Matrixelement $m_{23} = 0{,}05$ beschreibt den Übergang von einer Station auf eine andere. Um welche Stationen geht es?

Spaltensumme 1

- Beziehen Sie sich bei der Interpretation auf den Zusammenhang zwischen der Anzahl ausgegebener und der Anzahl zurückgegebener Boote.

Teilaufgabe b

Übergangsdiagramm

- Die drei Stationen N, S und W werden als Felder nebeneinander angeordnet.
- Übergänge zwischen Stationen werden durch Pfeile dargestellt.
- Die Werte der Übergänge lassen sich der Matrix M entnehmen.

Teilaufgabe c

Beurteilung der Aussage

- Stellen Sie die Vektorgleichung $\vec{r} = M \cdot \vec{a}$ mit einem allgemeinen Vektor $\vec{a}$ mit drei gleichen Einträgen auf.
- Berechnen Sie für die Rückgaben an der Station W die 3. Zeile des Vektors $\vec{r}$.
- Vergleichen Sie das Ergebnis mit der Aussage.

Teilaufgabe d

Bootsausgabe an der Station S

- Stellen Sie die Vektorgleichung $\vec{r} = M \cdot \vec{a}$ auf.
- Von Vektor $\vec{a}$ ist der n-Eintrag bekannt, von Vektor $\vec{r}$ alle drei Einträge.
- Führen Sie die Matrizenmultiplikation aus und lösen Sie das LGS.

Teilaufgabe e

Gleichung $c = a + b - 2$

- Nutzen Sie die Bedingung, dass die Anzahl aller Ausgaben gleich der Anzahl aller Rückgaben sein muss.
- Die Summe aller Ausgaben (bzw. Rückgaben) ergibt sich aus der Summe aller Einträge des Vektors $\vec{a}$ (bzw. des Vektors $\vec{r}$).
- Die Gleichung macht eine Aussage über Ausgaben und Rückgaben an der Station W.

Teilaufgabe f

Übergangsmatrix

- In der Nebensaison werden nur die beiden Stationen N und S betrieben. Als Übergangsmatrix M ergibt sich somit eine 2×2-Matrix.
- Setzen Sie p als Anteil der an der Station N ausgeliehenen Boote an, die dort auch wieder zurückgegeben wurden, und q als Anteil der an der Station S ausgeliehenen Boote, die dort auch wieder zurückgegeben wurden.
- Diese Anteile bilden die Elemente m_{11} und m_{22} der Hauptdiagonalen der Matrix M.
- Bestimmen Sie noch die Elemente m_{12} und m_{21}. Beachten Sie dabei, dass die Summe der Einträge in einer Spalte gleich 1 ist.
- Vektoren für die Ausgaben und Rückgaben können mithilfe der Angaben in der Aufgabenstellung aufgestellt werden.
- Stellen Sie ein LGS auf.
- Sie sollten feststellen, dass das LGS unendlich viele Lösungen besitzt. Das bedeutet, dass Sie den Wert für eine Variable (p oder q) frei wählen können.
- Da es sich bei p und q um Anteile handelt, müssen deren Werte zwischen 0 und 1 liegen.
- Geben Sie eine mögliche Übergangsmatrix explizit an.

Lösung

a) Matrixelement $m_{23} = 0{,}05$:
Ein Anteil von 5 % der an der Station W ausgegebenen Tretboote wird an der Station S zurückgegeben.

Spaltensumme 1:
Die Spaltensumme 1 bedeutet, dass alle ausgegebenen Tretboote am selben Tag zurückgegeben werden.

b) Übergangsdiagramm:

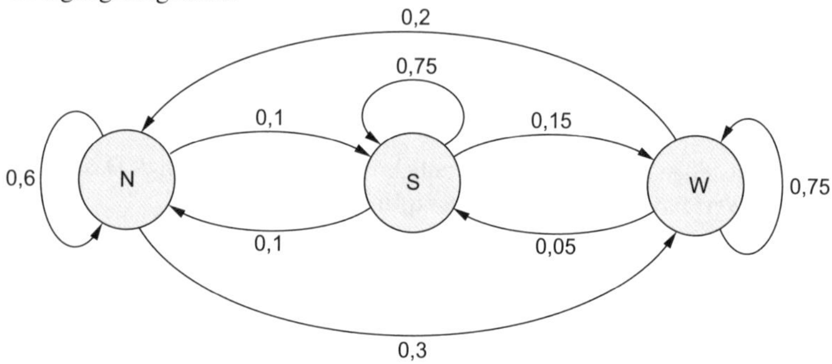

c) Wird an jeder Station eine Anzahl x Boote ausgegeben, so gilt für den Vektor $\vec{r}$ der Rückgabe:

$$\vec{r} = \begin{pmatrix} 0{,}6 & 0{,}1 & 0{,}2 \\ 0{,}1 & 0{,}75 & 0{,}05 \\ 0{,}3 & 0{,}15 & 0{,}75 \end{pmatrix} \cdot \begin{pmatrix} x \\ x \\ x \end{pmatrix}$$

Für die Zeile 3 und somit für die Anzahl der an der Station W zurückgegebenen Boote ergibt sich:

$0{,}3x + 0{,}15x + 0{,}75x = 1{,}2x$

D. h., die Anzahl der Rückgaben an der Station W ist um 20 % höher als die Anzahl der Ausgaben. Die Aussage ist also wahr.

d) Aus den Angaben ergibt sich folgende Vektorgleichung:

$$\begin{pmatrix} 0{,}6 & 0{,}1 & 0{,}2 \\ 0{,}1 & 0{,}75 & 0{,}05 \\ 0{,}3 & 0{,}15 & 0{,}75 \end{pmatrix} \cdot \begin{pmatrix} 40 \\ s \\ w \end{pmatrix} = \begin{pmatrix} 40 \\ 37 \\ 63 \end{pmatrix}$$

Es folgt das LGS:

$$\begin{array}{ll} \text{I} & 0{,}6 \cdot 40 + 0{,}1s + 0{,}2w = 40 \\ \text{II} & 0{,}1 \cdot 40 + 0{,}75s + 0{,}05w = 37 \\ \text{III} & 0{,}3 \cdot 40 + 0{,}15s + 0{,}75w = 63 \\ \hline \end{array}$$

$$I - 4 \cdot II \quad \Rightarrow \quad 8 - 2{,}9s = -108$$
$$-2{,}9s = -116$$
$$s = 40$$

$s = 40$ in III einsetzen:

$0{,}3 \cdot 40 + 0{,}15 \cdot 40 + 0{,}75w = 63 \quad \Rightarrow \quad w = 60$

An der Station S wurden 40 Boote (und an der Station W 60 Boote) ausgegeben.

e) Aus der Bedingung, dass die Anzahl der insgesamt ausgegebenen Boote gleich der Anzahl der insgesamt zurückgegebenen Boote sein muss, ergibt sich:

$$(a + 2) + b + c = a + b + (a + b)$$
$$a + 2 + b + c = 2a + 2b$$
$$c = a + b - 2 \qquad \text{(w. z. z. w.)}$$

Im Sachzusammenhang bedeutet dies, dass an der Station W zwei Boote weniger zurückgegeben wurden, als an dieser Station ausgegeben wurden.

f) Station N: 15 Ausgaben
8 Rückgaben

Station S: 10 Ausgaben
17 Rückgaben

Es sei p der Anteil der an der Station N ausgegebenen Boote, der auch dort wieder zurückgegeben wird, und q der Anteil der an der Station S ausgegebenen Boote, der auch dort wieder zurückgegeben wird.

Da die Summe der Einträge einer Spalte 1 ergeben muss, gilt folgende Übergangsmatrix:

$$M = \begin{pmatrix} p & 1-q \\ 1-p & q \end{pmatrix}$$

Somit gilt:

$$\begin{pmatrix} p & 1-q \\ 1-p & q \end{pmatrix} \cdot \begin{pmatrix} 15 \\ 10 \end{pmatrix} = \begin{pmatrix} 8 \\ 17 \end{pmatrix}$$

LGS:

$$\begin{array}{lrr} \text{I} & 15p + 10 \cdot (1-q) = & 8 \\ \text{II} & 15 \cdot (1-p) + \quad 10q = & 17 \end{array}$$

Klammern auflösen und ordnen:

$$\begin{array}{lr} \text{I} & 15p - 10q = -2 \\ \text{II} & -15p + 10q = 2 \end{array}$$

$I + II \quad \Rightarrow \quad 0 = 0$

Das LGS liefert unendlich viele Lösungen. Wählt man z. B. $p=0$, so ergibt sich mit Gleichung I:

$$-10q=-2 \quad \Leftrightarrow \quad q=\frac{1}{5}=0,2$$

Eine mögliche Übergangsmatrix ist somit:

$$M=\begin{pmatrix} 0 & 0,8 \\ 1 & 0,2 \end{pmatrix}$$

Alternative Lösung (eine von vielen):

Wählt man $p=0,2$, so ergibt sich mit Gleichung I:

$$15\cdot 0,2-10q=-2 \quad \Leftrightarrow \quad q=\frac{1}{2}=0,5$$

Eine mögliche Übergangsmatrix ist somit:

$$M=\begin{pmatrix} 0,2 & 0,5 \\ 0,8 & 0,5 \end{pmatrix}$$

Anmerkung der Redaktion:
Diese Aufgabe wurde nur den Schülerinnen und Schülern von Kursen vorgelegt, die den Schwerpunkt Analytische Geometrie gewählt hatten.

III Haus

Ein Haus kann modellhaft durch den abgebildeten Körper ABCDIJKL dargestellt werden. Das Dachgeschoss des Hauses entspricht dabei dem Prisma EFGHIJKL; der Teilkörper ABCDEFGH ist ein Quader. Der Teil der Fassade des Hauses, der durch das Viereck IEHL dargestellt wird, ist vollständig verglast; weitere Fenster hat das Dachgeschoss nicht.

Im verwendeten kartesischen Koordinatensystem (siehe Abbildung 1) sind die Punkte $A(0|0|0)$, $G(10|6|10)$, $H(0|6|10)$, $K(10|6|10{,}5)$ und $L(0|6|13)$ gegeben.
Eine Längeneinheit im Koordinatensystem entspricht einem Meter in der Realität.

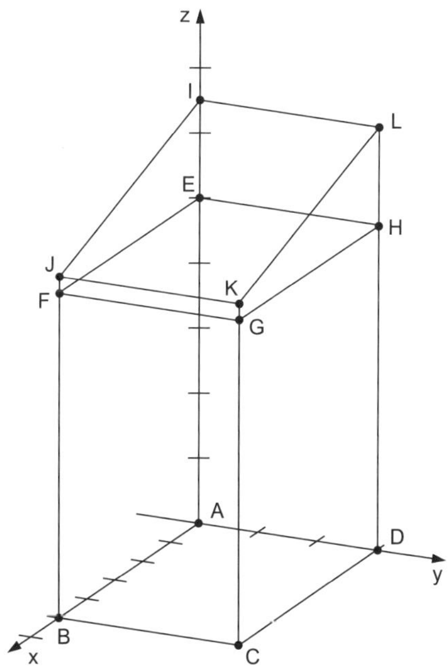

Abb. 1

		Punkte
a)	**Berechnen** Sie das Volumen des Hauses.	3
b)	**Geben** Sie eine Gleichung der Symmetrieebene des Körpers ABCDIJKL **an**. **Zeichnen** Sie in die Abbildung 1 die Seiten der Figur **ein**, in der diese Ebene den Körper schneidet.	2
c)	**Untersuchen** Sie für jede der beiden Ebenen $S: 3x - 5y = 0$ und $T: 3x + 5y = 0$, ob sie durch das Innere des Körpers ABCDIJKL verläuft.	3

Zur Gestaltung der Außenwände des Hauses werden verschiedene Farben zum Mischen gekauft. Die Einträge des Vektors

$$\vec{m} = \begin{pmatrix} w \\ r \\ g \\ b \end{pmatrix}$$

geben jeweils in Liter die Menge der weißen, roten, grünen und blauen Farbe an, die Einträge des Vektors

$$\vec{p} = \begin{pmatrix} 2{,}50 \\ 3{,}40 \\ 3{,}50 \\ 3{,}20 \end{pmatrix}$$

in entsprechender Reihenfolge jeweils den Preis für einen Liter Farbe in Euro.

d) **Beschreiben** Sie die Bedeutung des Terms $\vec{m} \circ \vec{p}$ im Sachzusammenhang. 1

e) Es gilt $\vec{m} \circ \vec{p} = 250$. Es wurde genau so viel Farbe gekauft, dass die weiße, rote, grüne und blaue Farbe im Verhältnis $12:1:2:3$ gemischt werden kann.
Berechnen Sie für jede Farbe die gekaufte Menge. 3

f) Gemäß der Verordnung zur Berechnung der Wohnfläche werden die Grundflächen von Raumteilen, die höchstens einen Meter hoch sind, nicht angerechnet.
Bestimmen Sie den prozentualen Anteil der Bodenfläche des Dachgeschosses, für den diese Regelung gilt. 3

g) Sonnenlicht, das zu einem bestimmten Zeitpunkt durch den verglasten Teil der Fassade in das Dachgeschoss einfällt, kann im Modell durch parallele Geraden mit dem Richtungsvektor

$$\begin{pmatrix} 3 \\ -2 \\ -2 \end{pmatrix}$$

beschrieben werden.
Einer der Eckpunkte des von der Sonne beschienenen Flächenstücks auf der Bodenfläche des Dachgeschosses liegt nicht am Rand der Bodenfläche.
Bestimmen Sie die Koordinaten des Punkts, der diesen Eckpunkt im Modell darstellt.
Zeichnen Sie in die Abbildung 1 alle von der Sonne beschienenen Flächenstücke im Dachgeschoss **ein**. 5

20

Hinweise und Tipps

Teilaufgabe a

Volumen des Hauses

- Das Volumen des Hauses setzt sich aus zwei Teilkörpern zusammen. Berechnen Sie deren Volumina.
- Die benötigten Längen ergeben sich aus den angegebenen Punktkoordinaten.

Teilaufgabe b

Symmetrieebene

- Die Symmetrieebene ist zu einer der Koordinatenebenen parallel.
- Bestimmen Sie den Abstand der Symmetrieebene zu dieser Koordinatenebene.
- Damit können Sie die Gleichung für die Symmetrieebene angeben.

Teilaufgabe c

Lage der Ebenen bezüglich des Hauses

- Beide Ebenen S und T verlaufen durch die z-Achse. Die Punkte A, E und I liegen also in beiden Ebenen.
- Prüfen Sie mithilfe von Punktproben (Einsetzen der Koordinaten der Punkte in die Ebenengleichung), ob der Punkt C ebenfalls in den Ebenen S oder T liegt. Wenn ja, verläuft die jeweilige Ebene durch das Innere des Körpers.
- Begründen Sie, dass eine der beiden Ebenen nicht durch das Innere des Körpers verlaufen kann. Beachten Sie dabei, dass der Körper sich im I. Oktanten befindet, alle Punkte im Inneren des Körpers also sowohl positive x- als auch y-Koordinaten besitzen.

Teilaufgabe d

Bedeutung des Terms $\vec{m} \circ \vec{p}$

- Beachten Sie: $\vec{m} \circ \vec{p} = 2{,}50 \cdot w + 3{,}40 \cdot r + 3{,}50 \cdot g + 3{,}20 \cdot b$
- Ein Blick auf die Einheiten der Einträge von $\vec{m}$ (Liter) und $\vec{p}$ (Euro pro Liter) kann bei der Beschreibung helfen.

Teilaufgabe e

Mengen der einzelnen Farben

- Wählen Sie die Menge einer Farbe als Bezugsmenge aus. Es bietet sich diejenige Farbe an, der im Mischungsverhältnis „1“ zugeordnet ist.
- Stellen Sie den Vektor $\vec{m}$ auf, wobei Sie alle Einträge mithilfe des Mischungsverhältnisses in Abhängigkeit von der Bezugsmenge schreiben.
- Nutzen Sie dann $\vec{m} \circ \vec{p} = 250$, um die Bezugsmenge zu berechnen.
- Bestimmen Sie mit dem Mischungsverhältnis die Mengen für die restlichen Farben.

Teilaufgabe f

Prozentualer Anteil

- Fertigen Sie eine Skizze des Dachgeschosses im Querschnitt an. Er ist trapezförmig.
- Die Längen der parallelen Seiten im Trapez kennen Sie und damit die kleinste und die größte Höhe im Dachgeschoss.
- Durch das Einzeichnen von Hilfslinien erhalten Sie eine Strahlensatzfigur, mit der Sie die Stelle im Querschnitt berechnen können, an der die Höhe 1 m beträgt.
- Es ergibt sich daraus direkt der Anteil der Raumteile an der Gesamtfläche, die höchstens 1 m hoch sind.

Teilaufgabe g

Koordinaten des Punktes

- Der Sonnenstrahl, der auf den gesuchten Eckpunkt fällt, verläuft außerdem durch einen der Eckpunkte der Glasfassade EHLI.
- Aufgrund des gegebenen Richtungsvektors der Sonnenstrahlen kommt nur einer der vier Eckpunkte E, H, L und I infrage. Welcher?
- Stellen Sie mithilfe dieser Informationen die Geradengleichung dieses Sonnenstrahls auf.
- Aus dem Durchstoßpunkt der Geraden mit der Bodenfläche FGHE des Dachgeschosses ergibt sich der gesuchte Eckpunkt des beschienenen Flächenstücks.
- FGHE liegt in der Ebene mit der Gleichung $z = 10$.

Zeichnung

- Beachten Sie, dass nicht nur die beschienene Fläche auf dem Boden eingezeichnet werden soll, sondern auch die beschienene Fläche auf einer der Wände.

Lösung

a) Das Volumen setzt sich aus dem Volumen V_Q eines Quaders und dem Volumen V_P eines Prismas mit trapezförmiger Grundfläche zusammen.

Für den Quader mit $\ell = \overline{AB}$, $b = \overline{BC}$ und $h_Q = \overline{BF}$ gilt:

$V_Q = \ell \cdot b \cdot h_Q = \overline{AB} \cdot \overline{BC} \cdot \overline{BF} = 10 \cdot 6 \cdot 10 = 600$

Das Prisma hat eine trapezförmige Grundfläche A_T mit den parallelen Seiten $a = \overline{KG}$ und $c = \overline{LH}$ sowie der Höhe $h_T = \overline{HG}$. Das Prisma besitzt die Höhe $h_P = \overline{EH}$. Es ergibt sich:

$$V_P = A_T \cdot h_P = \left[\frac{1}{2} \cdot (a+c) \cdot h_T\right] \cdot h_P$$

$$= \left[\frac{1}{2} \cdot (\overline{KG} + \overline{LH}) \cdot \overline{HG}\right] \cdot \overline{EH}$$

$$= \left[\frac{1}{2} \cdot (0{,}5 + 3) \cdot 10\right] \cdot 6 = 105$$

Gesamtvolumen: $V = V_Q + V_P = 600 + 105 = 705$

Das Haus hat ein Volumen von 705 m^3.

b) Zeichnung mit Symmetrieebene:

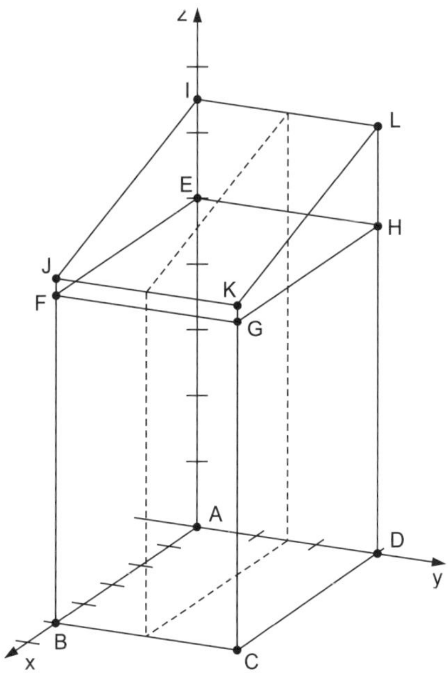

Gleichung der Symmetrieebene:
Die Symmetrieebene E ist parallel zur xz-Ebene, ihr Abstand zur xz-Ebene beträgt 3. Es folgt:

E: $y = 3$

c) Anhand der Ebenengleichungen ist zu erkennen, dass beide Ebenen S und T durch die z-Achse verlaufen. Somit liegen die Punkte A, E und I in den beiden Ebenen.
Wenn zusätzlich die Punkte C, G und K in einer der Ebenen liegen, verläuft diese Ebene durch das Innere des Körpers ABCDIJKL. Ausreichend ist eine Punktprobe mit $C(10\,|\,6\,|\,0)$:
Ebene S: $3 \cdot 10 - 5 \cdot 6 = 0 \quad \Rightarrow$ Ebene S verläuft durch das Innere des Körpers.
Ebene T: $3 \cdot 10 + 5 \cdot 6 = 60 \neq 0$

Weitere Überlegung zur Ebene T:
Alle Punkte im Inneren des Körpers haben positive x- und y-Koordinaten. Keiner dieser Punkte kann somit die Ebenengleichung $3x + 5y = 0$ erfüllen. Die Ebene T verläuft also nicht durch das Innere des Körpers.

Alternative Lösung:
Da die Ebenen S und T durch die z-Achse laufen, kann die Projektion der Ebenen und des Körpers auf die xy-Ebene betrachtet werden.
Die Ebenengleichungen lassen sich folgendermaßen umformen:

Ebene S: $y = \frac{3}{5}x$

Ebene T: $y = -\frac{3}{5}x$

Abbildung der Projektion auf die xy-Ebene:

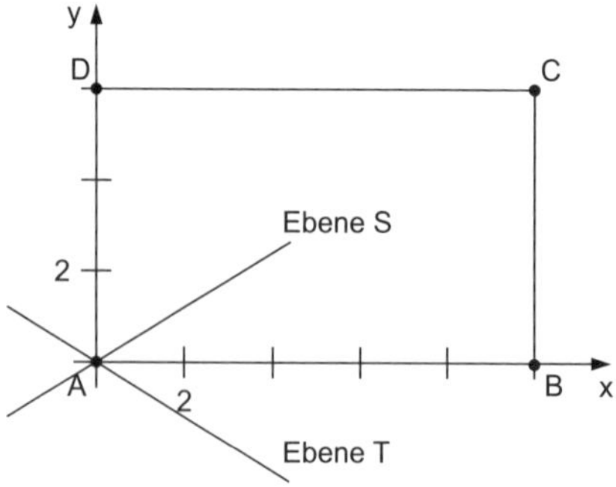

d) Der Term $\vec{m} \circ \vec{p}$ beschreibt den Gesamtpreis für die Farben, wenn $\vec{m}$ eine bestimmte Zusammenstellung von Farbmengen angibt.

e) Ist r die Menge der roten Farbe, so gilt wegen der angegebenen Verhältnisse:

$$\vec{m} = \begin{pmatrix} 12r \\ r \\ 2r \\ 3r \end{pmatrix}$$

Mit $\vec{m} \circ \vec{p} = 250$ (was dem Gesamtpreis 250 Euro entspricht) gilt:

$$\begin{pmatrix} 12r \\ r \\ 2r \\ 3r \end{pmatrix} \circ \begin{pmatrix} 2{,}50 \\ 3{,}40 \\ 3{,}50 \\ 3{,}20 \end{pmatrix} = 250$$

$$\Leftrightarrow \quad 12r \cdot 2{,}50 + r \cdot 3{,}40 + 2r \cdot 3{,}50 + 3r \cdot 3{,}20 = 250$$

$$\Leftrightarrow \quad 50r = 250$$

$$\Rightarrow \quad r = 5$$

Es wurden also 60 Liter weiße, 5 Liter rote, 10 Liter grüne und 15 Liter blaue Farbe gekauft.

f) Skizze des Dachgeschosses im Querschnitt:

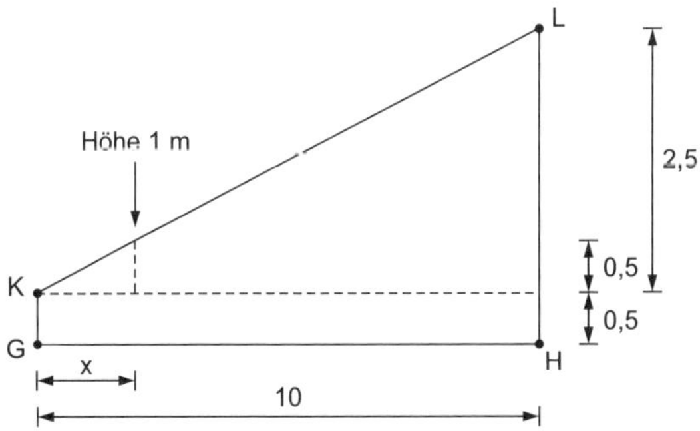

Mit dem Strahlensatz gilt:

$$\frac{x}{10} = \frac{0{,}5}{2{,}5} \quad \Rightarrow \quad x = 2$$

Da das Gebäude 6 Meter breit ist, gilt für die nicht anrechenbare Fläche:

$A_1 = 2 \cdot 6 = 12$

Gesamte Bodenfläche:

$A_2 = 6 \cdot 10 = 60$

Anteil der nicht anrechenbaren Fläche:

$$\frac{A_1}{A_2} = \frac{12}{60} = \frac{1}{5} = 20\ \%$$

Der Anteil der nicht anrechenbaren Fläche beträgt 20 %.

g) Derjenige Sonnenstrahl, der auf den gesuchten Eckpunkt des beschienenen Flächenstücks fällt, geht auch durch den Punkt L. Der Sonnenstrahl kann somit durch folgende Gerade s beschrieben werden:

$$s\colon \vec{x} = \begin{pmatrix} 0 \\ 6 \\ 13 \end{pmatrix} + t \cdot \begin{pmatrix} 3 \\ -2 \\ -2 \end{pmatrix};\ t \in \mathbb{R}$$

Der gesuchte Eckpunkt der beschienenen Fläche entspricht dem Durchstoßpunkt der Geraden s mit der Bodenfläche FGHE des Dachgeschosses. Da die Bodenfläche in der Ebene mit der Gleichung $z = 10$ liegt, muss gelten:

$$13 - 2t = 10 \quad \Rightarrow \quad t = 1{,}5$$

$t = 1{,}5$ in s einsetzen:

$$\overrightarrow{OS} = \begin{pmatrix} 0 \\ 6 \\ 13 \end{pmatrix} + 1{,}5 \cdot \begin{pmatrix} 3 \\ -2 \\ -2 \end{pmatrix} = \begin{pmatrix} 4{,}5 \\ 3 \\ 10 \end{pmatrix} \quad \Rightarrow \quad S(4{,}5\,|\,3\,|\,10)$$

Zeichnung:

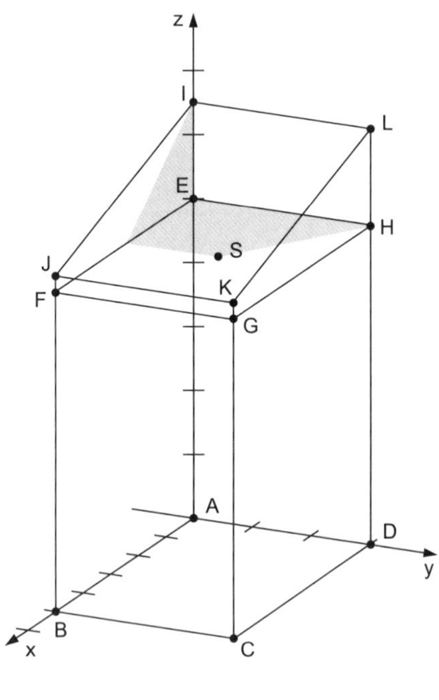

IV Führerschein

Hinweis: Zur Bearbeitung der folgenden Aufgabe können nach Bedarf die Tabellen in der Anlage genutzt werden.

In einem Land, in dem 80 % der Erwachsenen einen Führerschein besitzen, werden 200 Erwachsene zufällig ausgewählt. Es soll angenommen werden, dass dabei die Anzahl der ausgewählten Erwachsenen, die einen Führerschein besitzen, binomialverteilt ist.

Punkte

a) **Berechnen** Sie die Wahrscheinlichkeit dafür, dass die Anzahl der ausgewählten Erwachsenen, die einen Führerschein besitzen, vom Erwartungswert für diese Anzahl um höchstens 5 % abweicht. 4

b) **Ermitteln** Sie, wie groß die Anzahl der ausgewählten Erwachsenen mindestens sein müsste, damit von diesen mit einer Wahrscheinlichkeit von mindestens 90 % mehr als 160 einen Führerschein besitzen. 4

In einer bestimmten Region des betrachteten Lands werden alle Fahrprüfungen eines Jahres auf einen möglichen Zusammenhang zwischen dem Alter eines Prüflings und dem Bestehen der Prüfung hin untersucht. Von insgesamt 13 879 Prüflingen waren 2 482 zum Zeitpunkt der Prüfung mindestens 30 Jahre alt. Insgesamt haben 11 104 Prüflinge die Prüfung bestanden; davon waren 8 870 zum Zeitpunkt der Prüfung jünger als 30 Jahre. Ein Prüfling wird zufällig ausgewählt. Betrachtet werden die folgenden Ereignisse:

A: „Der Prüfling war zum Zeitpunkt der Prüfung mindestens 30 Jahre alt."
B: „Der Prüfling hat die Prüfung bestanden."

c) **Bestimmen** Sie die Anzahl der Prüflinge, die zum Zeitpunkt der Prüfung jünger als 30 Jahre waren und die Prüfung nicht bestanden haben. 2

d) **Untersuchen** Sie, ob die Wahrscheinlichkeiten $P_A(B)$ und $P(B)$ übereinstimmen. **Geben** Sie **an**, ob die Ereignisse A und B stochastisch unabhängig sind, und **interpretieren** Sie Ihre Angabe im Sachzusammenhang. 5

e) Besteht ein Prüfling die Prüfung bei der ersten Teilnahme nicht, nimmt er ein zweites Mal teil. Der Anteil der Prüflinge, die die Prüfung schon bei der ersten Teilnahme bestanden haben, ist q. Unter denjenigen, die zum zweiten Mal an der Prüfung teilnahmen, ist der Anteil der Prüflinge, die die Prüfung bestanden haben, nur halb so groß. Der Anteil der Prüflinge, die die Prüfung spätestens bei der zweiten Teilnahme bestanden haben, beträgt 90 %. **Berechnen** Sie den Wert von q. 5

20

Anlage Tabelle 1 zur Aufgabe „Führerschein“

						p						
k	0,02	0,03	0,04	0,05	0,1	$\frac{1}{6}$	0,2	0,3	$\frac{1}{3}$	0,4	0,5	
0	0176	0023	0003	0000								199
1	0894	0162	0027	0004								198
2	2351	0593	0125	0023								197
3	4315	1472	0395	0090								196
4	6288	2810	0950	0264								195
5	7867	4432	1856	0623	0000							194
6	8914	6063	3084	1237	0001							193
7	9507	7461	4501	2133	0005							192
8	9798	8504	5926	3270	0014							191
9	9925	9192	7192	4547	0035							190
10	9975	9599	8200	5831	0081							189
11	9992	9816	8925	6998	0168							188
12	9998	9922	9401	7965	0320							187
13	9999	9969	9688	8701	0566							186
14		9989	9848	9219	0929	0000						185
15		9996	9930	9556	1431	0001						184
16		9999	9970	9762	2075	0003						183
17			9988	9879	2849	0006						182
18			9995	9942	3724	0013						181
19			9998	9973	4655	0027	0000					180
20			9999	9988	5592	0052	0001					179
21				9995	6484	0094	0002					178
22				9998	7290	0163	0005					177
23				9999	7983	0269	0010					176
24					8551	0426	0020					175
25					8995	0648	0036					174
26					9328	0945	0064					173
27					9566	1329	0110					172
28					9729	1803	0179					171
29					9837	2366	0283					170
30					9905	3007	0430					169
31					9946	3711	0632					168
32					9971	4454	0899					167
33					9985	5210	1239					166
34					9992	5953	1656					165
35					9996	6658	2151	0000				164
36					9998	7305	2717	0001				163
37					9999	7877	3345	0001				162
38						8369	4019	0003				161
39						8777	4718	0005				160
40						9106	5422	0009				159
41						9362	6108	0016	0000			158
42						9556	6758	0027	0001			157
43						9699	7355	0045	0002			156
	0,98	0,97	0,96	0,95	0,9	$\frac{5}{6}$	0,8	0,7	$\frac{2}{3}$	0,6	0,5	k
						p						

k	p 0,02	0,03	0,04	0,05	0,1	$\frac{1}{6}$	0,2	0,3	$\frac{1}{3}$	0,4	0,5	
44						9801	7887	0072	0003			155
45						9872	8349	0111	0005			154
46						9919	8738	0169	0009			153
47						9950	9056	0249	0016			152
48						9970	9310	0359	0026			151
49						9983	9506	0506	0042			150
50						9990	9655	0695	0067			149
51						9995	9764	0934	0103			148
52						9997	9843	1228	0154			147
53						9998	9897	1579	0226	0000		146
54						9999	9934	1988	0323	0001		145
55							9959	2455	0453	0002		144
56							9975	2972	0621	0003		143
57							9985	3532	0833	0005		142
58							9991	4123	1094	0008		141
59							9995	4733	1409	0013		140
60							9997	5348	1778	0021		139
61							9998	5953	2202	0034		138
62							9999	6533	2677	0052		137
63								7079	3198	0080		136
64								7579	3755	0119		135
65								8028	4338	0173		134
66								8421	4934	0247		133
67								8758	5530	0346		132
68								9040	6113	0475		131
69								9272	6670	0639		130
70								9458	7192	0844		129
71								9604	7670	1094		128
72								9716	8097	1393	0000	127
73								9800	8473	1742	0001	126
74								9862	8794	2142	0001	125
75								9906	9065	2590	0002	124
76								9938	9287	3080	0004	123
77								9959	9466	3607	0007	122
78								9974	9607	4161	0011	121
79								9984	9716	4732	0018	120
80								9990	9799	5307	0028	119
81								9994	9860	5875	0044	118
82								9996	9904	6424	0066	117
83								9998	9936	6945	0097	116
84								9999	9958	7428	0141	115
85								9999	9973	7868	0200	114
86									9983	8261	0280	113
87									9989	8603	0384	112
88									9993	8897	0518	111
89									9996	9143	0687	110
	0,98	0,97	0,96	0,95	0,9	$\frac{5}{6}$	0,8	0,7	$\frac{2}{3}$	0,6	0,5 p	k

	p											
k	0,02	0,03	0,04	0,05	0,1	$\frac{1}{6}$	0,2	0,3	$\frac{1}{3}$	0,4	0,5	
90									9998	9345	0895	109
91									9999	9508	1146	108
92									9999	9637	1444	107
93										9737	1790	106
94										9812	2184	105
95										9869	2623	104
96										9910	3104	103
97										9939	3619	102
98										9960	4160	101
99										9974	4718	100
100										9983	5282	99
101										9989	5840	98
102										9993	6381	97
103										9996	6896	96
104										9998	7377	95
105										9999	7816	94
106										9999	8210	93
107											8556	92
108											8854	91
109											9105	90
110											9313	89
111											9482	88
112											9616	87
113											9720	86
114											9800	85
115											9859	84
116											9903	83
117											9934	82
118											9956	81
119											9972	80
120											9982	79
121											9989	78
122											9993	77
123											9996	76
124											9998	75
125											9999	74
126											9999	73
	0,98	0,97	0,96	0,95	0,9	$\frac{5}{6}$	0,8	0,7	$\frac{2}{3}$	0,6	0,5	k
	p											

Tab. 1: Summierte Binomialverteilung $P(X \leq k)$ für $n = 200$. Alle freien Plätze, die unterhalb der Zahlenkolonnen liegen, würden durch das Runden auf 4 Dezimalen den Wert 1,0000 enthalten.

Beachte: Wenn Werte über den zweiten, dunkelgrau unterlegten Eingang der Tabelle abgelesen werden sollen, d. h. $p \geq 0{,}5$, muss die Differenz 1 – (abgelesener Wert) ermittelt werden.

Anlage Tabelle 2 zur Aufgabe „Führerschein“

n	k 155	156	157	158	159	160	161	162	163	164	165
200	0,2113	0,2645	0,3242	0,3892	0,4578	0,5282	0,5981	0,6655	0,7283	0,7849	0,8344
201	0,1743	0,2219	0,2764	0,3372	0,4029	0,4719	0,5422	0,6116	0,6780	0,7396	0,7948
202	0,1421	0,1839	0,2328	0,2886	0,3503	0,4167	0,4860	0,5561	0,6249	0,6903	0,7506
203	0,1144	0,1504	0,1937	0,2440	0,3009	0,3636	0,4305	0,5000	0,5698	0,6380	0,7024
204	0,0909	0,1216	0,1591	0,2037	0,2554	0,3135	0,3770	0,4444	0,5139	0,5835	0,6509
205	0,0714	0,0970	0,1291	0,1680	0,2140	0,2670	0,3262	0,3905	0,4583	0,5278	0,5969
206	0,0554	0,0765	0,1034	0,1369	0,1772	0,2246	0,2788	0,3390	0,4041	0,4722	0,5417
207	0,0424	0,0596	0,0819	0,1101	0,1449	0,1867	0,2355	0,2909	0,3520	0,4177	0,4861
208	0,0321	0,0459	0,0640	0,0875	0,1171	0,1533	0,1965	0,2466	0,3031	0,3652	0,4314
209	0,0240	0,0349	0,0495	0,0687	0,0934	0,1243	0,1619	0,2065	0,2579	0,3155	0,3784
210	0,0178	0,0262	0,0378	0,0533	0,0737	0,0996	0,1318	0,1708	0,2168	0,2694	0,3281
211	0,0130	0,0195	0,0285	0,0409	0,0574	0,0789	0,1061	0,1396	0,1800	0,2273	0,2811
212	0,0094	0,0143	0,0213	0,0310	0,0442	0,0617	0,0843	0,1128	0,1477	0,1895	0,2380
213	0,0067	0,0104	0,0157	0,0232	0,0336	0,0477	0,0662	0,0900	0,1198	0,1561	0,1992
214	0,0047	0,0074	0,0114	0,0172	0,0253	0,0364	0,0514	0,0710	0,0960	0,1270	0,1647
215	0,0033	0,0053	0,0082	0,0126	0,0188	0,0275	0,0394	0,0553	0,0760	0,1022	0,1346
216	0,0023	0,0037	0,0059	0,0091	0,0138	0,0206	0,0299	0,0426	0,0595	0,0812	0,1087
217	0,0016	0,0026	0,0041	0,0065	0,0101	0,0152	0,0224	0,0325	0,0460	0,0638	0,0867
218	0,0011	0,0018	0,0029	0,0046	0,0072	0,0111	0,0166	0,0244	0,0352	0,0495	0,0684
219	0,0007	0,0012	0,0020	0,0032	0,0051	0,0080	0,0122	0,0182	0,0266	0,0380	0,0533
220	0,0005	0,0008	0,0014	0,0022	0,0036	0,0057	0,0088	0,0134	0,0199	0,0289	0,0411
221	0,0003	0,0005	0,0009	0,0015	0,0025	0,0040	0,0063	0,0097	0,0147	0,0217	0,0313

Tab. 2: Summierte Binomialverteilung $P(X \leq k)$ für $n \in [200; 221]$ und $p = 0{,}8$.

Hinweise und Tipps

Teilaufgabe a

Wahrscheinlichkeit

- Die Anzahl der ausgewählten Erwachsenen, die einen Führerschein besitzen, wird durch die binomialverteilte Zufallsgröße X mit $n = 200$ und $p = 0{,}8$ beschrieben.
- Berechnen Sie den Erwartungswert $\mu = E(X) = n \cdot p$ sowie die maximale Abweichung.
- Ermitteln Sie das Intervall, in dem die Anzahl der ausgewählten Erwachsenen mit Führerschein liegen soll.
- Bestimmen Sie z. B. unter Verwendung der Tabelle 1 die Wahrscheinlichkeit, dass die Zufallsgröße in diesem Intervall liegt.
- Beachten Sie: Wenn Werte über den zweiten, dunkelgrau unterlegten Eingang der Tabelle 1 abgelesen werden sollen, d. h. $p \geq 0{,}5$, muss die Differenz (1 – abgelesener Wert) ermittelt werden.

Teilaufgabe b

Mindestanzahl der auszuwählenden Personen

- Ermitteln Sie das kleinste n, für das gilt: $P(X > 160) \geq 0{,}9$
- Es gilt $P(X > 160) = 1 - P(X \leq 160)$.
- Verwenden Sie Tabelle 2 (Spalte $k = 160$).

Teilaufgabe c

Anzahl der Prüflinge

- Sie können eine Vierfeldertafel für die absoluten Häufigkeiten (Anzahlen) erstellen.

Teilaufgabe d

Wahrscheinlichkeiten $P(B)$ und $P_A(B)$

- Falls Sie in Teilaufgabe c eine Vierfeldertafel mit den absoluten Häufigkeiten erstellt haben, können dieser die relativen Häufigkeiten entnommen werden, in dem jeder Wert durch die Gesamtanzahl der Prüflinge 13 879 dividiert wird.
- Sie können die relativen Häufigkeiten als Wahrscheinlichkeiten interpretieren.
- Für die Wahrscheinlichkeit des Eintretens von B unter der Bedingung, dass das Ereignis A eingetreten ist, gilt:

  $P_A(B) = P(B \mid A) = \frac{P(A \cap B)}{P(A)}$

Stochastische Unabhängigkeit

- Zwei Ereignisse A und B sind genau dann stochastisch unabhängig, wenn $P(A) = P_B(A)$ bzw. $P(B) = P_A(B)$ gilt.

Teilaufgabe e

Wert von q

- Ein Baumdiagramm kann hilfreich sein.
- Stellen Sie einen Term auf, der den Anteil aller Prüflinge beschreibt, die spätestens bei der zweiten Teilnahme bestanden haben.
- Der Term setzt sich aus allen Teilnehmern, die beim ersten Mal bestanden haben, und allen Teilnehmern, die beim zweiten Mal bestanden haben, zusammen.
- Alle Teilnehmer, die beim ersten Mal bestanden haben, nahmen beim zweiten Mal nicht teil.
- Alle Teilnehmer, die beim zweiten Mal bestanden haben, hatten beim ersten Mal nicht bestanden.

Lösung

a) X ist eine binomialverteilte Zufallsgröße mit $n = 200$ und $p = 0{,}8$. Sie gibt die Anzahl der ausgewählten Personen an, die einen Führerschein besitzen.

Erwartungswert:
$\mu = E(X) = n \cdot p = 200 \cdot 0{,}8 = 160$

5 % von E(X):
$160 \cdot 0{,}05 = 8$

Die Wahrscheinlichkeit dafür, dass die Anzahl der ausgewählten Erwachsenen, die einen Führerschein besitzen, vom Erwartungswert um höchstens 5 % abweicht, ist:
$P(152 \le X \le 168) = P(X \le 168) - P(X \le 151)$

Mit der Tabelle 1 ergibt sich für $P(X \le k)$:

$k = 151$: Ablesewert 9310 $\Rightarrow$ $P(X \le 151) = 1 - 0{,}9310 = 0{,}0690$

$k = 168$: Ablesewert 0632 $\Rightarrow$ $P(X \le 168) = 1 - 0{,}0632 = 0{,}9368$

$P(152 \le X \le 168) = 0{,}9368 - 0{,}0690 = 0{,}8678$

Die Wahrscheinlichkeit dafür, dass die Anzahl der ausgewählten Erwachsenen, die einen Führerschein besitzen, vom Erwartungswert um höchstens 5 % abweicht, beträgt etwa 86,8 %.

b) Für ein unbekanntes n und $p = 0{,}8$ muss gelten:
$P(X > 160) \ge 0{,}9 \quad \Leftrightarrow \quad 1 - P(X \le 160) \ge 0{,}9 \quad \Leftrightarrow \quad P(X \le 160) \le 0{,}1$

Mit Tabelle 2 ergibt sich:
$n = 209$: $P(X \le 160) = 0{,}1243 > 0{,}1$

$n = 210$: $P(X \le 160) = 0{,}0996 < 0{,}1$

Es müssen mindestens 210 Personen ausgewählt werden.

c) Vierfeldertafel mit den absoluten Häufigkeiten:

	B	$\overline{B}$	
A	2 234	248	**2 482**
$\overline{A}$	**8 870**	2 527	11 397
	11 104	2 775	**13 879**

Bemerkung:
Alle fettgedruckten Werte sind in der Aufgabenstellung vorgegeben.

Aus der Vierfeldertafel kann abgelesen werden:
$H(\overline{A} \cap \overline{B}) = 2\,527$

Es gab 2 527 Prüflinge, die zum Zeitpunkt der Prüfung jünger als 30 Jahre waren und die Prüfung nicht bestanden haben.

d) Vierfeldertafel mit den relativen Häufigkeiten:

	B	$\overline{B}$	
A	0,16	0,02	0,18
$\overline{A}$	0,64	0,18	0,82
	0,80	0,20	1

Es ergibt sich:
$P(B) = 0{,}80$

$$P_A(B) = \frac{P(A \cap B)}{P(A)} = \frac{0{,}16}{0{,}18} = 0{,}888\ldots \approx 0{,}89$$

Somit folgt:
$P(B) \neq P_A(B)$

Die beiden Ereignisse A und B sind nicht stochastisch unabhängig. Das bedeutet, dass der Anteil der Prüflinge, die die Prüfung bestehen, in beiden Altersgruppen verschieden ist.

e) Baumdiagramm:

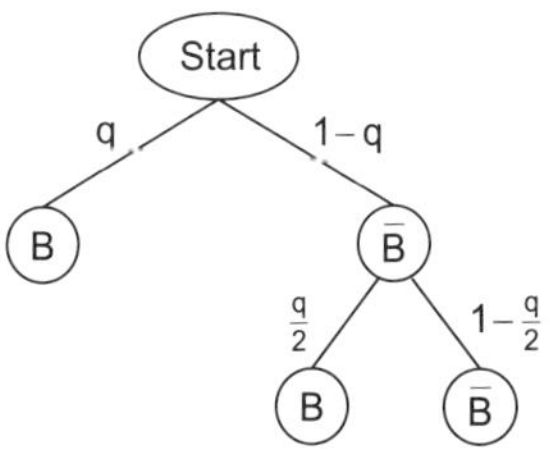

Damit gilt folgende Gleichung:

$$q + (1-q) \cdot \frac{q}{2} = 0{,}9$$

$$\Leftrightarrow \quad q + \frac{q}{2} - \frac{q^2}{2} = 0{,}9$$

$$\Leftrightarrow \quad -\frac{q^2}{2} + \frac{3}{2}q - 0{,}9 = 0$$

$$\Leftrightarrow \quad q^2 - 3q + 1{,}8 = 0$$

$$\Rightarrow \quad q_{1/2} = 1{,}5 \pm \sqrt{1{,}5^2 - 1{,}8} = 1{,}5 \pm \sqrt{0{,}45}$$

$$\Rightarrow \quad q_1 = 1{,}5 + \sqrt{0{,}45} = 2{,}1708\ldots \approx 2{,}171$$

$$\Rightarrow \quad q_2 = 1{,}5 - \sqrt{0{,}45} = 0{,}8291\ldots \approx 0{,}829$$

q_1 ist nicht sinnvoll, da $q_1 > 1$, also: $q \approx 0{,}829 = 82{,}9\ \%$

Der Anteil der Prüflinge, die die Prüfung schon bei der ersten Teilnahme bestanden haben, beträgt etwa 82,9 %.

Punkte

I.1 Analysis

Gegeben ist die in $\mathbb{R}\setminus\{0\}$ definierte Funktion

$f\colon x \mapsto 1 - \frac{1}{x^2}$,

die die Nullstellen $x_1 = -1$ und $x_2 = 1$ hat. Die Abbildung 1 zeigt den Graphen von f, der symmetrisch bezüglich der y-Achse ist. Weiterhin ist die Gerade g mit der Gleichung $y = -3$ gegeben.

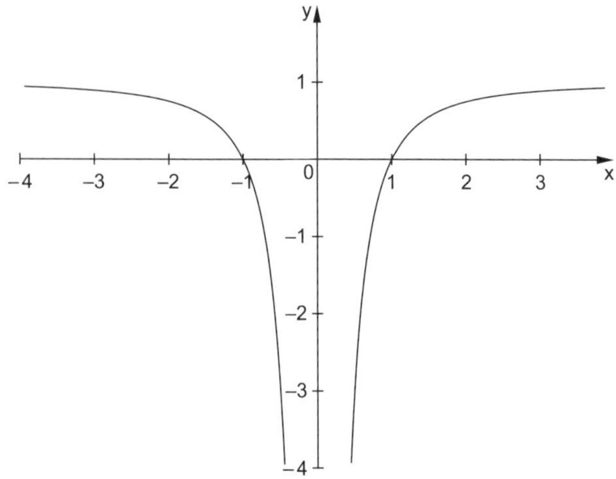

Abb. 1

a) **Zeigen** Sie, dass einer der Punkte, in denen g den Graphen von f schneidet, die x-Koordinate $\frac{1}{2}$ hat. 1

b) **Bestimmen** Sie rechnerisch den Inhalt der Fläche, die der Graph von f, die x-Achse und die Gerade g einschließen. 4

I.2 Lineare Algebra#

In einem System verteilt sich der Gesamtbestand auf die Zustände A und B. Zum Zeitpunkt n mit $n \in \mathbb{N}$ wird die Verteilung auf die Zustände A und B durch den Verteilungsvektor $\vec{v}_n = \begin{pmatrix} a_n \\ b_n \end{pmatrix}$ beschrieben. Dabei gibt a_n denjenigen Anteil des Gesamtbestands an, der sich im Zustand A befindet, und b_n denjenigen Anteil des Gesamtbestands, der sich im Zustand B befindet. Zum Zeitpunkt 0 sind beide Anteile größer als null. Die Abbildung 2 beschreibt die Übergänge zwischen den Zuständen von einem Zeitpunkt zum nächsten.

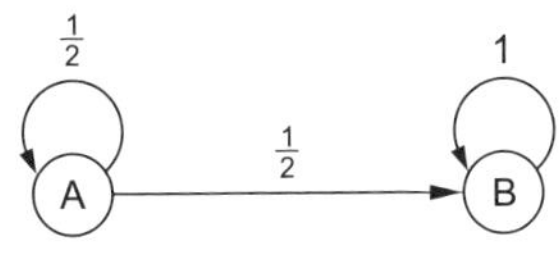

Abb. 2

Die Entwicklung der Verteilung wird durch die Gleichung $\vec{v}_{n+1} = M \cdot \vec{v}_n$ mit $M = \begin{pmatrix} \frac{1}{2} & 0 \\ \frac{1}{2} & 1 \end{pmatrix}$ beschrieben.

a) **Beschreiben** Sie mithilfe der Abbildung 2, wie sich die Verteilung auf lange Sicht entwickelt. 2

b) **Bestimmen** Sie mithilfe des Terms $M \cdot \begin{pmatrix} a_n \\ b_n \end{pmatrix}$ den kleinsten Wert von n, für den der Anteil des Gesamtbestands, der sich im Zustand A befindet, bis zum Zeitpunkt n auf weniger als 10 % seines Werts zum Zeitpunkt 0 abnimmt. 3

I.2 Analytische Geometrie#

Die Gerade $g\colon \vec{x} = \begin{pmatrix} 0 \\ 2 \\ 0 \end{pmatrix} + r \cdot \begin{pmatrix} 2 \\ 4 \\ 1 \end{pmatrix}$ mit $r \in \mathbb{R}$ und die Ebene $E\colon\ x_1 + 2x_2 - 2x_3 = 2$ schneiden sich im Punkt S.

a) **Berechnen** Sie die Koordinaten von S. 3

b) Der Punkt P_1 liegt auf g, aber nicht in E. Die Abbildung 2 zeigt die Ebene E, die Gerade g sowie einen Repräsentanten des Vektors $\overrightarrow{SP_1}$. Für den Punkt P_2 gilt
$\overrightarrow{OP_2} = \overrightarrow{OP_1} - 4 \cdot \overrightarrow{SP_1}$,
wobei O den Koordinatenursprung bezeichnet.
Zeichnen Sie die Punkte S, P_1 und P_2 in die Abbildung 2 ein. 2

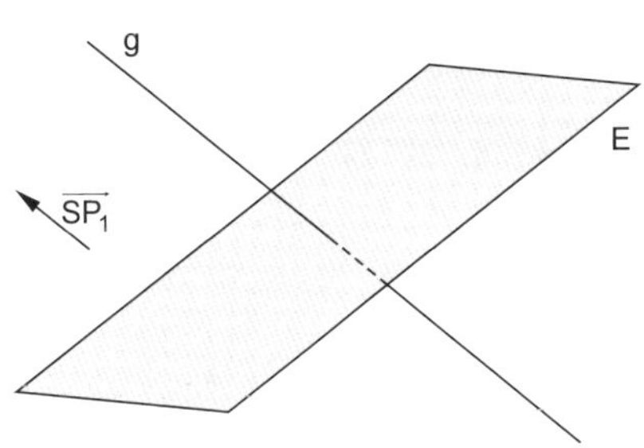

Abb. 2

I.3 Stochastik

Ein Glücksrad besteht aus fünf gleich großen Sektoren. Einer der Sektoren ist mit „0“ beschriftet, einer mit „1“ und einer mit „2“, die beiden anderen Sektoren sind mit „9“ beschriftet.

a) Das Glücksrad wird viermal gedreht.

Berechnen Sie die Wahrscheinlichkeit dafür, dass die Zahlen 2, 0, 1 und 9 in der angegebenen Reihenfolge erzielt werden. 2

b) Das Glücksrad wird zweimal gedreht.

Bestimmen Sie die Wahrscheinlichkeit dafür, dass die Summe der erzielten Zahlen mindestens 11 beträgt. 3

I.4.1 Analysis

Die Abbildung 3 zeigt den Graphen G_g einer in $\mathbb{R}$ definierten, differenzierbaren Funktion g. Betrachtet wird eine in $\mathbb{R}$ definierte Funktion f, für deren erste Ableitungsfunktion

$f'(x) = e^{g(x)}$

gilt.

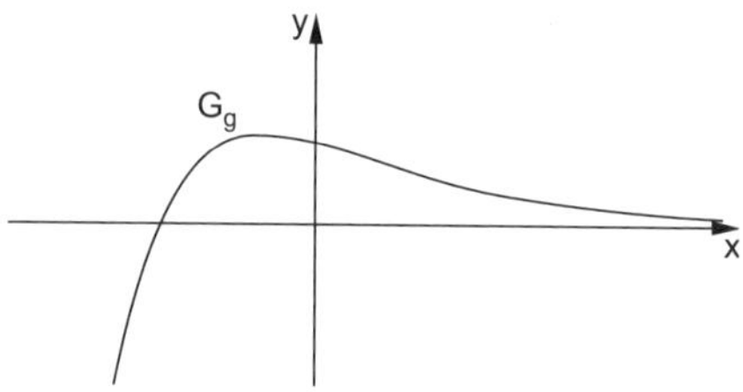

Abb. 3

a) **Untersuchen** Sie, ob der Graph von f einen Extrempunkt hat. 2

b) **Untersuchen** Sie, ob der Graph von f einen Wendepunkt hat. 3

I.4.2 Lineare Algebra#

Für jede Matrix $M = \begin{pmatrix} a & b \\ c & d \end{pmatrix}$ und a, b, c, d $\in \mathbb{R}$ heißt die Matrix $M^T = \begin{pmatrix} a & c \\ b & d \end{pmatrix}$ transponierte Matrix von M. Eine Matrix M heißt orthogonal, wenn $M^T \cdot M = \begin{pmatrix} 1 & 0 \\ 0 & 1 \end{pmatrix}$ gilt.

a) **Zeigen** Sie, dass die Matrix $\begin{pmatrix} \frac{3}{5} & -\frac{4}{5} \\ \frac{4}{5} & \frac{3}{5} \end{pmatrix}$ orthogonal ist. 2

b) **Untersuchen** Sie, ob die Matrix $\begin{pmatrix} 0 & 1 \\ 1 & 0 \end{pmatrix}^{101}$ orthogonal ist. 3

I.4.2 Analytische Geometrie#

a) Die Ebene $E: 3x_1 + 2x_2 + 2x_3 = 6$ enthält einen Punkt, dessen drei Koordinaten übereinstimmen.
Bestimmen Sie diese Koordinaten. 2

b) **Begründen** Sie, dass die folgende Aussage richtig ist:
Es gibt unendlich viele Ebenen, die keinen Punkt enthalten, dessen drei Koordinaten übereinstimmen. 3

I.4.3 Stochastik

Eine Urne A ist mit fünf roten und fünf blauen Kugeln gefüllt, eine Urne B mit n roten und $3 \cdot n$ blauen, wobei $n > 0$ gilt.
Aus der Urne A wird eine Kugel zufällig entnommen und in die Urne B gelegt.
Danach wird aus der Urne B eine Kugel zufällig entnommen und in die Urne A gelegt. Nun befindet sich in der Urne A eine unbekannte Anzahl roter Kugeln.

a) **Geben** Sie alle Möglichkeiten für diese unbekannte Anzahl **an**. 1

b) Für einen bestimmten Wert von n beträgt die Wahrscheinlichkeit dafür, dass die unbekannte Anzahl roter Kugeln in der Urne A fünf ist, $\frac{15}{29}$.
Bestimmen Sie diesen Wert von n. 4

20*

Im Abitur 2019 erhielten die Schülerinnen und Schüler jeweils nur eine der beiden Aufgaben I.2 sowie eine der beiden Aufgaben I.4.2 (Lineare Algebra oder Analytische Geometrie), abhängig von der Schwerpunktsetzung des Kurses.

* Die hier angegebene Gesamtpunktzahl ergibt sich, wenn **eine** der Aufgaben I.2 sowie **eine** der Aufgaben I.4.1, I.4.2 oder I.4.3 bearbeitet und gewertet werden.

Lösung

I.1 Analysis

a) Für die Funktionen f mit $f(x) = 1 - \frac{1}{x^2}$ und g mit $g(x) = -3$ werden die Schnittstellen bestimmt:

$$f(x) = g(x)$$

$$1 - \frac{1}{x^2} = -3 \qquad |+3$$

$$4 - \frac{1}{x^2} = 0 \qquad |\cdot x^2$$

$$4x^2 - 1 = 0 \qquad |+1$$

$$4x^2 = 1 \qquad |:4$$

$$x^2 = \frac{1}{4} \qquad |\sqrt{}$$

$$x_{1/2} = \pm\sqrt{\frac{1}{4}} \quad \Rightarrow \quad x_1 = \frac{1}{2};\ x_2 = -\frac{1}{2}$$

Einer der beiden Schnittpunkte der Graphen von f und g hat die x-Koordinate $\frac{1}{2}$.
(w. z. z. w.)

Bemerkung:
Alternativ kann auch gezeigt werden, dass $f\left(\frac{1}{2}\right) = -3 = g\left(\frac{1}{2}\right)$ gilt.

b) Wegen der Symmetrie des Graphen von f zur y-Achse gilt für den gesuchten Flächeninhalt $A = 2 \cdot (A_1 + A_2)$, wobei die Teilflächen A_1 und A_2 in nebenstehender Skizze dargestellt sind.
A_1 ist der Flächeninhalt des Rechtecks OPQR mit den Seitenlängen 3 LE und 0,5 LE. Es folgt:
$A_1 = 3 \cdot 0{,}5 = 1{,}5$
A_2 ergibt sich als Integralfläche:

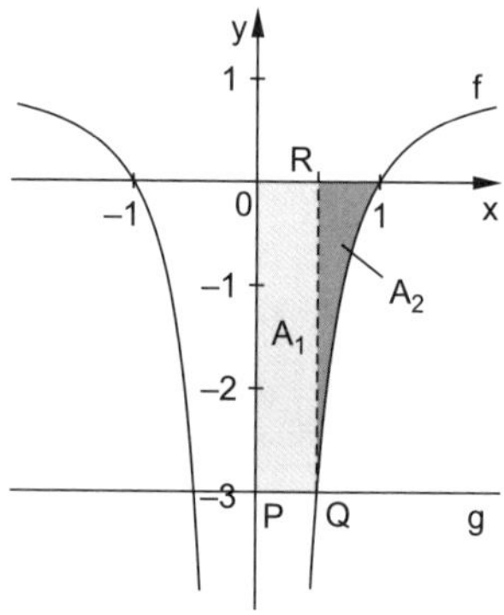

$$A_2 = \left| \int_{0,5}^{1} f(x) \cdot dx \right|$$

$$= \left| \int_{0,5}^{1} \left(1 - \frac{1}{x^2}\right) \cdot dx \right|$$

$$= \left| \left[x + x^{-1}\right]_{0,5}^{1} \right| = |(1+1) - (0{,}5+2)| = 0{,}5$$

Damit gilt für den gesuchten Flächeninhalt A:
$A = 2 \cdot (A_1 + A_2) = 2 \cdot (1{,}5 + 0{,}5) = 4$

Der gesuchte Inhalt der Fläche beträgt 4 FE.

I.2 Lineare Algebra

a) Da nur Übergänge vom Zustand A zum Zustand B erfolgen, aber nicht umgekehrt, gibt es auf lange Sicht fast nur noch den Zustand B, d. h., der Anteil von A am Gesamtzustand geht gegen null und der Anteil von B gegen eins.

b) Die Anteile der Zustände A und B am Gesamtbestand zum Zeitpunkt 0 sind gegeben durch folgenden Zustandsvektor:

$$\vec{v}_0 = \begin{pmatrix} a_0 \\ b_0 \end{pmatrix}$$

Für die Anteile zu den folgenden Zeitpunkten gilt dann:

$$\vec{v}_1 = M \cdot \vec{v}_0$$

$$\vec{v}_1 = \begin{pmatrix} 0{,}5 & 0 \\ 0{,}5 & 1 \end{pmatrix} \cdot \begin{pmatrix} a_0 \\ b_0 \end{pmatrix} = \begin{pmatrix} 0{,}5a_0 \\ 0{,}5a_0 + b_0 \end{pmatrix}$$

$$\vec{v}_2 = M \cdot \vec{v}_1$$

$$\vec{v}_2 = \begin{pmatrix} 0{,}5 & 0 \\ 0{,}5 & 1 \end{pmatrix} \cdot \begin{pmatrix} 0{,}5a_0 \\ 0{,}5a_0 + b_0 \end{pmatrix} = \begin{pmatrix} 0{,}25a_0 \\ 0{,}75a_0 + b_0 \end{pmatrix}$$

$$\vec{v}_3 = M \cdot \vec{v}_2$$

$$\vec{v}_3 = \begin{pmatrix} 0{,}5 & 0 \\ 0{,}5 & 1 \end{pmatrix} \cdot \begin{pmatrix} 0{,}25a_0 \\ 0{,}75a_0 + b_0 \end{pmatrix} = \begin{pmatrix} 0{,}125a_0 \\ 0{,}875a_0 + b_0 \end{pmatrix}$$

$$\vec{v}_4 = M \cdot \vec{v}_3$$

$$\vec{v}_4 = \begin{pmatrix} 0{,}5 & 0 \\ 0{,}5 & 1 \end{pmatrix} \cdot \begin{pmatrix} 0{,}125a_0 \\ 0{,}875a_0 + b_0 \end{pmatrix} = \begin{pmatrix} 0{,}0625a_0 \\ 0{,}9375a_0 + b_0 \end{pmatrix}$$

$\Rightarrow$ Bereits nach der 4. Zeiteinheit reduziert sich der Anfangsbestand für den Zustand A auf weniger als 10 %.

Alternative Lösung:
Es ist zu erkennen, dass sich für den Zustand A der Anteil am Gesamtbestand pro Zeiteinheit halbiert. Allgemein gilt:

$$a_n = \frac{1}{2^n} \cdot a_0$$

Da der kleinste Wert für n gesucht wird, für den $a_n < 0{,}1 \cdot a_0$ gilt, erhält man folgende Ungleichung:

$$\frac{1}{2^n} \cdot a_0 < \frac{1}{10} \cdot a_0 \quad \Leftrightarrow \quad \frac{1}{2^n} < \frac{1}{10} \quad \Leftrightarrow \quad 10 < 2^n$$

Probieren:

$2^3 = 8 < 10;\; 2^4 = 16 > 10$

$\Rightarrow$ Der gesuchte Wert ist $n = 4$.

I.2 Analytische Geometrie

a) Mit $g \cap E$ wird der Schnittpunkt S ermittelt:

$$0+2r+2\cdot(2+4r)-2\cdot(0+r)=2$$
$$2r+4+8r-2r=2$$
$$8r=-2 \;\Rightarrow\; r=-\frac{1}{4}$$

Den Wert $r=-\frac{1}{4}$ in die Geradengleichung von g einsetzen:

$$\overrightarrow{OS}=\begin{pmatrix}0\\2\\0\end{pmatrix}-\frac{1}{4}\cdot\begin{pmatrix}2\\4\\1\end{pmatrix}=\begin{pmatrix}-\frac{1}{2}\\1\\-\frac{1}{4}\end{pmatrix} \;\Rightarrow\; S\left(-\frac{1}{2}\,\middle|\,1\,\middle|\,-\frac{1}{4}\right)$$

Die Gerade g und die Ebene E schneiden sich im Punkt $S\left(-\frac{1}{2}\,\middle|\,1\,\middle|\,-\frac{1}{4}\right)$.

b) Zeichnung:

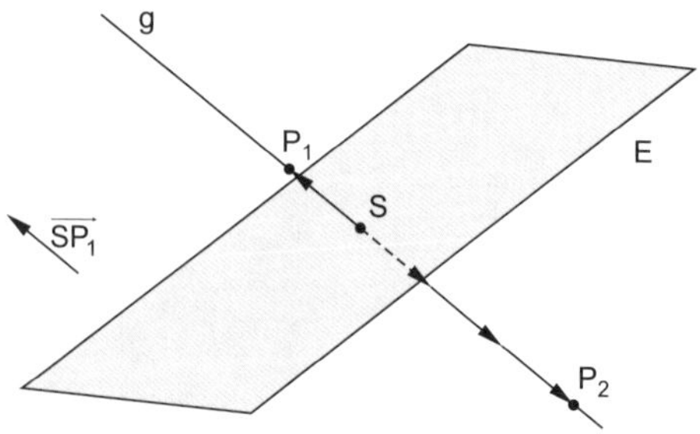

Anmerkung: Vorgehensweise beim Zeichnen

(1) Der Repräsentant des Vektors $\overrightarrow{SP_1}$ wird so auf g verschoben, dass sein Anfangspunkt auf dem Punkt S liegt. $\Rightarrow$ Punkt P_1

(2) Anschließend wird der zu $\overrightarrow{SP_1}$ entgegengesetzte Vektor von P_1 aus viermal bzw. von S aus dreimal abgetragen. $\Rightarrow$ Punkt P_2

I.3 Stochastik

a) Für die Wahrscheinlichkeit der möglichen Ergebnisse beim einmaligen Drehen gilt:

$$P(0)=P(1)=P(2)=\frac{1}{5};\quad P(9)=\frac{2}{5}$$

Für die Reihenfolge $2\to 0\to 1\to 9$ ergibt sich somit die Wahrscheinlichkeit:

$$P(2;0;1;9)=P(2)\cdot P(0)\cdot P(1)\cdot P(9)=\frac{1}{5}\cdot\frac{1}{5}\cdot\frac{1}{5}\cdot\frac{2}{5}=\frac{2}{625}$$

Die Wahrscheinlichkeit dafür, dass beim viermaligen Drehen des Glücksrades die Zahlen in der angegebenen Reihenfolge erzielt werden, beträgt $\frac{2}{625}$.

b) Der Ergebnisraum beim zweimaligen Drehen des Glücksrades besteht aus allen geordneten Zahlenpaaren der Zahlen 0, 1, 2 und 9.
Für das Ereignis „Die Summe der einzelnen Zahlen ist mindestens 11“ können folgende Paare auftreten:
(2; 9); (9; 2); (9; 9)
Mit den Pfadregeln für mehrstufige Zufallsexperimente erhält man:
P(„Summe mindestens 11“) = P(2; 9) + P(9; 2) + P(9; 9)

$$= \frac{1}{5} \cdot \frac{2}{5} + \frac{2}{5} \cdot \frac{1}{5} + \frac{2}{5} \cdot \frac{2}{5} = \frac{8}{25} = \frac{32}{100} = 0{,}32$$

Die Wahrscheinlichkeit dafür, dass die Summe der beiden Zahlen beim zweimaligen Drehen mindestens 11 ist, beträgt 32 %.

Bemerkung:
Ein reduziertes Baumdiagramm kann bei der Lösungsfindung hilfreich sein:

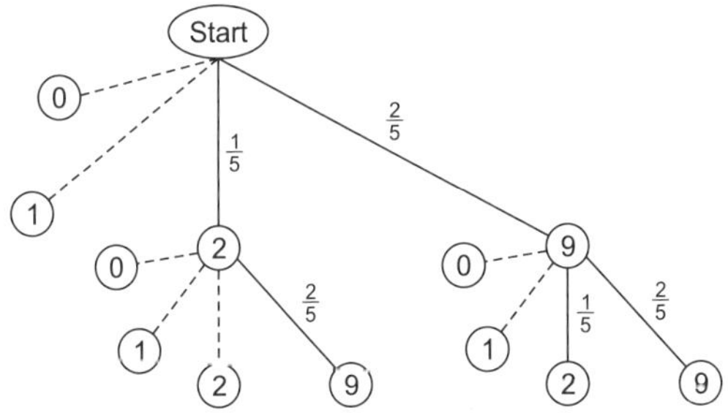

I.4.1 Analysis

a) Notwendige Bedingung für einen Extrempunkt ist, dass $f'(x) = 0$ gilt.
$f'(x) = e^{g(x)}$ kann jedoch nicht null sein, da $e^{g(x)} > 0$ für alle $x \in \mathbb{R}$. Somit besitzt der Graph von f keinen Extrempunkt.

b) Notwendige Bedingung für einen Wendepunkt ist, dass $f''(x) = 0$ gilt.
Mit $f'(x) = e^{g(x)}$ und der Kettenregel ergibt sich:
$f''(x) = g'(x) \cdot e^{g(x)}$
Und damit:
$g'(x) \cdot e^{g(x)} = 0$
Der Faktor $e^{g(x)}$ kann nicht null werden. Die Ableitungsfunktion g' ist an den Extrempunkten der Funktion g gleich null. In Abbildung 3 der Aufgabenstellung ist ein Hochpunkt von g zu erkennen. Somit muss die Funktion f (mindestens) einen Wendepunkt besitzen.

I.4.2 Lineare Algebra

a) Aus der gegebenen Matrix M folgt:

$$M^T = \begin{pmatrix} \frac{3}{5} & \frac{4}{5} \\ -\frac{4}{5} & \frac{3}{5} \end{pmatrix}$$

Und damit:

$$M^T \cdot M = \begin{pmatrix} \frac{3}{5} & \frac{4}{5} \\ -\frac{4}{5} & \frac{3}{5} \end{pmatrix} \cdot \begin{pmatrix} \frac{3}{5} & -\frac{4}{5} \\ \frac{4}{5} & \frac{3}{5} \end{pmatrix}$$

$$= \begin{pmatrix} \frac{3}{5} \cdot \frac{3}{5} + \frac{4}{5} \cdot \frac{4}{5} & \frac{3}{5} \cdot \left(-\frac{4}{5}\right) + \frac{4}{5} \cdot \frac{3}{5} \\ -\frac{4}{5} \cdot \frac{3}{5} + \frac{3}{5} \cdot \frac{4}{5} & -\frac{4}{5} \cdot \left(-\frac{4}{5}\right) + \frac{3}{5} \cdot \frac{3}{5} \end{pmatrix}$$

$$= \begin{pmatrix} \frac{9}{25} + \frac{16}{25} & -\frac{12}{25} + \frac{12}{25} \\ -\frac{12}{25} + \frac{12}{25} & \frac{16}{25} + \frac{9}{25} \end{pmatrix} = \begin{pmatrix} 1 & 0 \\ 0 & 1 \end{pmatrix}$$

$\Rightarrow$ M ist orthogonal. (w. z. z. w.)

b) Mit $A = \begin{pmatrix} 0 & 1 \\ 1 & 0 \end{pmatrix}$ gilt:

$$A^2 = \begin{pmatrix} 0 & 1 \\ 1 & 0 \end{pmatrix} \cdot \begin{pmatrix} 0 & 1 \\ 1 & 0 \end{pmatrix} = \begin{pmatrix} 1 & 0 \\ 0 & 1 \end{pmatrix} \quad \text{und}$$

$$A^3 = A^2 \cdot A = \begin{pmatrix} 1 & 0 \\ 0 & 1 \end{pmatrix} \cdot \begin{pmatrix} 0 & 1 \\ 1 & 0 \end{pmatrix} = \begin{pmatrix} 0 & 1 \\ 1 & 0 \end{pmatrix} = A$$

$\Rightarrow$ Allgemein gilt: Bei ungeradem Exponenten ist das Ergebnis wieder die Ausgangsmatrix. Es folgt:

$$A^{101} = \begin{pmatrix} 0 & 1 \\ 1 & 0 \end{pmatrix}$$

Dann gilt:

$$\left(A^{101}\right)^T = \begin{pmatrix} 0 & 1 \\ 1 & 0 \end{pmatrix} \text{ und } \left(A^{101}\right)^T \cdot A^{101} = \begin{pmatrix} 0 & 1 \\ 1 & 0 \end{pmatrix} \cdot \begin{pmatrix} 0 & 1 \\ 1 & 0 \end{pmatrix} = \begin{pmatrix} 1 & 0 \\ 0 & 1 \end{pmatrix}$$

$\Rightarrow$ Die Matrix $\begin{pmatrix} 0 & 1 \\ 1 & 0 \end{pmatrix}^{101}$ ist orthogonal.

I.4.2 Analytische Geometrie

a) Nach Aufgabenstellung gibt es einen Punkt $P(a \mid a \mid a)$, der in der Ebene E liegt. Einsetzen der Koordinaten von P in E ergibt:

$$3a + 2a + 2a = 6 \quad \Leftrightarrow \quad 7a = 6 \quad \Rightarrow \quad a = \frac{6}{7}$$

Der Punkt P, der in der Ebene E liegt und bei dem alle drei Koordinaten gleich sind, lautet: $P\left(\frac{6}{7} \mid \frac{6}{7} \mid \frac{6}{7}\right)$

b) Alle Punkte, bei denen alle drei Koordinaten gleich sind, liegen auf einer Geraden g mit der Gleichung:

$$g: \vec{x} = \begin{pmatrix} 0 \\ 0 \\ 0 \end{pmatrix} + s \cdot \begin{pmatrix} 1 \\ 1 \\ 1 \end{pmatrix};\ s \in \mathbb{R}$$

Zu dieser Geraden g gibt es (wie zu jeder Geraden) unendlich viele Ebenen, die zur Geraden (echt) parallel sind und die Gerade somit nicht schneiden.

Bemerkung (nicht verlangt):
Für alle Ebenen, die parallel zu g liegen, muss gelten:
Der Normalenvektor $\vec{n}_E$ der Ebene muss senkrecht zum Richtungsvektor $\vec{v}_g$ der Geraden stehen. Oder kurz: $\vec{n}_E \circ \vec{v}_g = 0$

I.4.3 Stochastik

a) In der Urne A können sich 4, 5 oder 6 Kugeln befinden.

Mögliche Überlegung:
Es gibt vier mögliche Szenarien für den Kugeltausch:

1. Urne A $\overset{\text{rot}}{\rightarrow}$ Urne B; Urne B $\overset{\text{rot}}{\rightarrow}$ Urne A $\Rightarrow$ 5 rote Kugeln in Urne A
2. Urne A $\overset{\text{rot}}{\rightarrow}$ Urne B; Urne B $\overset{\text{blau}}{\rightarrow}$ Urne A $\Rightarrow$ 4 rote Kugeln in Urne A
3. Urne A $\overset{\text{blau}}{\rightarrow}$ Urne B; Urne B $\overset{\text{rot}}{\rightarrow}$ Urne A $\Rightarrow$ 6 rote Kugeln in Urne A
4. Urne A $\overset{\text{blau}}{\rightarrow}$ Urne B; Urne B $\overset{\text{blau}}{\rightarrow}$ Urne A $\Rightarrow$ 5 rote Kugeln in Urne A

b) Nach dem Kugeltausch befinden sich 5 rote Kugeln in Urne A, wenn Szenario 1 oder Szenario 4 (siehe Lösung zu Teilaufgabe a) eintritt.

Szenario 1: Die Wahrscheinlichkeit dafür, dass beim 1. Ziehen (von Urne A nach Urne B) eine rote Kugel gezogen wird, ist $\frac{1}{2}$. Dann befinden sich insgesamt $3n + n + 1 = 4n + 1$ Kugeln in Urne B, davon $n + 1$ rote Kugeln. Die Wahrscheinlichkeit dafür, dass beim 2. Zichen (von Urne B nach Urne A) eine rote Kugel gezogen wird, ist also $\frac{n+1}{4n+1}$.
Szenario 4: Die Wahrscheinlichkeit dafür, dass beim 1. Ziehen (von Urne A nach Urne B) eine blaue Kugel gezogen wird, ist $\frac{1}{2}$. Dann befinden sich insgesamt $3n + n + 1 = 4n + 1$ Kugeln in Urne B, davon $3n + 1$ blaue Kugeln. Die Wahrscheinlichkeit dafür, dass beim 2. Ziehen (von Urne B nach Urne A) eine blaue Kugel gezogen wird, ist also $\frac{3n+1}{4n+1}$.

Für die Wahrscheinlichkeit, dass nach dem Kugeltausch 5 rote Kugeln in Urne A liegen, gilt also:

$$\begin{aligned} P(5 \text{ rote Kugeln}) &= P(\text{Szenario } 1) + P(\text{Szenario } 3) \\ &= \frac{1}{2} \cdot \frac{n+1}{4n+1} + \frac{1}{2} \cdot \frac{3n+1}{4n+1} = \frac{n+1+3n+1}{2 \cdot (4n+1)} = \frac{4n+2}{2 \cdot (4n+1)} = \frac{2n+1}{4n+1} \end{aligned}$$

Es soll gelten:

$$P(5 \text{ rote Kugeln}) = \frac{15}{29}$$

Daraus folgt:

$$\begin{aligned}
\frac{2n+1}{4n+1} &= \frac{15}{29} \\
29 \cdot (2n+1) &= 15 \cdot (4n+1) \\
58n + 29 &= 60n + 15 \\
14 &= 2n \\
n &= 7
\end{aligned}$$

Für $n = 7$ beträgt die Wahrscheinlichkeit, dass sich nach dem Kugeltausch 5 rote Kugeln in Urne A befinden, $\frac{15}{29}$.

II Luftdruck

1. Der Graph einer ganzrationalen Funktion g dritten Grades mit Definitionsbereich $\mathbb{R}$ hat den Tiefpunkt $(0|0)$ und den Wendepunkt $\left(-\frac{1}{2}\,\middle|\,\frac{5}{4}\right)$.

Punkte

a) **Bestimmen** Sie einen Funktionsterm von g.
(Zur Kontrolle: $g(x)=\frac{5}{2}x^2\cdot(2x+3)$) 6

b) **Zeichnen** Sie den Graphen von g für $-1{,}5\le x\le 0{,}5$ in ein Koordinatensystem ein. 2

c) Betrachtet wird die Tangente an den Graphen von g in dessen Wendepunkt.
Berechnen Sie die Größe des Winkels, unter dem diese Tangente die x-Achse schneidet. 3

Die Abbildung 1 zeigt den Graphen der in $\mathbb{R}$ definierten Funktion h mit
$h(x)=5x^2\cdot e^{\frac{2}{3}x^3}$.

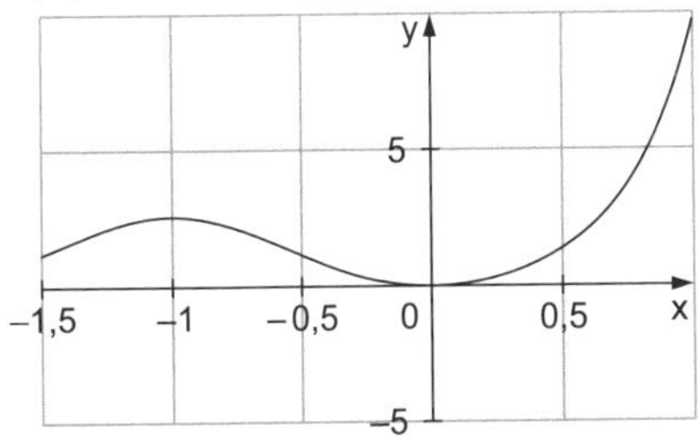

Abb. 1

d) **Geben** Sie den Grenzwert von h für $x\to-\infty$ **an** und **beschreiben** Sie, was sich aus diesem Grenzwert im Hinblick auf den Verlauf des Graphen von h folgern lässt. 2

e) **Zeigen** Sie, dass $h'(x)=10x\cdot(1+x^3)\cdot e^{\frac{2}{3}x^3}$ ein Term der ersten Ableitungsfunktion von h ist. 3

f) **Bestimmen** Sie rechnerisch die Koordinaten der beiden Extrempunkte des Graphen von h. 3

g) **Bestimmen** Sie die prozentuale Abweichung der mittleren Steigung des Graphen von g von der mittleren Steigung des Graphen von h im Bereich $-1\le x\le 0$. 3

h) Es gilt $(h(1)-g(1)) \cdot (h(2)-g(2)) < 0$.
Geben Sie die Bedeutung dieser Tatsache hinsichtlich der gegenseitigen Lage der Graphen von g und h im Bereich $1 < x < 2$ **an**.
Begründen Sie Ihre Angabe. 3

i) **Beurteilen** Sie mithilfe der Abbildung 1 die folgende Aussage:
Für $-1{,}5 \le x \le 1$ ändert sich beim Graphen jeder Stammfunktion von h genau einmal das Krümmungsverhalten. 3

j) **Entscheiden** Sie, welcher der abgebildeten Graphen I, II und III die in $\mathbb{R}$ definierte Funktion H mit

$$H(x) = \int_0^x h(t)\,dt$$

darstellt.
Begründen Sie Ihre Entscheidung.

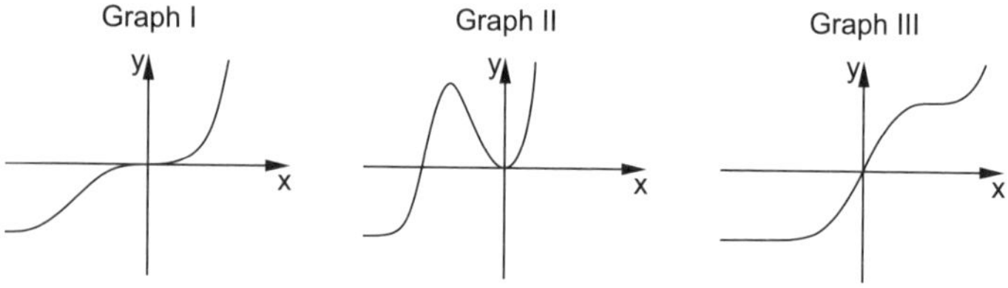

3

2. Der Luftdruck wird in Abhängigkeit von der Höhe über dem Meeresspiegel modellhaft mithilfe der Funktion p mit

$p(x) = 1\,000e^{-\frac{x}{8}}$

und $x \in \mathbb{R}_0^+$ beschrieben. Dabei ist x die Höhe über dem Meeresspiegel in Kilometern und p(x) der Luftdruck in Hektopascal (hPa). Die Abbildung 2 zeigt den Graphen von p.

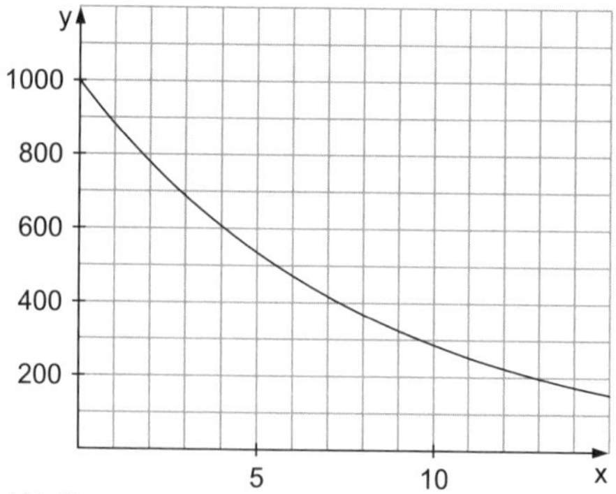

Abb. 2

a) **Bestimmen** Sie grafisch die Höhe, in der der Luftdruck 650 hPa beträgt.
Veranschaulichen Sie Ihr Vorgehen in der Abbildung 2. 2

b) **Zeigen** Sie, dass eine Verringerung des Luftdrucks um die Hälfte auf eine Höhenänderung zurückzuführen ist, die unabhängig von der Ausgangshöhe ist.
Geben Sie diese Höhenänderung **an**. 3

c) **Bestimmen** Sie die lokale Änderungsrate des Luftdrucks in einer Höhe von 1,785 km. 3

Laut einer Faustregel sinkt der Luftdruck um 1 hPa, wenn die Höhe um 10 m zunimmt.

d) Eine Gruppe von Bergsteigern misst in einer Höhe von 1 785 m einen Luftdruck von 800 hPa.
Bestimmen Sie die Höhe, in der sich die Bergsteiger einige Zeit später befinden, wenn die Faustregel dafür 2 785 m liefert. 4

e) **Ermitteln** Sie eine Gleichung der Funktion, die ausgehend von einem Luftdruck von 800 hPa in einer Höhe von 1 785 m für jeden anderen Luftdruck (in hPa) die der Faustregel entsprechende Höhe (in km) liefert. 3

f) **Geben** Sie die Wertemenge des Terms $-8 \cdot \ln \frac{u}{1000}$ für $0 < u < 1\,000$ **an**.
Beschreiben Sie die Bedeutung dieses Terms im Sachzusammenhang. 4

50

Hinweise und Tipps

Teilaufgabe 1 a

Funktionsterm g(x)

- Hier liegt eine sogenannte „Steckbriefaufgabe“ vor.
- Diese Funktion hat die Form $g(x) = ax^3 + bx^2 + cx + d$.
- Um alle gegebenen Informationen einsetzen zu können, benötigen Sie auch die Ableitungsfunktionen g'(x) und g''(x).
- Überlegen Sie, wie viele Bedingungen Sie benötigen, um g(x) zu bestimmen. Die beiden Punkte liefern Ihnen aufgrund ihrer Art und ihrer Lage diese Bedingungen.
- Sie erhalten ein LGS, das Sie lösen können.

Teilaufgabe 1 b

Graph zeichnen

- Stellen Sie mithilfe des WTR für den angegebenen Bereich eine Wertetabelle auf.
- Tragen Sie die Wertepaare in ein rechtwinkliges Koordinatensystem ein und verbinden Sie die Punkte.

Teilaufgabe 1 c

Winkel der Tangente mit der x-Achse

- Die erste Ableitung an einer Stelle von g ist gleich dem Anstieg der Tangente an den Graphen von g im entsprechenden Punkt.
- Bestimmen Sie die Tangentensteigung m mit $m = g'\left(-\frac{1}{2}\right)$.
- Mit $m = \tan \alpha$ bestimmen Sie den gesuchten Winkel α.

Teilaufgabe 1 d

Grenzwert

- Bilden Sie den Grenzwert einzeln für die beiden Faktoren $5x^2$ und $e^{\frac{2}{3}x^3}$.
- Welcher der beiden Faktoren dominiert in Bezug auf den Grenzwert der Funktion h?

Teilaufgabe 1 e

Erste Ableitung von h

- Sie müssen die Produkt- und die Kettenregel anwenden. Diese Regeln finden Sie im Tafelwerk.
- Prüfen Sie, ob Ihr Ergebnis für h'(x) und die vorgegebene Lösung in der Aufgabenstellung gleichwertig sind.

Teilaufgabe 1 f

Koordinaten der Extrempunkte

- Nutzen Sie die notwendige Bedingung $h'(x) = 0$ für Extremstellen.
- Dass zwei Extrempunkte existieren, geht aus der Aufgabenstellung implizit hervor und ist auch in Abb. 1 zu erkennen. Eine hinreichende Bedingung muss deshalb nicht geprüft werden.
- Setzen Sie die gefundenen x-Werte in h(x) ein und bestimmen Sie so die y-Koordinaten der beiden Extrempunkte.
- Kontrollieren Sie ggf. Ihre Ergebnisse mithilfe der Abb. 1. Passen die von Ihnen berechneten Koordinaten mit dem abgebildeten Graphen zusammen?

Teilaufgabe 1 g

Prozentuale Abweichung der mittleren Steigungen

- Die mittlere Steigung bzw. Änderungsrate (auch Sekantensteigung genannt) berechnet sich für eine Funktion f im Bereich $a \le x \le b$ mit:
$m = \frac{f(b) - f(a)}{b - a}$
- Ermitteln Sie für beide Funktionen die mittlere Steigungsrate.
- Berechnen Sie die prozentuale Abweichung der mittleren Steigung m_g des Graphen von g von der mittleren Steigung m_h des Graphen von h mithilfe von:
$\frac{m_g - m_h}{m_h}$

Teilaufgabe 1 h

Bedeutung der Ungleichung

- Das Produkt der beiden Differenzen ist negativ. Was bedeutet dies für die Vorzeichen der einzelnen Differenzen?
- Überlegen Sie, was Sie aus den Vorzeichen der Differenzen für die Lage der Graphen an den Stellen $x = 1$ und $x = 2$ folgern können.

Teilaufgabe 1 i

Krümmungsverhalten der Stammfunktionen von h

- Prüfen Sie mithilfe von Abb. 1, wie viele Extremstellen die Funktion im Bereich $-1{,}5 \le x \le 1$ besitzt.
- Was können Sie aus der Anzahl der Extremstellen von h für das Krümmungsverhalten der Stammfunktionen folgern?

Teilaufgabe 1 j

Auswahl des passenden Graphen

- Für Ihre Argumentation sollten Sie vor allem den Graphen von h sowie die möglichen Graphen von H an der Stelle $x = 0$ betrachten.
- Was ist über das Krümmungsverhalten des Graphen von H bekannt? Welchen der drei vorgeschlagenen Graphen können Sie demnach ausschließen?
- Um aus den beiden verbleibenden Graphen den richtigen auszuwählen, betrachten Sie die Nullstelle von h.

Teilaufgabe 2 a

Grafische Bestimmung der Höhe

- Suchen Sie auf der y-Achse den Wert des gegebenen Luftdrucks und auf der x-Achse die zugeordnete Höhe.
- Kennzeichnen Sie Ihr Vorgehen durch geeignete Linien.

Teilaufgabe 2 b

Höhenänderung bei Halbierung des Luftdrucks

- Lösen Sie die Gleichung $p(x+z)=\frac{1}{2}\cdot p(x)$ nach z auf.
- Es sollte sich ein Wert für z ergeben, der unabhängig von x ist.

Teilaufgabe 2 c

Lokale Änderungsrate

- Die lokale Änderungsrate ergibt sich aus der 1. Ableitung an der entsprechenden Stelle.
- Bestimmen Sie $p'(1{,}785)$.
- Achten Sie bei Ihrer Antwort auf die passende Einheit.

Teilaufgabe 2 d

Berechnung der Höhe

- Achten Sie hier besonders genau auf die Formulierungen im Text.
- Gegeben ist das Ergebnis aus der ersten Luftdruckmessung (800 hPa) sowie die tatsächliche Höhe, in der gemessen wurde (1 785 m).
- Außerdem ist bekannt, welche Höhe (2 785 m) sich mit der Faustregel aus der zweiten Luftdruckmessung ergibt.
- Schließen Sie aus allen Informationen darauf, welchen Luftdruckwert die Bergsteiger bei der zweiten Messung gemessen haben müssen. Setzen Sie diesen Wert in p(x) ein.

Teilaufgabe 2 e

Funktionsgleichung aufstellen

- Die Abnahme ist linear. Welche Form muss dann die Gleichung haben?
- Aus der Faustregel ergibt sich die Steigung.
- Außerdem ist das Datenpaar (800 hPa | 1 785 m) bekannt.

Teilaufgabe 2 f

Wertemenge

- Überlegen Sie, welche Grenzwerte $\ln\frac{u}{1\,000}$ für $u \to 0$ und $u \to 1\,000$ annimmt.
- Hilfreich kann sein, sich den Verlauf des Graphen der natürlichen Logarithmusfunktion vor Augen zu führen.

Lösung

1. a) Allgemeine Form der Gleichung einer ganzrationalen Funktion 3. Grades:
$g(x) = ax^3 + bx^2 + cx + d$

Ableitungsfunktionen:
$g'(x) = 3ax^2 + 2bx + c$
$g''(x) = 6ax + 2b$

Mit $T(0|0) \Rightarrow g(0) = 0$ und $g'(0) = 0$
Aus $g(0) = 0 \Rightarrow d = 0$
Aus $g'(0) = 0 \Rightarrow c = 0$
Somit lautet der Funktionsterm von g:
$g(x) = ax^3 + bx^2$
Es sind die Koeffizienten a und b zu bestimmen, dazu ist ein LGS mit zwei Variablen notwendig.
Mit $W\left(-\frac{1}{2} \middle| \frac{5}{4}\right) \Rightarrow g\left(-\frac{1}{2}\right) = \frac{5}{4}$ und $g''\left(-\frac{1}{2}\right) = 0$
Es folgt:

$$\text{I} \quad \left(-\frac{1}{2}\right)^3 \cdot a + \left(-\frac{1}{2}\right)^2 \cdot b = \frac{5}{4}$$
$$\text{II} \quad 6 \cdot \left(-\frac{1}{2}\right) \cdot a + 2 \cdot b = 0$$

Vereinfachen:
$$\text{I} \quad -\frac{1}{8} \cdot a + \frac{1}{4} \cdot b = \frac{5}{4}$$
$$\text{II} \quad -3a + 2b = 0$$

$$\text{I} \cdot (-24) + \text{II} \Rightarrow -4b = -30 \Rightarrow b = \frac{15}{2}$$

$b = \frac{15}{2}$ in II einsetzen:

$$-3a + 2 \cdot \frac{15}{2} = 0 \Leftrightarrow -3a + 15 = 0$$
$$a = 5$$

Somit lautet der Funktionsterm von g:
$$g(x) = 5x^3 + \frac{15}{2}x^2$$

Anmerkung:
Das Ergebnis entspricht dem Kontrollergebnis. Letzteres erhält man durch Ausklammern des Terms $\frac{5}{2}x^2$.

b) Wertetabelle (mit WTR, Funktionswerte gerundet):

x	−1,5	−1,25	−1,00	−0,75	−0,5	−0,25	0	0,25	0,5
g(x)	0	1,95	2,5	2,11	1,25	0,39	0	0,55	2,5

Grafische Darstellung:

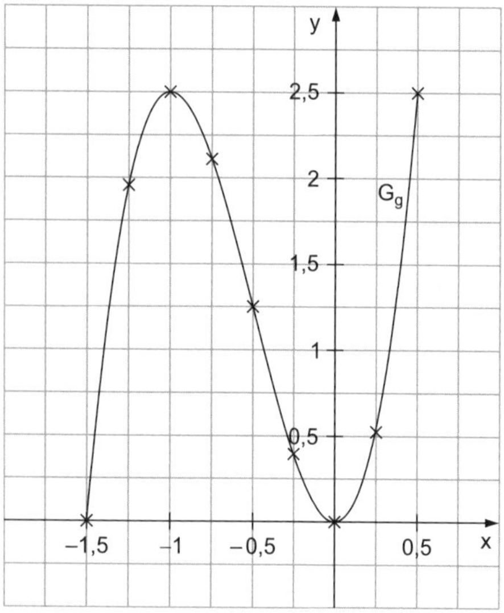

c) Für den Anstieg m der Tangente t an den Graphen von g in dessen Wendepunkt $\left(-\frac{1}{2} \mid \frac{5}{4}\right)$ gilt:

$$m = g'\left(-\frac{1}{2}\right)$$

Mit $g(x) = 5x^3 + \frac{15}{2}x^2$ gilt:

$$g'(x) = 15x^2 + 15x$$

Und damit:

$$m = g'\left(-\frac{1}{2}\right) = 15 \cdot \left(-\frac{1}{2}\right)^2 + 15 \cdot \left(-\frac{1}{2}\right) = -\frac{15}{4}$$

Für den Steigungswinkel der Tangente gilt dann:

$$m = \tan\alpha \quad \Rightarrow \quad \tan\alpha = -\frac{15}{4}$$

$$\alpha = \arctan\left(-\frac{15}{4}\right)$$

$$\alpha = -75{,}0\ldots° \approx -75°$$

Die Tangente schneidet die x-Achse unter einem Winkel von etwa 75°.

d) Für den Grenzwert ergibt sich:

$$\lim_{x \to -\infty} = 5x^2 \cdot e^{\frac{2}{3}x^3} = 0$$

Für $x \to -\infty$ nähert sich der Graph von h der x-Achse beliebig nahe an.

Begründung (nicht verlangt):
Beim Grenzwert gegen unendlich dominiert der Exponentialterm.

e) Es werden die Produkt- und die Kettenregel angewendet:

$u(x) = 5x^2, \quad u'(x) = 10x$

$v(x) = e^{\frac{2}{3}x^3}, \quad v'(x) = 2x^2 \cdot e^{\frac{2}{3}x^3}$

$h'(x) = u'(x) \cdot v(x) + u(x) \cdot v'(x)$

$$\begin{aligned} h'(x) &= 10x \cdot e^{\frac{2}{3}x^3} + 5x^2 \cdot 2x^2 \cdot e^{\frac{2}{3}x^3} \\ &= 10x \cdot e^{\frac{2}{3}x^3} + 10x^4 \cdot e^{\frac{2}{3}x^3} \\ &= (10x + 10x^4) \cdot e^{\frac{2}{3}x^3} \\ &= 10x \cdot (1 + x^3) \cdot e^{\frac{2}{3}x^3} \qquad \text{(w. z. z. w.)} \end{aligned}$$

f) Mit der notwendigen Bedingung $h'(x) = 0$ ergibt sich:

$10x \cdot (1 + x^3) \cdot e^{\frac{2}{3}x^3} = 0$

Wegen $e^{\frac{2}{3}x^3} \neq 0$:

$10x \cdot (1 + x^3) = 0 \quad \Rightarrow \quad x = 0$ und $x = -1$

Einsetzen liefert:

$h(0) = 5 \cdot 0^2 \cdot e^{\frac{2}{3} \cdot 0^3} = 0$

$h(-1) = 5 \cdot (-1)^2 \cdot e^{\frac{2}{3} \cdot (-1)^3} = 5e^{-\frac{2}{3}}$

Die Koordinaten der Extrempunkte lauten somit:

$T(0 \mid 0)$ und $H(-1 \mid 5e^{-\frac{2}{3}})$

Anmerkung:
Nach Abb. 1 in der Aufgabenstellung liegt bei $x = 0$ ein Tiefpunkt und bei $x = -1$ ein Hochpunkt.

g) Die mittlere Steigung von h im Bereich $-1 \leq x \leq 0$ ist:

$$\begin{aligned} m_h &= \frac{h(0) - h(-1)}{0 - (-1)} \\ &= h(0) - h(-1) \\ &= 0 - 5e^{-\frac{2}{3}} = -2{,}567\ldots \approx -2{,}57 \end{aligned}$$

Die mittlere Steigung von g im Bereich $-1 \leq x \leq 0$ ist:

$$m_g = \frac{g(0) - g(-1)}{0 - (-1)}$$
$$= g(0) - g(-1)$$
$$= 0 - \frac{5}{2} = -2{,}5$$

Für die prozentuale Abweichung gilt:

$$\frac{m_g - m_h}{m_h} \approx \frac{-2{,}5 - (-2{,}57)}{-2{,}57} \approx -0{,}027$$

Die prozentuale Abweichung der mittleren Steigung des Graphen von g von der mittleren Steigung des Graphen von h beträgt etwa 2,7 %.

h) Das Produkt der beiden Differenzen ist negativ. Das bedeutet, dass an der Stelle $x = 1$ eine der beiden Funktionen den größeren Funktionswert hat, an der Stelle $x = 2$ hingegen die andere Funktion. Somit schneiden sich die Graphen beider Funktionen in diesem Bereich mindestens einmal.

i) Der Graph von h besitzt für $-1{,}5 \leq x \leq 1$ zwei Extremstellen, nämlich $x = 0$ und $x = -1$ (vgl. Teilaufgabe f bzw. Abb. 1 der Aufgabenstellung).
Die Extremstellen von h entsprechen den Wendestellen jeder Stammfunktion von h. Somit ändert sich bei allen Stammfunktionen von h das Krümmungsverhalten mehr als einmal.

Die Aussage ist also **falsch**.

j) Es kommt nur Graph I infrage.

Begründung:

- h hat eine Extremstelle bei $x = 0$. $\Rightarrow$ H hat eine Wendestelle bei $x = 0$.
  $\Rightarrow$ Graph II scheidet aus.
  Alternativ:
  $h(x) \geq 0$ für $x \in \mathbb{R}$ $\Rightarrow$ Graph von H ist monoton steigend.
  $\Rightarrow$ Graph II scheidet aus.
- h hat eine Nullstelle bei $x = 0$. $\Rightarrow$ Der Graph von H hat eine waagrechte Tangente bei $x = 0$. $\Rightarrow$ Graph III scheidet aus.

2. a) Grafische Vorgehensweise:

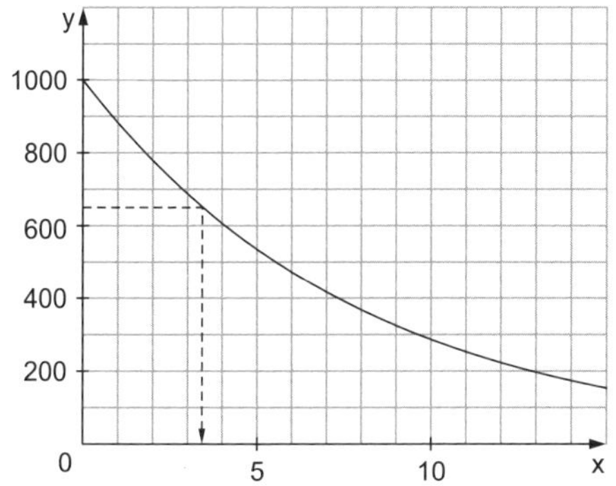

In einer Höhe von etwa 3,4 km beträgt der Luftdruck 650 hPa.

b) Ist z die Höhenänderung (in km), dann gilt entsprechend der Aufgabenstellung:

$$p(x+z) = \frac{1}{2} \cdot p(x)$$

$$\Leftrightarrow \quad 1\,000 \cdot e^{-\frac{x+z}{8}} = \frac{1}{2} \cdot 1\,000 \cdot e^{-\frac{x}{8}}$$

$$\Leftrightarrow \quad e^{-\frac{x+z}{8}} = \frac{1}{2} \cdot e^{-\frac{x}{8}}$$

$$\Leftrightarrow \quad \frac{e^{-\frac{x+z}{8}}}{e^{-\frac{x}{8}}} = \frac{1}{2}$$

$$\Leftrightarrow \quad e^{-\frac{x+z}{8} - \left(-\frac{x}{8}\right)} = \frac{1}{2}$$

$$\Leftrightarrow \quad e^{-\frac{z}{8}} = \frac{1}{2}$$

$$\Leftrightarrow \quad -\frac{z}{8} \cdot \ln e = \ln \frac{1}{2}$$

$$\Leftrightarrow \quad -\frac{z}{8} = \ln \frac{1}{2}$$

$$\Rightarrow \quad z = -8 \cdot \ln \frac{1}{2} = 5{,}54\ldots \approx 5{,}5$$

Die Höhenänderung z ist also unabhängig von der Ausgangshöhe x (w. z. z. w.) und beträgt etwa 5,5 km.

c) Mit $p(x)=1\,000e^{-\frac{x}{8}}$ gilt $p'(x)=-\frac{1}{8}\cdot 1\,000e^{-\frac{x}{8}}=-125e^{-\frac{x}{8}}$

Für die lokale Änderungsrate ergibt sich:

$$p'(1{,}785)=-125e^{-\frac{1{,}785}{8}}=-100{,}0\ldots\approx -100$$

Die lokale Änderungsrate beträgt etwa $-100\,\frac{\text{hPa}}{\text{km}}$.

d) Die Faustregel liefert 2 785 m, also 1 000 m mehr als bei der ersten Messung. Laut Faustregel entspricht ein Höhenunterschied von 1 000 m einem Druckunterschied von 100 hPa. Die zweite Druckmessung muss also ergeben haben:

$800\text{ hPa}-100\text{ hPa}=700\text{ hPa}$

Mit der Funktion p erhält man:

$$\begin{aligned} & p(x)=700 \\ \Leftrightarrow\quad & 1\,000e^{-\frac{x}{8}}=700 \\ \Leftrightarrow\quad & e^{-\frac{x}{8}}=\frac{7}{10} \\ \Leftrightarrow\quad & -\frac{x}{8}=\ln\frac{7}{10} \\ \Rightarrow\quad & x=-8\cdot\ln\frac{7}{10}=2{,}8533\ldots\approx 2{,}853 \end{aligned}$$

Die Bergsteiger befinden sich in einer Höhe von etwa 2 853 m.

e) Die Abnahme ist linear und die Gleichung hat die Form $f(x)=m\cdot x+b$.
Die Steigung m ergibt sich aus der Faustregel: $m=-0{,}01$
Der Punkt $H(800\,|\,1{,}785)$ liegt auf dem Graphen von f:

$1{,}785=-0{,}01\cdot 800+b \;\Leftrightarrow\; 1{,}785=-8+b \;\Rightarrow\; b=9{,}785$

Somit lautet die Gleichung der Funktion $f(x)=-0{,}01x+9{,}785$.

f) Der Wertebereich ist $]0;+\infty[$.

Begründung (nicht verlangt):
Der Wertebereich ergibt sich aus folgenden Grenzwerten:

$$\lim_{u\to 0}\left(-8\cdot\ln\frac{u}{1000}\right)=-8\cdot\lim_{u\to 0}(\ln u)=+\infty$$

$$\lim_{u\to 1000}\left(-8\cdot\ln\frac{u}{1000}\right)=-8\cdot\ln\frac{1000}{1000}=0$$

Mit dem Term ist es möglich, modellhaft für jeden Luftdruck (in hPa) die zugehörige Höhe über dem Meeresspiegel (in km) zu bestimmen.

Hamburg Kernfach Mathematik – Zentralabitur 2019
Erhöhtes Anforderungsniveau – Lineare Algebra

Anmerkung der Redaktion:
Diese Aufgabe wurde nur den Schülerinnen und Schülern von Kursen vorgelegt, die den Schwerpunkt Lineare Algebra gewählt hatten.

III Marienkäfer

Bevor ein Australischer Marienkäfer das Stadium eines ausgewachsenen Käfers erreicht, durchläuft er nacheinander die Stadien Ei, Larve und Puppe. Betrachtet wird die Entwicklung einer Population von Marienkäfern in einem großen Gewächshaus, in dem die Larven und ausgewachsenen Käfer als natürlicher Pflanzenschutz gegen Schmierläuse wirken.

Die Zusammensetzungen der Population werden durch Vektoren $\vec{v}_n$ der Form

$$\begin{pmatrix} E \\ L \\ P \\ K \end{pmatrix}$$

dargestellt, wobei E die Anzahl der Eier, L die Anzahl der Larven, P die Anzahl der Puppen und K die Anzahl der ausgewachsenen Käfer bezeichnet.

1. Die Entwicklung der Population vom Morgen eines Tages n zum Morgen des nächsten Tages lässt sich modellhaft durch die Gleichung $M \cdot \vec{v}_n = \vec{v}_{n+1}$ mit

$$M = \begin{pmatrix} 0,6 & 0 & 0 & 4 \\ 0,1 & 0,8 & 0 & 0 \\ 0 & 0,1 & 0,7 & 0 \\ 0 & 0 & 0,1 & 0,9 \end{pmatrix}$$

beschreiben.

Punkte

a) **Stellen** Sie die durch die Matrix M beschriebene Entwicklung in einem Übergangsdiagramm **dar**. 3

Es gibt genau dann eine Zusammensetzung der Population mit mindestens einem ausgewachsenen Käfer, die sich vom Morgen eines Tages bis zum Morgen des nächsten Tages nicht verändert, wenn das folgende Gleichungssystem eine Lösung mit $K \geq 1$ hat:

(I) $0,4E = 4K$
(II) $E = 2L$
(III) $L = 3P$
(IV) $P = K$

b) **Leiten** Sie die Gleichung (III) **her**. 3

c) **Entscheiden** Sie, ob es eine Zusammensetzung der Population mit mindestens einem ausgewachsenen Käfer gibt, die sich vom Morgen eines Tages bis zum Morgen des nächsten Tages nicht verändert. **Begründen** Sie Ihre Entscheidung. 3

An einem Montagmorgen besteht die Population aus 1850 Eiern, 800 Larven, 250 Puppen und 200 ausgewachsenen Käfern. Da dennoch zahlreiche Pflanzen von Schmierläusen befallen sind, werden an diesem Morgen zusätzliche 50 Larven und 30 ausgewachsene Käfer im Gewächshaus ausgebracht.

d) **Berechnen** Sie für den folgenden Dienstagmorgen die Anzahlen der Eier, Larven, Puppen und Käfer. 2

e) Am Dienstagmorgen werden weitere 50 Larven und 30 ausgewachsene Käfer ausgebracht.
Begründen Sie, dass die Zusammensetzung der Population am folgenden Mittwochmorgen nicht durch den Term

$$M \cdot M \cdot \left(\begin{pmatrix} 1850 \\ 800 \\ 250 \\ 200 \end{pmatrix} + \begin{pmatrix} 0 \\ 50 \\ 0 \\ 30 \end{pmatrix} \right)$$

dargestellt wird.
Ändern Sie den vorgegebenen Term so, dass er die Zusammensetzung an diesem Mittwochmorgen angibt. 3

2. Je geringer die Temperatur im Gewächshaus ist, desto weniger Eier werden gelegt und desto geringer sind die Anteile der Eier, Larven und Puppen, die vom Morgen eines Tages zum Morgen des nächsten Tages in das jeweils nächste Stadium übergehen. Ist die Temperatur geringer als für das in Aufgabe 1 verwendete Modell angenommen, so kann die Entwicklung der Population vom Morgen eines Tages n zum Morgen des nächsten Tages durch die Gleichung $N \cdot \vec{v}_n = \vec{v}_{n+1}$ mit

$$N = \begin{pmatrix} 0{,}6 & 0 & 0 & 4-\frac{1}{t} \\ 0{,}1-0{,}9t^2 & 0{,}8 & 0 & 0 \\ 0 & 0{,}1-0{,}1t^2 & 0{,}7 & 0 \\ 0 & 0 & 0{,}1-0{,}9t^2 & 0{,}9 \end{pmatrix}$$

beschrieben werden.
Dabei ist t ein von der Temperatur abhängiger Parameter mit positiven Werten.

a) **Begründen** Sie, dass bezogen auf die gesamte Entwicklung der Population der größte sinnvolle Definitionsbereich für t durch $\left[\frac{1}{4}; \frac{1}{3}\right]$ angegeben wird. 5

b) An einem Morgen setzt sich die Population aus 1700 Eiern, 1380 Larven, 690 Puppen und 510 ausgewachsenen Käfern zusammen. Am folgenden Morgen enthält die Population nur noch 1360 Eier. **Bestimmen** Sie den zugehörigen Wert von t. 3

c) An einem anderen Morgen gehören zur Population 316 Puppen und 373 ausgewachsene Käfer. **Ermitteln** Sie alle Anzahlen der ausgewachsenen Käfer, die abhängig von der Temperatur am folgenden Morgen auftreten können. 3

25

Hinweise und Tipps

Teilaufgabe 1 a

Übergangsdiagramm

- Die vier Zustände E, L, P und K werden als Felder nebeneinander angeordnet.
- Übergangsraten zwischen Zuständen werden durch Pfeile dargestellt.
- Die Werte der Übergangsraten lassen sich der Matrix M entnehmen.

Teilaufgabe 1 b

Herleitung der Gleichung

- Stellen Sie eine Gleichung $M \cdot \vec{v}_n = \vec{v}_n$ für einen stabilen Vektor (Fixvektor) auf.
- Sie müssen nicht die vollständige Matrizenmultiplikation durchführen, sondern nur eine bestimmte Zeile, um die Gleichung (III) herzuleiten.

Teilaufgabe 1 c

Unveränderliche Population

- Lösen Sie das LGS. Welche Lösung ergibt sich und was folgt daraus bezüglich der Fragestellung?

Teilaufgabe 1 d

Population am Dienstagmorgen

- Stellen Sie den Bestandsvektor $\vec{v}_0$ für den Montagmorgen auf, indem Sie die zusätzlich ausgebrachten Larven und Käfer zu den ursprünglichen Beständen addieren.
- Die Übergangsmatrix ist gegeben. Ermitteln Sie den Bestandsvektor $\vec{v}_1$ durch Matrizenmultiplikation.

Teilaufgabe 1 e

Population am Mittwochmorgen

- Betrachten Sie zunächst den gegebenen Term.
- Wurden die an beiden Tagen zusätzlich ausgebrachten Larven und Käfer berücksichtigt oder nicht?

Teilaufgabe 2 a

Sinnvoller Definitionsbereich

- Vergleichen Sie die beiden Matrizen N und M.
- Mit einander entsprechenden Elementen müssen Sie insgesamt drei Ungleichungssysteme (UGS) aufstellen und lösen.
- Bedenken Sie auch, dass die Einträge der Matrix N nicht negativ werden dürfen.
- Mithilfe der Schnittmenge der erhaltenen Lösungen können Sie den Definitionsbereich bestimmen.

Teilaufgabe 2 b

Wert für t in der Matrix N

- Stellen Sie eine Gleichung mit der Matrix N und den beiden Bestandsvektoren $\vec{v}_0$ und $\vec{v}_1$ auf.
- Zum Bestimmen des Wertes für t müssen Sie nicht die ganze Matrizenmultiplikation durchführen, sondern nur eine Zeile.
- Lösen Sie die erhaltene Gleichung nach t auf.
- Sie haben eine Kontrollmöglichkeit für Ihr Ergebnis. Dieses sollte nämlich im Definitionsbereich (siehe Teilaufgabe 2 a) liegen.

Teilaufgabe 2 c

Anzahlen der Käfer

- Stellen Sie den neuen Bestandsvektor $\vec{v}_0$ auf.
- Wie bei Teilaufgabe b müssen Sie nicht die ganze Matrizenmultiplikation durchführen, sondern nur eine bestimmte Zeile.
- Wenn Sie die Randwerte des Definitionsbereiches (siehe Teilaufgabe 2 a) in die gefundene Gleichung einsetzen, können Sie die minimale und die maximale Anzahl der Käfer bestimmen.
- Achten Sie auf richtiges Runden im Sinne des Sachzusammenhangs.

Lösung

1. a) Übergangsdiagramm:

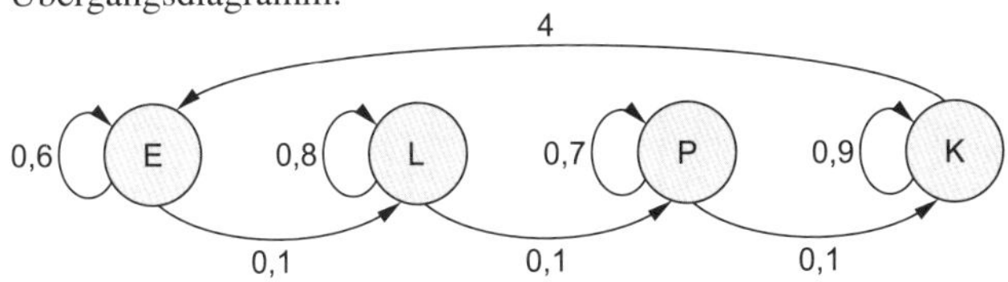

b) Stabiler Vektor:

$$M \cdot \vec{v}_n = \vec{v}_n \quad \Leftrightarrow \quad \begin{pmatrix} 0{,}6 & 0 & 0 & 4 \\ 0{,}1 & 0{,}8 & 0 & 0 \\ 0 & 0{,}1 & 0{,}7 & 0 \\ 0 & 0 & 0{,}1 & 0{,}9 \end{pmatrix} \cdot \begin{pmatrix} E \\ L \\ P \\ K \end{pmatrix} = \begin{pmatrix} E \\ L \\ P \\ K \end{pmatrix}, \quad K \geq 1$$

Für die Zeile 3 folgt:

$$0{,}1L + 0{,}7P = P$$
$$L + 7P = 10P$$
$$L = 3P \qquad \text{(w. z. z. w.)}$$

c) LGS:

$$\begin{array}{ll} \text{(I)} & 0{,}4E = 4K \\ \text{(II)} & E = 2L \\ \text{(III)} & L = 3P \\ \text{(IV)} & P = K \end{array}$$

(IV) in (III) einsetzen $\Rightarrow$ (V) $L = 3K$

(V) in (II) einsetzen $\Rightarrow$ (VI) $E = 2 \cdot 3K = 6K$

(VI) in (I) einsetzen $\Rightarrow$ $0{,}4 \cdot 6K = 4K \Rightarrow K = 0$

Damit gibt es keine solche Population mit mindestens einem Käfer.

d) Mit den zusätzlichen Larven und ausgewachsenen Käfern ergibt sich für die Population am Montagmorgen:

$$\vec{v}_0 = \begin{pmatrix} 1850 \\ 800 \\ 250 \\ 200 \end{pmatrix} + \begin{pmatrix} 0 \\ 50 \\ 0 \\ 30 \end{pmatrix} = \begin{pmatrix} 1850 \\ 850 \\ 250 \\ 230 \end{pmatrix}$$

Für den folgenden Dienstagmorgen gilt dann:

$$\vec{v}_1 = M \cdot \vec{v}_0 = \begin{pmatrix} 0{,}6 & 0 & 0 & 4 \\ 0{,}1 & 0{,}8 & 0 & 0 \\ 0 & 0{,}1 & 0{,}7 & 0 \\ 0 & 0 & 0{,}1 & 0{,}9 \end{pmatrix} \cdot \begin{pmatrix} 1850 \\ 850 \\ 250 \\ 230 \end{pmatrix} = \begin{pmatrix} 0{,}6 \cdot 1850 + 4 \cdot 230 \\ 0{,}1 \cdot 1850 + 0{,}8 \cdot 850 \\ 0{,}1 \cdot 850 + 0{,}7 \cdot 250 \\ 0{,}1 \cdot 250 + 0{,}9 \cdot 230 \end{pmatrix} = \begin{pmatrix} 2030 \\ 865 \\ 260 \\ 232 \end{pmatrix}$$

Am folgenden Dienstagmorgen sind 2030 Eier, 865 Larven, 260 Puppen und 232 Käfer vorhanden.

e) Der gegebene Term berücksichtigt nur die am Montag zusätzlich ausgebrachten 50 Larven und 30 Käfer, nicht aber die 50 Larven und 30 Käfer vom Dienstagmorgen.

Berichtigter Term:

$$M \cdot \left(M \cdot \left(\begin{pmatrix} 1850 \\ 800 \\ 250 \\ 200 \end{pmatrix} + \begin{pmatrix} 0 \\ 50 \\ 0 \\ 30 \end{pmatrix} \right) + \begin{pmatrix} 0 \\ 50 \\ 0 \\ 30 \end{pmatrix} \right)$$

2. a) Für keinen Eintrag der Matrix N macht ein negativer Wert im Sachzusammenhang Sinn. Außerdem müssen alle Einträge, die den Übergang in das jeweils nächste Stadium widerspiegeln, kleiner als die entsprechenden Einträge der Matrix M aus Aufgabe 1 sein.

Damit muss gelten:

(1) $0 \leq 4 - \frac{1}{t} < 4$

Ungleichungssystem (UGS):

I $\quad 0 \leq 4 - \frac{1}{t}$

II $\quad 4 - \frac{1}{t} < 4$

Wegen $t > 0$ lässt sich umformen:

$t \cdot \text{I} \Rightarrow 0 \leq 4t - 1 \Rightarrow 1 \leq 4t \Rightarrow t \geq \frac{1}{4}$

$t \cdot \text{II} \Rightarrow 4t - 1 < 4t \Rightarrow -1 < 0 \Rightarrow$ für alle t erfüllt

Insgesamt also: $t \geq \frac{1}{4}$

(2) $0 \leq 0{,}1 - 0{,}9t^2 < 0{,}1$

UGS:

I $\quad 0 \leq 0{,}1 - 0{,}9t^2$

II $\quad 0{,}1 - 0{,}9t^2 < 0{,}1$

Es lässt sich umformen:

$10 \cdot \text{I} \Rightarrow 0 \leq 1 - 9t^2 \Rightarrow 9t^2 \leq 1 \Rightarrow t^2 \leq \frac{1}{9} \Rightarrow t \leq \frac{1}{3}$ (wegen $t > 0$)

$\text{II} \Rightarrow -0{,}9t^2 < 0 \Rightarrow t^2 > 0$ (ist wegen der Grundbedingung $t > 0$ erfüllt)

Insgesamt also: $0 < t \leq \frac{1}{3}$

(3) $0 \le 0{,}1 - 0{,}1t^2 < 0{,}1$

UGS:

I $\quad 0{,}1 - 0{,}1t^2 \ge 0$

II $\quad 0{,}1 - 0{,}1t^2 < 0{,}1$

Es lässt sich umformen:

$10 \cdot \text{I} \Rightarrow 1 - t^2 \ge 0 \Rightarrow t^2 \le 1 \Rightarrow t \le 1$ (wegen $t > 0$)

$\text{II} \Rightarrow -0{,}1t^2 < 0 \Rightarrow t^2 > 0$ (ist wegen der Grundbedingung $t > 0$ erfüllt)

Insgesamt also: $0 < t \le 1$

Mit (1), (2) und (3) ergibt sich:

$\frac{1}{4} \le t \le \frac{1}{3}$, also $\mathbb{D} = \left[\frac{1}{4}; \frac{1}{3}\right]$ (w. z. z. w.)

b) Die Population $\vec{v}_1$ am folgenden Morgen berechnet sich mit:

$$\vec{v}_1 = N \cdot \begin{pmatrix} 1700 \\ 1380 \\ 690 \\ 510 \end{pmatrix} = \begin{pmatrix} 0{,}6 & 0 & 0 & 4-\frac{1}{t} \\ 0{,}1-0{,}9t^2 & 0{,}8 & 0 & 0 \\ 0 & 0{,}1-0{,}1t^2 & 0{,}7 & 0 \\ 0 & 0 & 0{,}1-0{,}9t^2 & 0{,}9 \end{pmatrix} \cdot \begin{pmatrix} 1700 \\ 1380 \\ 690 \\ 510 \end{pmatrix}$$

Die Anzahl 1360 Eier für den folgenden Morgen ist bekannt, somit muss für die 1. Zeile gelten:

$$0{,}6 \cdot 1700 + \left(4 - \frac{1}{t}\right) \cdot 510 = 1360$$

$$\Leftrightarrow \quad 1020 + 2040 - \frac{510}{t} = 1360$$

$$\Leftrightarrow \quad \frac{510}{t} = 1700 \Rightarrow t = \frac{510}{1700} = \frac{3}{10}$$

Der zugehörige Wert für t ist $\frac{3}{10}$.

c) Die Population $\vec{v}_1$ am folgenden Morgen berechnet sich mit:

$$\vec{v}_1 = N \cdot \begin{pmatrix} E_0 \\ L_0 \\ 316 \\ 373 \end{pmatrix} = \begin{pmatrix} 0{,}6 & 0 & 0 & 4-\frac{1}{t} \\ 0{,}1-0{,}9t^2 & 0{,}8 & 0 & 0 \\ 0 & 0{,}1-0{,}1t^2 & 0{,}7 & 0 \\ 0 & 0 & 0{,}1-0{,}9t^2 & 0{,}9 \end{pmatrix} \cdot \begin{pmatrix} E_0 \\ L_0 \\ 316 \\ 373 \end{pmatrix}$$

Für die Anzahl K_1 der Käfer am folgenden Morgen ergibt sich:

$K_1 = (0{,}1 - 0{,}9t^2) \cdot 316 + 0{,}9 \cdot 373$

Die Grenzen des Definitionsbereiches für t werden eingesetzt:

$t = \frac{1}{4}$:

$$K_1 = \left(0{,}1 - 0{,}9 \cdot \left(\frac{1}{4}\right)^2\right) \cdot 316 + 0{,}9 \cdot 373 = 349{,}525$$

$t = \frac{1}{3}$:

$$K_1 = \left(0{,}1 - 0{,}9 \cdot \left(\frac{1}{3}\right)^2\right) \cdot 316 + 0{,}9 \cdot 373 = 335{,}7$$

Am folgenden Morgen gibt es mindestens 336 Käfer und höchstens 349 Käfer.

Bemerkung:
Hier darf nicht nach den üblichen Rundungsregeln gerundet werden. Vielmehr liegt die Anzahl K_1 der Käfer **zwischen** den ungerundeten Werten 335,7 und 349,525.

Hamburg Kernfach Mathematik – Zentralabitur 2019
Erhöhtes Anforderungsniveau – Analytische Geometrie

Anmerkung der Redaktion:
Diese Aufgabe wurde nur den Schülerinnen und Schülern von Kursen vorgelegt, die den Schwerpunkt Analytische Geometrie gewählt hatten.

III Edelstein

Die Abbildung 1 stellt einen bearbeiteten Edelstein dar. Im verwendeten kartesischen Koordinatensystem, in dem eine Längeneinheit einem Millimeter in der Wirklichkeit entspricht, sind die Quadrate ABCD und EFGH mit $A(4|4|-1)$ und $E(2|2|0)$ parallel zur xy-Ebene. Die Mittelpunkte der beiden Quadrate sowie der Punkt $S(0|0|-5)$ liegen auf der z-Achse.

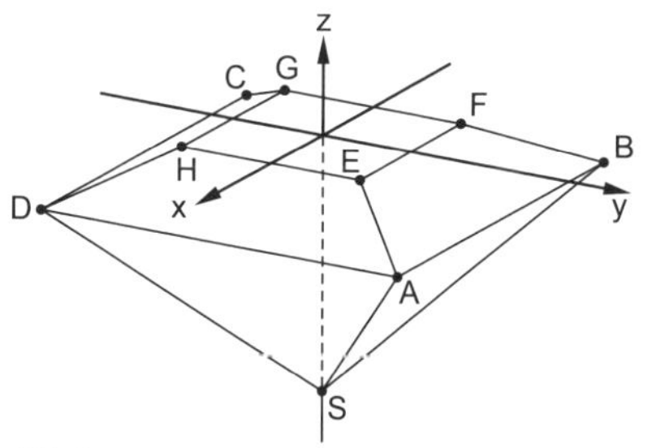

Abb. 1

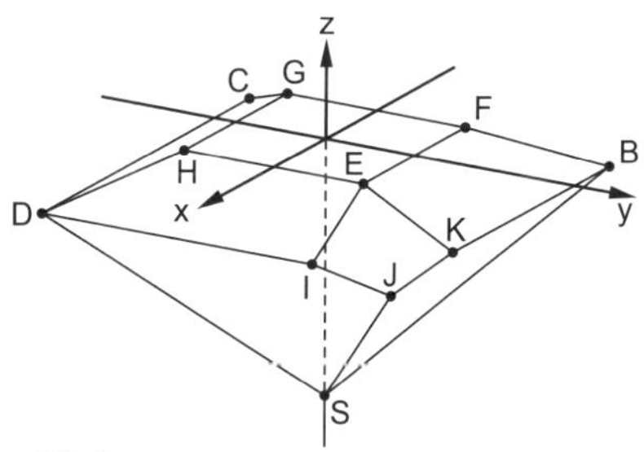

Abb. 2

Die Abbildung 2 stellt den Edelstein nach einem zusätzlichen Bearbeitungsschritt dar, bei dem ein pyramidenförmiges Stück abgeschliffen wurde. Das Viereck EIJK mit $I(4|2|-1)$ und $K(2|4|-1)$ ist ein Drachenviereck und liegt in der Ebene W.

Punkte

1. a) Die Gerade u: $\vec{x} = \begin{pmatrix} 4 \\ 4 \\ -1 \end{pmatrix} + r \cdot \begin{pmatrix} 1 \\ 1 \\ 1 \end{pmatrix}$ mit $r \in \mathbb{R}$ verläuft durch A.

   Zeigen Sie, dass u auch durch S verläuft. 1

   b) **Ermitteln** Sie eine Gleichung der Ebene W in Koordinatenform.
   (Zur Kontrolle: W: $x + y + 2z - 4 = 0$) 4

   c) **Berechnen** Sie die Koordinaten von J.
   (Zur Kontrolle: $J(3{,}5\,|\,3{,}5\,|-1{,}5)$) 3

   d) **Berechnen** Sie das Volumen des Teils des Edelsteins, der durch den zusätzlichen Bearbeitungsschritt verloren ging. 6

e) In weiteren Bearbeitungsschritten werden auch an den Eckpunkten des Edelsteins, die durch B, C und D dargestellt sind, pyramidenförmige Stücke gleicher Form und Größe abgeschliffen. Anschließend ist der Edelstein symmetrisch bezüglich der Achse, die im Modell durch die z-Achse beschrieben wird.
Beurteilen Sie, ob die folgende Aussage richtig ist:

Eine der drei Flächen, die durch die weiteren Bearbeitungsschritte entstanden sind, liegt im Modell in der Ebene mit der Gleichung

$$\vec{x} = \begin{pmatrix} -2 \\ -2 \\ 0 \end{pmatrix} + r \cdot \begin{pmatrix} 1 \\ -1 \\ 0 \end{pmatrix} + s \cdot \begin{pmatrix} 1 \\ 1 \\ 1 \end{pmatrix}$$

mit $r, s \in \mathbb{R}$. 3

2. Ein Laserstrahl, der auf den Edelstein trifft, kann im Modell mithilfe einer Geraden beschrieben werden, seine Richtung durch den Vektor $\overrightarrow{LM} = \begin{pmatrix} 0 \\ -1 \\ -t \end{pmatrix}$ mit $t > 0$.
Der Auftreffpunkt wird durch $M(0|0|0)$ dargestellt.

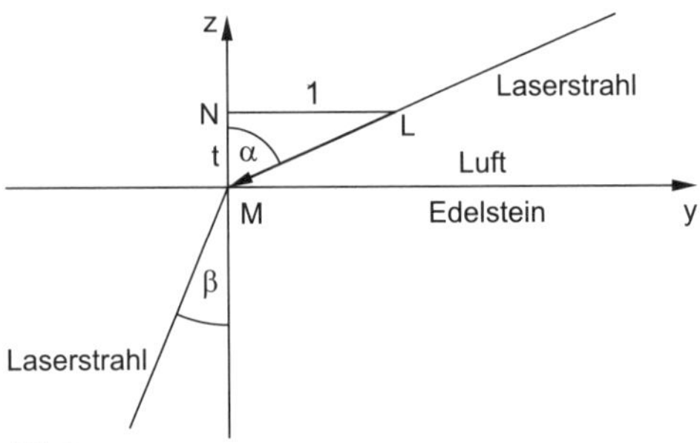

Abb. 3

Beim Übergang in den Edelstein ändert der Laserstrahl seine Richtung. Die Abbildung 3 zeigt in der yz-Ebene schematisch den Verlauf des Strahls. Es gilt $\sin\alpha = 2\sin\beta$.

a) **Bestimmen** Sie für $\alpha = 45°$ ohne zu rechnen den zugehörigen Wert von t. 2

b) **Zeigen** Sie, dass $\sin\alpha = \frac{1}{\sqrt{1+t^2}}$ gilt. 2

c) **Ermitteln** Sie einen Vektor, der die Richtung des Laserstrahls im Edelstein in Abhängigkeit von t beschreibt.
Veranschaulichen Sie Ihr Vorgehen in der Abbildung 3. 4

25

Hinweise und Tipps

Teilaufgabe 1a

Gerade u durch S

- Führen Sie eine Punktprobe durch. Setzen Sie dazu die Koordinaten von S in u ein.
- Stellen Sie ein LGS auf und lösen Sie es.
- Wenn das LGS eindeutig lösbar ist, dann liegt S auf der Geraden u bzw. dann geht u durch S.

Teilaufgabe 1b

Gleichung der Ebene W

- Sie kennen die Koordinaten der Punkte E, I und K. Stellen Sie mithilfe dieser Punkte die vektorielle Ebenengleichung (Parameterform) auf.
- Sie benötigen einen Normalenvektor der Ebene W. Nutzen Sie aus, dass jeder Normalenvektor zu den Richtungsvektoren orthogonal ist.
- Für die Koordinatengleichung gilt mit dem Normalenvektor $\vec{n} = \begin{pmatrix} n_1 \\ n_2 \\ n_3 \end{pmatrix}$:
  $n_1x + n_2y + n_3z = d$
- Durch Einsetzen der Koordinaten des Stützvektors bestimmen Sie d.

Teilaufgabe 1c

Koordinaten von J

- J liegt auf der Geraden u (siehe Teilaufgabe a) und in der Ebene W.
- Setzen Sie die Koordinaten von J, die sich mit der Geraden u ergeben, in die Ebene W ein.
- Sie erhalten einen Wert für den Parameter r der Geradengleichung u. Durch Einsetzen in die Geradengleichung erhalten Sie die Koordinaten von J.

Teilaufgabe 1d

Volumen des Eckstücks

- Die Formel für das Volumen einer Pyramide finden Sie im Tafelwerk, ebenfalls die Flächenformel für das Drachenviereck.
- Die Pyramidenhöhe ist der Abstand des Punktes A zur Ebene W.
- Diesen Abstand können Sie mit der Hesse'schen Normalenform (HNF) bestimmen.
- Die Abstandsformel der HNF lautet: $d(P,E) = \frac{|n_1x + n_2y + n_3z = a|}{|\vec{n}|}$
- *Alternativ* können Sie die Pyramidenhöhe auch mithilfe des Lotfußpunktverfahrens ermitteln.

Teilaufgabe 1 e

Beurteilung der Aussage

- Welchem Ortsvektor entspricht der Stützvektor der gegebenen Ebene?
- Laut der Aussage liegt eine der drei genannten Flächen in der Ebene mit der angegebenen Gleichung. Welche der drei Flächen kommt infrage?
- Überlegen Sie, wie demnach die Ebene aus der Ebene W hervorgeht. Wie lautet folglich ein Normalenvektor der Ebene?
- Prüfen Sie, ob dieser Normalenvektor zur angegebenen Ebenengleichung passt.

Teilaufgabe 2 a

Wert von t

- Betrachten Sie das Dreieck MLN. Um welche Art von Dreieck handelt es sich?
- Bekannt ist der Winkel $\alpha = 45°$.

Teilaufgabe 2 b

Bestätigung der Gleichung

- Wenden Sie im rechtwinkligen Dreieck MLN den Satz des Pythagoras an.
- Der Sinus von α ist gleich dem Quotienten aus Gegenkathete und Hypotenuse.

Teilaufgabe 2 c

Laserstrahl im Edelstein

- Zeichnen Sie in Abbildung 3 an einer geeigneten Stelle eine Linie ein, die parallel zur y-Achse verläuft. So entsteht ein (zweites) rechtwinkliges Dreieck.
- Mit $\sin\alpha = 2\sin\beta$, dem Ergebnis aus Teilaufgabe b und den Beziehungen im rechtwinkligen Dreieck finden Sie die gesuchten Koordinaten des Vektors.

Lösung

1. a) Punktprobe (Koordinaten von S in u einsetzen):

$$\begin{pmatrix}0\\0\\-5\end{pmatrix}=\begin{pmatrix}4\\4\\-1\end{pmatrix}+r\cdot\begin{pmatrix}1\\1\\1\end{pmatrix}$$

r bestimmen mithilfe des LGS:

$$\begin{array}{llll} \text{I} & 0=4+r & \Rightarrow & r=-4\\ \text{II} & 0=4+r & \Rightarrow & r=-4\\ \text{III} & -5=-1+r & \Rightarrow & r=-4 \end{array}$$

Also geht die Gerade u durch den Punkt S. (w. z. z. w.)

b) Die Ebene W ist durch die Punkte E, I und K eindeutig bestimmt.
Parameterform:

$$W\colon \vec{x}=\overrightarrow{OE}+r\cdot\overrightarrow{EI}+s\cdot\overrightarrow{EK};\; r,s\in\mathbb{R}$$

$$\vec{x}=\overrightarrow{OE}+r\cdot(\overrightarrow{OI}-\overrightarrow{OE})+s\cdot(\overrightarrow{OK}-\overrightarrow{OE});\; r,s\in\mathbb{R}$$

$$\vec{x}=\begin{pmatrix}2\\2\\0\end{pmatrix}+r\cdot\left[\begin{pmatrix}4\\2\\-1\end{pmatrix}-\begin{pmatrix}2\\2\\0\end{pmatrix}\right]+s\cdot\left[\begin{pmatrix}2\\4\\-1\end{pmatrix}-\begin{pmatrix}2\\2\\0\end{pmatrix}\right];\; r,s\in\mathbb{R}$$

$$W\colon \vec{x}=\begin{pmatrix}2\\2\\0\end{pmatrix}+r\cdot\begin{pmatrix}2\\0\\-1\end{pmatrix}+s\cdot\begin{pmatrix}0\\2\\-1\end{pmatrix}$$

Ein Normalenvektor der Ebene steht senkrecht auf den Richtungsvektoren der Ebene, also gilt:

$$\vec{n}\perp\begin{pmatrix}2\\0\\-1\end{pmatrix}\text{ und }\vec{n}\perp\begin{pmatrix}0\\2\\-1\end{pmatrix}\Rightarrow\begin{pmatrix}n_1\\n_2\\n_3\end{pmatrix}\circ\begin{pmatrix}2\\0\\-1\end{pmatrix}=0\text{ und }\begin{pmatrix}n_1\\n_2\\n_3\end{pmatrix}\circ\begin{pmatrix}0\\2\\-1\end{pmatrix}=0$$

LGS aufstellen:

$$\begin{array}{llll} \text{I} & 2n_1 & & -n_3=0\\ \text{II} & & 2n_2 & -n_3=0 \end{array}$$

Wählt man $n_1=1$, so ergeben sich $n_3=2$ und $n_2=1$. Also:

$$\vec{n}=\begin{pmatrix}1\\1\\2\end{pmatrix}$$

Alternative Bestimmung von $\vec{n}$ mithilfe des Vektorproduktes:
Das Vektorprodukt der beiden Richtungsvektoren liefert einen Normalenvektor der Ebene W:

$$\vec{n}_1=\begin{pmatrix}2\\0\\-1\end{pmatrix}\times\begin{pmatrix}0\\2\\-1\end{pmatrix}=\begin{pmatrix}0\cdot(-1)-(-1)\cdot 2\\-1\cdot 0-2\cdot(-1)\\2\cdot 2-0\cdot 0\end{pmatrix}=\begin{pmatrix}2\\2\\4\end{pmatrix}=2\cdot\begin{pmatrix}1\\1\\2\end{pmatrix}\Rightarrow\vec{n}=\begin{pmatrix}1\\1\\2\end{pmatrix}$$

Für die Koordinatengleichung von W gilt mit dem Normalenvektor $\vec{n} = \begin{pmatrix} 1 \\ 1 \\ 2 \end{pmatrix}$:
W: $x + y + 2z = d$

Einsetzen der Koordinaten des Stützvektors $\overrightarrow{OE}$:

$d = 2 + 2 + 2 \cdot 0 \;\Leftrightarrow\; d = 4 \;\Rightarrow\;$ W: $x + y + 2z - 4 = 0$

Alternative Lösung (für Parameterform → Koordinatenform):
Parameterform der Ebene:

$$W:\; \vec{x} = \begin{pmatrix} 2 \\ 2 \\ 0 \end{pmatrix} + r \cdot \begin{pmatrix} 2 \\ 0 \\ -1 \end{pmatrix} + s \cdot \begin{pmatrix} 0 \\ 2 \\ -1 \end{pmatrix}$$

LGS:

$$\begin{array}{lll} \text{I} & x = 2 + 2r & \\ \text{II} & y = 2 & + 2s \\ \text{III} & z = \;\; - r & - s \end{array}$$

s eliminieren:

$\text{II} + \text{III} \cdot 2 \;\Rightarrow\; \text{IV} \quad y + 2z = 2 - 2r$

r eliminieren:

$\text{I} + \text{IV} \;\Rightarrow\; \text{V} \quad x + y + 2z = 4 \;\Leftrightarrow\; x + y + 2z - 4 = 0$

Also:

W: $x + y + 2z - 4 = 0$

c) J liegt auf der Geraden u:
$x = 4 + r$
$y = 4 + r$
$z = -1 + r$

Da J außerdem in der Ebene W liegt, werden x, y und z in W eingesetzt:

$$\begin{aligned} & 4 + r + 4 + r + 2 \cdot (-1 + r) - 4 = 0 \\ \Leftrightarrow\quad & 8 + 2r - 2 + 2r - 4 = 0 \\ \Leftrightarrow\quad & 2 + 4r = 0 \\ \Leftrightarrow\quad & 4r = -2 \\ \Leftrightarrow\quad & r = -\frac{1}{2} \end{aligned}$$

$r = -\frac{1}{2} = -0{,}5$ in u einsetzen:

$$\overrightarrow{OJ} = \begin{pmatrix} 4 \\ 4 \\ -1 \end{pmatrix} + (-0{,}5) \cdot \begin{pmatrix} 1 \\ 1 \\ 1 \end{pmatrix} = \begin{pmatrix} 3{,}5 \\ 3{,}5 \\ -1{,}5 \end{pmatrix} \;\Rightarrow\; J(3{,}5 \,|\, 3{,}5 \,|\, -1{,}5)$$

d) Zunächst wird der Grundflächeninhalt der Pyramide EIJKA berechnet, nämlich der Inhalt A_G des Drachenvierecks EIJK:

$$A_G = \frac{1}{2} \cdot e \cdot f; \quad e, f \text{ Diagonalen}$$

$$A_G = \frac{1}{2} \cdot |\overrightarrow{IK}| \cdot |\overrightarrow{EJ}|$$

$$A_G = \frac{1}{2} \cdot \left| \begin{pmatrix} 2 \\ 4 \\ -1 \end{pmatrix} - \begin{pmatrix} 4 \\ 2 \\ -1 \end{pmatrix} \right| \cdot \left| \begin{pmatrix} 3{,}5 \\ 3{,}5 \\ -1{,}5 \end{pmatrix} - \begin{pmatrix} 2 \\ 2 \\ 0 \end{pmatrix} \right| = \frac{1}{2} \cdot \left| \begin{pmatrix} -2 \\ 2 \\ 0 \end{pmatrix} \right| \cdot \left| \begin{pmatrix} 1{,}5 \\ 1{,}5 \\ -1{,}5 \end{pmatrix} \right|$$

$$A_G = \frac{1}{2} \cdot \sqrt{(-2)^2 + 2^2 + 0^2} \cdot \sqrt{1{,}5^2 + 1{,}5^2 + (-1{,}5)^2}$$

$$A_G = \frac{1}{2} \cdot \sqrt{8 \cdot 6{,}75} = \frac{1}{2} \cdot \sqrt{54} = \frac{3}{2} \cdot \sqrt{6}$$

Die Höhe h der Pyramide entspricht dem Abstand des Punktes A zur Grundfläche (bzw. zur Ebene W):

Hesse'sche Normalenform von W:

$$\frac{x + y + 2z - 4}{|\vec{n}|} = 0$$

$$\Leftrightarrow \quad \frac{1}{\sqrt{6}} \cdot (x + y + 2z - 4) = 0$$

Der Abstand von $A(4\,|\,4\,|\,-1)$ zu W ergibt sich dann mit:

$$d(A, W) = \frac{1}{\sqrt{6}} \cdot (4 + 4 + 2 \cdot (-1) - 4) = \frac{2}{\sqrt{6}} = \frac{1}{3} \cdot \sqrt{6} \quad \Rightarrow \quad h = \frac{1}{3} \cdot \sqrt{6}$$

Alternativ kann die Höhe auch mithilfe des Lotfußpunktverfahrens bestimmt werden. Dazu wird der Schnittpunkt zwischen der Lotgeraden ℓ und der Ebene W bestimmt.

Dabei ist ℓ festgelegt durch den Punkt A und den Normalenvektor von W:

$$\ell\colon\ \vec{x} = \begin{pmatrix} 4 \\ 4 \\ -1 \end{pmatrix} + r \cdot \begin{pmatrix} 1 \\ 1 \\ 2 \end{pmatrix}; \quad r \in \mathbb{R}$$

$\ell \cap W$ (Koordinaten von ℓ in W einsetzen):

$$(4 + r) + (4 + r) + 2 \cdot (-1 + 2r) - 4 = 0 \quad \Leftrightarrow \quad 2 + 6r = 0 \quad \Rightarrow \quad r = -\frac{1}{3}$$

$r = -\frac{1}{3}$ in ℓ einsetzen, um die Koordinaten des Lotfußpunktes zu ermitteln:

$$\overrightarrow{OL} = \begin{pmatrix} 4 \\ 4 \\ -1 \end{pmatrix} - \frac{1}{3} \cdot \begin{pmatrix} 1 \\ 1 \\ 2 \end{pmatrix} = \begin{pmatrix} \frac{11}{3} \\ \frac{11}{3} \\ -\frac{5}{3} \end{pmatrix}$$

Der Abstand des Punktes A zur Ebene W ergibt sich aus dem Abstand der Punkte A und L:

$$|\overrightarrow{AL}| = \left|\begin{pmatrix} \frac{11}{3} \\ \frac{11}{3} \\ -\frac{5}{3} \end{pmatrix} - \begin{pmatrix} 4 \\ 4 \\ -1 \end{pmatrix}\right| = \left|\begin{pmatrix} -\frac{1}{3} \\ -\frac{1}{3} \\ -\frac{2}{3} \end{pmatrix}\right| = \sqrt{\left(-\frac{1}{3}\right)^2 + \left(-\frac{1}{3}\right)^2 + \left(-\frac{2}{3}\right)^2}$$

$$|\overrightarrow{AL}| = \sqrt{\frac{1}{9} + \frac{1}{9} + \frac{4}{9}} = \sqrt{\frac{6}{9}} = \frac{1}{3} \cdot \sqrt{6} \quad \Rightarrow \quad h = \frac{1}{3} \cdot \sqrt{6}$$

Volumen der Pyramide:

$$V = \frac{1}{3} \cdot A_G \cdot h = \frac{1}{3} \cdot \frac{3}{2} \cdot \sqrt{6} \cdot \frac{1}{3} \cdot \sqrt{6} = \frac{1}{6} \cdot 6 = 1$$

Durch die zusätzliche Bearbeitung geht 1 mm^3 des Edelsteins verloren.

e) *Vorbemerkung:*
Der Körper ist laut Aufgabenstellung symmetrisch zur z-Achse. Spiegelt man also einen beliebigen Punkt, der auf der Oberfläche des Körpers liegt, an der z-Achse, so ergibt sich ein anderer Punkt auf der Körperoberfläche. Ein Vektor wird an der z-Achse gespiegelt, indem die Vorzeichen der x- und der y-Koordinate umgedreht werden.

Den Abbildungen in der Aufgabenstellung ist zu entnehmen, dass der Punkt G der Spiegelpunkt von Punkt E ist. Somit gilt $G(-2\,|\,-2\,|\,0)$, der Ortsvektor von G ist also der Stützvektor der Ebene V mit:

$$V\colon\ \vec{x} = \begin{pmatrix} -2 \\ -2 \\ 0 \end{pmatrix} + r \cdot \begin{pmatrix} 1 \\ -1 \\ 0 \end{pmatrix} + s \cdot \begin{pmatrix} 1 \\ 1 \\ 1 \end{pmatrix}$$

Diese Ebenengleichung kann also nur eine der drei Ebenen beschreiben, nämlich diejenige, in der die Ebene liegt, die durch das Abschleifen der Ecke C entstanden ist. Es ist also zu prüfen, ob die Ebene V bei der Spiegelung der Ebene W (siehe Kontrollergebnis der Teilaufgabe b) an der z-Achse entsteht. Da W den Normalenvektor

$$\vec{n} = \begin{pmatrix} 1 \\ 1 \\ 2 \end{pmatrix}$$

besitzt, muss ein Normalenvektor der gespiegelten Ebene

$$\vec{n}_1 = \begin{pmatrix} -1 \\ -1 \\ 2 \end{pmatrix}$$

lauten.

Der Vektor $\vec{n}_1$ ist genau dann ein Normalenvektor der Ebene V, wenn er senkrecht auf deren Richtungsvektoren steht. Es wird geprüft:

$$\begin{pmatrix}-1\\-1\\2\end{pmatrix}\circ\begin{pmatrix}1\\-1\\0\end{pmatrix}=-1\cdot 1+(-1)\cdot(-1)+2\cdot 0=0$$

$$\begin{pmatrix}-1\\-1\\2\end{pmatrix}\circ\begin{pmatrix}1\\1\\1\end{pmatrix}=-1\cdot 1+(-1)\cdot 1+2\cdot 1=0$$

Somit entsteht die Ebene V durch Spiegelung der Ebene W an der z-Achse. Folglich liegt die Fläche, die durch Abschleifen der Ecke C entsteht, in dieser Ebene V. Die Aussage ist also **wahr**.

2. a) Mit $\alpha=45^\circ$ ist das Dreieck MLN gleichschenklig und auch rechtwinklig.

$|\overrightarrow{NL}|=1 \;\Rightarrow\; |\overrightarrow{MN}|=t=1$

b) Es gilt:

$$\sin\alpha=\frac{|\overrightarrow{NL}|}{|\overrightarrow{LM}|}=\frac{1}{|\overrightarrow{LM}|}$$

Mit dem Satz des Pythagoras gilt $|\overrightarrow{LM}|=\sqrt{(-1)^2+(-t)^2}=\sqrt{1+t^2}$ und es ergibt sich:

$$\sin\alpha=\frac{1}{\sqrt{1+t^2}} \qquad \text{(w. z. z. w.)}$$

c) Der gesuchte Vektor ist:

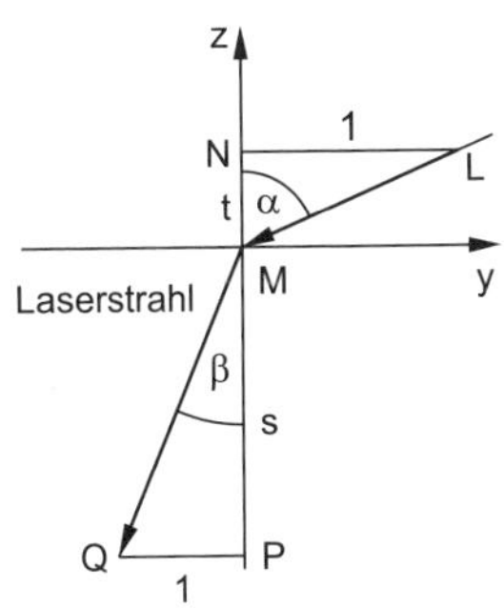

$$\overrightarrow{MQ}=\begin{pmatrix}0\\-1\\-s\end{pmatrix}$$

Es gilt:

$$\sin\alpha=2\sin\beta \;\Leftrightarrow\; \sin\beta=\frac{1}{2}\cdot\sin\alpha \qquad (1)$$

Nach Teilaufgabe b gilt:

$$\sin\alpha=\frac{1}{\sqrt{1+t^2}} \qquad (2)$$

Mit (1) und (2) ergibt sich dann:

$$\sin\beta=\frac{1}{2\cdot\sqrt{1+t^2}} \qquad (3)$$

Nach nebenstehender Abbildung gilt:

$$\sin\beta=\frac{1}{|\overrightarrow{MQ}|} \;\Leftrightarrow\; |\overrightarrow{MQ}|=\frac{1}{\sin\beta} \qquad (4)$$

Dann folgt mit (3) und (4):

$$|\overrightarrow{MQ}| = 2 \cdot \sqrt{1+t^2}$$

Im Dreieck MQP gilt mit dem Satz des Pythagoras:

$$|\overrightarrow{MP}|^2 = |\overrightarrow{MQ}|^2 - |\overrightarrow{QP}|^2 \quad \Rightarrow \quad |\overrightarrow{MP}| = \sqrt{|\overrightarrow{MQ}|^2 - |\overrightarrow{QP}|^2}$$

$$|\overrightarrow{MP}| = \sqrt{\left(2 \cdot \sqrt{1+t^2}\right)^2 - 1^2} = \sqrt{4 \cdot (1+t^2) - 1} = \sqrt{3+4t^2} \quad \Rightarrow \quad s = \sqrt{3+4t^2}$$

Damit hat der Vektor $\overrightarrow{MQ}$, der die Richtung des Laserstrahls im Edelstein beschreibt, folgende Koordinaten:

$$\overrightarrow{MQ} = \begin{pmatrix} 0 \\ -1 \\ -\sqrt{3+4t^2} \end{pmatrix}$$

IV Ausflugsschiff

Hinweis: Zur Bearbeitung der folgenden Aufgabe können nach Bedarf die Tabellen in der Anlage genutzt werden.

Punkte

Ein Unternehmen organisiert Fahrten mit einem Ausflugsschiff.

1. Betrachtet wird zunächst eine Fahrt, bei der das Schiff mit 60 Fahrgästen voll besetzt ist. Zu Beginn der Fahrt werden drei Fahrgäste zufällig ausgewählt; diese erhalten jeweils ein Freigetränk.

   a) **Ermitteln** Sie die Anzahl möglicher Dreiergruppen, die sich bei der Auswahl ergeben können. 2

   b) Zwei Drittel der Fahrgäste kommen aus Deutschland, die übrigen aus anderen Ländern.
   Berechnen Sie die Wahrscheinlichkeit dafür, dass die drei ausgewählten Fahrgäste aus Deutschland kommen. 2

   c) Unter den Fahrgästen befinden sich Erwachsene und Kinder. Die Hälfte der Fahrgäste isst während der Fahrt ein Eis, von den Erwachsenen nur jeder Dritte, von den Kindern 75 %.
   Berechnen Sie, wie viele Kinder an der Fahrt teilnehmen. 3

2. Möchte man an einer Fahrt teilnehmen, so muss man dafür im Voraus eine Reservierung vornehmen. Erfahrungsgemäß erscheinen von den Personen mit Reservierung einige nicht zur Fahrt. Für die 60 Plätze lässt das Unternehmen deshalb bis zu 64 Reservierungen zu. Es soll davon ausgegangen werden, dass für jede Fahrt tatsächlich 64 Reservierungen vorgenommen werden. Erscheinen mehr als 60 Personen mit Reservierung zur Fahrt, so können nur 60 von ihnen daran teilnehmen; die übrigen müssen abgewiesen werden.
   Vereinfachend soll angenommen werden, dass die Anzahl der Personen mit Reservierung, die zur Fahrt erscheinen, binomialverteilt ist, wobei die Wahrscheinlichkeit dafür, dass eine zufällig ausgewählte Person mit Reservierung nicht zur Fahrt erscheint, 10 % beträgt.

   a) **Geben** Sie einen Grund dafür **an**, dass es sich bei dieser Annahme im Sachzusammenhang um eine Vereinfachung handelt. 1

   b) **Bestimmen** Sie die Wahrscheinlichkeit dafür, dass mindestens eine Person mit Reservierung abgewiesen werden muss. 3

c) Für das Unternehmen wäre es hilfreich, wenn die Wahrscheinlichkeit dafür, mindestens eine Person mit Reservierung abweisen zu müssen, kleiner als ein Prozent wäre. Dazu müsste die Wahrscheinlichkeit dafür, dass eine zufällig ausgewählte Person mit Reservierung nicht zur Fahrt erscheint, mindestens einen bestimmten Wert haben.
Ermitteln Sie diesen Wert auf ganze Prozent genau. 4

Das Unternehmen richtet ein Online-Portal zur Reservierung ein und vermutet, dass dadurch der Anteil der Personen mit Reservierung, die zur jeweiligen Fahrt nicht erscheinen, zunehmen könnte. Als Grundlage für die Entscheidung darüber, ob pro Fahrt künftig mehr als 64 Reservierungen zugelassen werden, soll die Nullhypothese

„Die Wahrscheinlichkeit dafür, dass eine zufällig ausgewählte Person mit Reservierung nicht zur Fahrt erscheint, beträgt höchstens 10 %.“

mithilfe einer Stichprobe von 200 Personen mit Reservierung auf einem Signifikanzniveau von 5 % getestet werden. Vor der Durchführung des Tests wird festgelegt, die Anzahl der möglichen Reservierungen pro Fahrt nur dann zu erhöhen, wenn die Nullhypothese aufgrund des Testergebnisses abgelehnt werden müsste.

d) **Ermitteln** Sie für den beschriebenen Test die zugehörige Entscheidungsregel. 5

e) **Entscheiden** Sie, ob bei der Wahl der Nullhypothese eher das Interesse, dass weniger Plätze frei bleiben sollen, oder das Interesse, dass nicht mehr Personen mit Reservierung abgewiesen werden müssen, im Vordergrund stand.
Begründen Sie Ihre Entscheidung. 3

f) **Beschreiben** Sie den Fehler zweiter Art im Sachzusammenhang. 2

25

Anlage zur Aufgabe „Ausflugsschiff“

	p											
k	0,1	0,11	0,12	0,13	0,14	0,15	0,16	0,17	0,18	0,19	0,2	
0	0,0012	0006	0003	0001	0001	0000	0000	0000	0000	0000	0000	63
1	0096	0051	0027	0014	0007	0004	0002	0001	0000	0000	0000	62
2	0389	0229	0132	0075	0042	0023	0012	0007	0003	0002	0001	61
3	1063	0683	0428	0262	0157	0092	0053	0030	0017	0009	0005	60
4	2205	1538	1043	0689	0444	0280	0173	0104	0062	0036	0021	59
5	3727	2806	2049	1453	1004	0676	0445	0286	0180	0111	0067	58
6	5390	4347	3397	2577	1901	1365	0955	0653	0436	0285	0182	57
7	6922	5926	4922	3969	3110	2371	1761	1275	0901	0622	0420	56
8	8134	7316	6402	5450	4513	3636	2854	2183	1629	1186	0844	55
9	8972	8385	7659	6827	5933	5026	4149	3340	2622	2009	1504	54
10	9484	9111	8601	7959	7206	6374	5506	4643	3822	3071	2410	53
11	9764	9552	9232	8789	8222	7543	6775	5953	5114	4294	3523	52
12	9901	9793	9612	9337	8953	8453	7843	7139	6367	5561	4752	51
13	9962	9912	9819	9665	9429	9096	8656	8110	7468	6749	5981	50
14	9986	9965	9922	9843	9711	9509	9221	8835	8348	7765	7100	49
15	9996	9987	9969	9932	9865	9752	9579	9329	8992	8559	8032	48
16	9999	9996	9989	9973	9941	9884	9788	9640	9424	9129	8746	47
17		9999	9996	9990	9976	9949	9900	9819	9693	9507	9250	46
18			9999	9996	9991	9979	9956	9915	9846	9739	9579	45
19				9999	9997	9992	9982	9963	9928	9870	9778	44
20					9999	9997	9993	9985	9968	9939	9890	43
21						9999	9998	9994	9987	9973	9949	42
22							9999	9998	9995	9989	9978	41
23								9999	9998	9996	9991	40
24									9999	9998	9996	39
	0,9	0,89	0,88	0,87	0,86	0,85	0,84	0,83	0,82	0,81	0,8	k
	p											

Tab. 1: Summierte Binomialverteilung $P(X \leq k)$ für $n = 64$. Alle freien Plätze, die unterhalb der Zahlenkolonnen liegen, würden durch das Runden auf 4 Dezimalen den Wert 1,0000 enthalten.

Beachte: Wenn Werte über den zweiten, dunkelgrau unterlegten Eingang der Tabelle abgelesen werden sollen, d. h. $p \geq 0{,}5$, muss die Differenz 1 − (abgelesener Wert) ermittelt werden.

	p											
k	0,02	0,03	0,04	0,05	0,1	$\frac{1}{6}$	0,2	0,3	$\frac{1}{3}$	0,4	0,5	
0	0,0176	0023	0003	0000								199
1	0894	0162	0027	0004								198
2	2351	0593	0125	0023								197
3	4315	1472	0395	0090								196
4	6288	2810	0950	0264								195
5	7867	4432	1856	0623	0000							194
6	8914	6063	3084	1237	0001							193
7	9507	7461	4501	2133	0005							192
8	9798	8504	5926	3270	0014							191
9	9925	9192	7192	4547	0035							190
10	9975	9599	8200	5831	0081							189
11	9992	9816	8925	6998	0168							188
12	9998	9922	9401	7965	0320							187
13	9999	9969	9688	8701	0566							186
14		9989	9848	9219	0929	0000						185
15		9996	9930	9556	1431	0001						184
16		9999	9970	9762	2075	0003						183
17			9988	9879	2849	0006						182
18			9995	9942	3724	0013						181
19			9998	9973	4655	0027	0000					180
20			9999	9988	5592	0052	0001					179
21				9995	6484	0094	0002					178
22				9998	7290	0163	0005					177
23				9999	7983	0269	0010					176
24					8551	0426	0020					175
25					8995	0648	0036					174
26					9328	0945	0064					173
27					9566	1329	0110					172
28					9729	1803	0179					171
29					9837	2366	0283					170
30					9905	3007	0430					169
31					9946	3711	0632					168
32					9971	4454	0899					167
33					9985	5210	1239					166
34					9992	5953	1656					165
35					9996	6658	2151	0000				164
36					9998	7305	2717	0001				163
37					9999	7877	3345	0001				162
38						8369	4019	0003				161
39						8777	4718	0005				160
40						9106	5422	0009				159
41						9362	6108	0016	0000			158
42						9556	6758	0027	0001			157
43						9699	7355	0045	0002			156
	0,98	0,97	0,96	0,95	0,9	$\frac{5}{6}$	0,8	0,7	$\frac{2}{3}$	0,6	0,5	k
	p											

Tab. 2: Summierte Binomialverteilung $P(X \leq k)$ für $n = 200$. Alle freien Plätze, die unterhalb der Zahlenkolonnen liegen, würden durch das Runden auf 4 Dezimalen den Wert 1,0000 enthalten.

k	0,02	0,03	0,04	0,05	0,1	p 1/6	0,2	0,3	1/3	0,4	0,5	
44						9801	7887	0072	0003			155
45						9872	8349	0111	0005			154
46						9919	8738	0169	0009			153
47						9950	9056	0249	0016			152
48						9970	9310	0359	0026			151
49						9983	9506	0506	0042			150
50						9990	9655	0695	0067			149
51						9995	9764	0934	0103			148
52						9997	9843	1228	0154			147
53						9998	9897	1579	0226	0000		146
54						9999	9934	1988	0323	0001		145
55							9959	2455	0453	0002		144
56							9975	2972	0621	0003		143
57							9985	3532	0833	0005		142
58							9991	4123	1094	0008		141
59							9995	4733	1409	0013		140
60							9997	5348	1778	0021		139
61							9998	5953	2202	0034		138
62							9999	6533	2677	0052		137
63								7079	3198	0080		136
64								7579	3755	0119		135
65								8028	4338	0173		134
66								8421	4934	0247		133
67								8758	5530	0346		132
68								9040	6113	0475		131
69								9272	6670	0639		130
70								9458	7192	0844		129
71								9604	7670	1094		128
72								9716	8097	1393	0000	127
73								9800	8473	1742	0001	126
74								9862	8794	2142	0001	125
75								9906	9065	2590	0002	124
76								9938	9287	3080	0004	123
77								9959	9466	3607	0007	122
78								9974	9607	4161	0011	121
79								9984	9716	4732	0018	120
80								9990	9799	5307	0028	119
81								9994	9860	5875	0044	118
82								9996	9904	6424	0066	117
83								9998	9936	6945	0097	116
84								9999	9958	7428	0141	115
85								9999	9973	7868	0200	114
86									9983	8261	0280	113
87									9989	8603	0384	112
	0,98	0,97	0,96	0,95	0,9	5/6 p	0,8	0,7	2/3	0,6	0,5	k

Tab. 2: Summierte Binomialverteilung $P(X \leq k)$ für $n = 200$. Alle freien Plätze, die unterhalb der Zahlenkolonnen liegen, würden durch das Runden auf 4 Dezimalen den Wert 1,0000 enthalten.

	p											
k	0,02	0,03	0,04	0,05	0,1	$\frac{1}{6}$	0,2	0,3	$\frac{1}{3}$	0,4	0,5	
88									9993	8897	0518	111
89									9996	9143	0687	110
90									9998	9345	0895	109
91									9999	9508	1146	108
92									9999	9637	1444	107
93										9737	1790	106
94										9812	2184	105
95										9869	2623	104
96										9910	3104	103
97										9939	3619	102
98										9960	4160	101
99										9974	4718	100
100										9983	5282	99
101										9989	5840	98
102										9993	6381	97
103										9996	6896	96
104										9998	7377	95
105										9999	7816	94
106										9999	8210	93
107											8556	92
108											8854	91
109											9105	90
110											9313	89
111											9482	88
112											9616	87
113											9720	86
114											9800	85
115											9859	84
116											9903	83
117											9934	82
118											9956	81
119											9972	80
120											9982	79
121											9989	78
122											9993	77
123											9996	76
124											9998	75
125											9999	74
126											9999	73
	0,98	0,97	0,96	0,95	0,9	$\frac{5}{6}$	0,8	0,7	$\frac{2}{3}$	0,6	0,5	k
	p											

Tab. 2: Summierte Binomialverteilung $P(X \leq k)$ für $n = 200$. Alle freien Plätze, die unterhalb der Zahlenkolonnen liegen, würden durch das Runden auf 4 Dezimalen den Wert 1,0000 enthalten.

Beachte: Wenn Werte über den zweiten, dunkelgrau unterlegten Eingang der Tabelle abgelesen werden sollen, d. h. $p \geq 0{,}5$, muss die Differenz 1 – (abgelesener Wert) ermittelt werden.

Hinweise und Tipps

Teilaufgabe 1 a

Dreiergruppen

- Im Urnenmodell handelt es sich um Ziehen ohne Zurücklegen und ohne Beachtung der Reihenfolge.
- Verwenden Sie zur Berechnung der Anzahl den passenden Binomialkoeffizienten.

Teilaufgabe 1 b

Drei deutsche Fahrgäste

- Schließen Sie aus den Angaben auf die Anzahl der Fahrgäste, die aus Deutschland kommen.
- Beachten Sie beim Berechnen der Wahrscheinlichkeit, dass die Auswahl als Urnenmodell Ziehen ohne Zurücklegen erfolgt.

Teilaufgabe 1 c

Anzahl der Kinder

- Stellen Sie eine Gleichung mit einer Unbekannten x auf, wobei x die Anzahl der Kinder ist.
- Die Anzahl der Erwachsenen ist dann $60 - x$.
- Die Hälfte der 60 Fahrgäste isst Eis.

Teilaufgabe 2 a

Vereinfachung des Modells

- Machen Sie eine Aussage zur stochastischen Abhängigkeit bzw. Unabhängigkeit.

Teilaufgabe 2 b

Mindestens eine abgewiesene Person

- Überlegen Sie, wie viele Personen maximal nicht erscheinen dürfen, damit mindestens eine Person abgewiesen wird.
- Verwenden Sie die Binomialverteilung mit $n = 64$ und $p = 0{,}1$.
- Sie können die Tabelle 1 in der Anlage verwenden.

Teilaufgabe 2 c

Größere Wahrscheinlichkeit für Nichterscheinen

- Nutzen Sie die Tabelle 1 aus der Anlage.
- Betrachten Sie die Zeile für $k = 3$.
- Suchen Sie den kleinsten Wert für p, für den gilt: $P(X \leq 3) \leq 0{,}01$

Teilaufgabe 2 d

Entscheidungsregel

- Es liegt ein rechtsseitiger Hypothesentest mit $n = 200$, $p = 0{,}1$ und $\alpha = 5\ \%$ vor. Die Nullhypothese lautet H_0: $p \leq 0{,}1$.
- Ermitteln Sie mithilfe der Tabelle 2 das kleinste k, für das $P(X \leq k) \geq 0{,}95$ gilt.
- Vergessen Sie nicht, die Entscheidungsregel auszuformulieren.

Teilaufgabe 2 e

Nullhypothese

- Gehen Sie darauf ein, was durch die Wahl der Nullhypothese und des Signifikanzniveaus eingeschränkt werden soll.
- Berücksichtigen Sie bei Ihrer Argumentation das Interesse, das im Vordergrund stand.

Teilaufgabe 2 f

Fehler zweiter Art

- Ein Fehler zweiter Art bedeutet, dass die Nullhypothese irrtümlich angenommen wird.

Lösung

1. a) Anzahl möglicher Dreiergruppen:

$$\binom{60}{3} = 34\,220$$

Bei 60 Teilnehmern können 34 220 verschiedene Dreiergruppen gebildet werden.

b) 40 der 60 Fahrgäste kommen aus Deutschland. Somit:

$$P(3\text{ Deutsche}) = \frac{40}{60} \cdot \frac{39}{59} \cdot \frac{38}{58} = 0{,}2887\ldots \approx 0{,}289$$

Die Wahrscheinlichkeit dafür, dass die drei ausgewählten Fahrgäste aus Deutschland kommen, beträgt etwa 28,9 %.

Alternative Lösung:

$$P(3\text{ Deutsche}) = \frac{\text{Anzahl möglicher deutscher Dreiergruppen}}{\text{Anzahl möglicher Dreiergruppen}}$$

$$= \frac{\binom{40}{3}}{\binom{60}{3}} = \frac{9\,880}{34\,220} = 0{,}2887\ldots \approx 0{,}289$$

c) Anzahl Kinder: x, davon $75\,\% = \frac{3}{4}$ Eisesser

$\Rightarrow$ Anzahl Eis essende Kinder $= \frac{3}{4}x$

Anzahl Erwachsene: $60 - x$, davon $\frac{1}{3}$ Eisesser

$\Rightarrow$ Anzahl Eis essende Erwachsene $= \frac{1}{3} \cdot (60 - x)$

Eisesser gesamt: $\frac{60}{2} = 30$

Gleichung aufstellen:

$$\frac{3}{4}x + \frac{1}{3} \cdot (60 - x) = 30 \quad \Leftrightarrow \quad \frac{5}{12}x = 10 \quad \Rightarrow \quad x = 24$$

An der Fahrt nehmen 24 Kinder teil.

2. a) Es kann nicht davon ausgegangen werden, dass die Wahrscheinlichkeit für das Nichterscheinen zweier oder mehrerer Personen mit Reservierung stets voneinander unabhängig ist. Dies ist z. B. dann nicht der Fall, wenn befreundete Personen oder Familien in Gruppen reservieren.

b) Es liegt eine Bernoulli-Kette vor. Dabei ist X die binomialverteilte Zufallsgröße mit $n = 64$ und $p = 0{,}1$.

Das Ereignis A „Mindestens eine Person muss abgewiesen werden“ tritt ein, wenn höchstens drei Personen mit Reservierung nicht erscheinen.

$\Rightarrow$ Ereignis A: $k = 3$

$$P(A) = P(X \leq 3) = \sum_{i=0}^{3} \binom{64}{i} \cdot 0{,}1^{i} \cdot 0{,}9^{64-i}$$

Aus Tabelle 1 ergibt sich: $P(A) = 0{,}1063 = 10{,}63\ \%$

Wenn 64 Personen reserviert haben, dann muss mit einer Wahrscheinlichkeit von etwa 10,6 % mindestens eine Person abgewiesen werden.

Alternative Lösung (1):
Die Summe

$$\sum_{i=0}^{3} \binom{64}{i} \cdot 0{,}1^{i} \cdot 0{,}9^{64-i}$$

kann auch in den WTR eingegeben und so berechnet werden.

Alternative Lösung (2):
$P(X \leq 3) = P(X = 0) + P(X = 1) + P(X = 2) + P(X = 3)$

$$P(X = 0) = \binom{64}{0} \cdot 0{,}1^{0} \cdot 0{,}9^{64} = 0{,}001179\ldots \approx 0{,}00118$$

$$P(X = 1) = \binom{64}{1} \cdot 0{,}1^{1} \cdot 0{,}9^{63} = 0{,}008384\ldots \approx 0{,}00838$$

$$P(X = 2) = \binom{64}{2} \cdot 0{,}1^{2} \cdot 0{,}9^{62} = 0{,}029344\ldots \approx 0{,}02934$$

$$P(X = 3) = \binom{64}{3} \cdot 0{,}1^{3} \cdot 0{,}9^{61} = 0{,}067383\ldots \approx 0{,}06738$$

$\Rightarrow$ $P(X \leq 3) \approx 0{,}10628$

c) Es muss für die binomialverteilte Zufallsgröße X mit $n = 64$ und p gelten:
$P(X \leq 3) \leq 0{,}01$

In Tabelle 1 im Anhang findet man für $k = 3$ den Wert $0{,}0092 < 0{,}01$ für $p = 0{,}15$.
Die gesuchte Wahrscheinlichkeit müsste mindestens 15 % betragen.

d) Stichprobenumfang: $n = 200$
Signifikanzniveau für den Fehler 1. Art: $\alpha = 5\ \%$
Die gegebene Nullhypothese lautet: „Die Wahrscheinlichkeit dafür, dass eine zufällig ausgewählte Person mit Reservierung nicht zur Fahrt erscheint, beträgt höchstens 10 %."
$\Rightarrow \ H_0\colon p \le 0{,}1$
Die Nullhypothese verlangt einen rechtsseitigen Signifikanztest mit:
Annahmebereich: $A = \{0; 1; \ldots; k\}$
Ablehnungsbereich: $\overline{A} = \{k+1; \ldots; 200\}$
Zu bestimmen ist das kleinste k, für das mit $n = 200$ und $p = 0{,}1$ gilt:
$P(X \ge k+1) \le 0{,}05$
$1 - P(X \le k) \le 0{,}05$
$P(X \le k) \ge 0{,}95$

Mittels der Tabelle 2 im Anhang findet man:
$k = 26$ (Ablesewert 9328 $\Rightarrow$ $P(X \le 26) = 0{,}9328$)
$k = 27$ (Ablesewert 9566 $\Rightarrow$ $P(X \le 27) = 0{,}9566$)
Somit lautet der Annahmebereich $A = \{0; 1; \ldots; 27\}$ und der Ablehnungsbereich $\overline{A} = \{28; 29; \ldots; 200\}$
Die zugehörige Entscheidungsregel lautet:
Wenn unter den 200 zufällig ausgewählten Personen mit Reservierung mindestens 28 Personen nicht zur Teilnahme an der Fahrt erscheinen, wird die Nullhypothese abgelehnt.
Oder:
Wenn von den 200 zufällig ausgewählten Personen mit Reservierung höchstens 27 Personen nicht zur Teilnahme an der Fahrt erscheinen, wird die Nullhypothese nicht abgelehnt.

e) Mithilfe der Nullhypothese und des Signifikanzniveaus soll die Wahrscheinlichkeit für den Fehler, dass pro Fahrt irrtümlich mehr als 64 Reservierungen zugelassen werden, gering (nämlich kleiner als 5 %) gehalten werden.
Wenn irrtümlich mehr Reservierungen zugelassen werden, dann würde dies bedeuten, dass im Durchschnitt mehr Personen mit Reservierungen abzuweisen wären. Somit stand das Interesse im Vordergrund, dass nicht mehr Personen mit Reservierung abgewiesen werden müssen.

f) Der Fehler zweiter Art bedeutet, dass die Nullhypothese irrtümlich angenommen wird. Obwohl der Anteil der Personen mit Reservierungen, die nicht zur Fahrt erscheinen, größer geworden ist, werden vom Unternehmen nicht mehr Reservierungen zugelassen. (Das hat zur Folge, dass im Durchschnitt mehr Plätze frei bleiben. Dies bedeutet für das Unternehmen einen finanziellen Verlust.)

Hamburg Kernfach Mathematik – Zentralabitur 2020
Grundlegendes Anforderungsniveau – Hilfsmittelfreier Prüfungsteil

Punkte

I.1 Analysis

Gegeben ist die in $\mathbb{R}$ definierte Funktion f mit $f(x) = x \cdot (x-4)^2$.

a) **Bestätigen** Sie, dass $f(x) = x^3 - 8x^2 + 16x$ für alle $x \in \mathbb{R}$ gilt. 2

b) **Entscheiden** Sie, welche der folgenden beiden Abbildungen den Graphen der Ableitungsfunktion f' darstellt.
Begründen Sie Ihre Entscheidung.

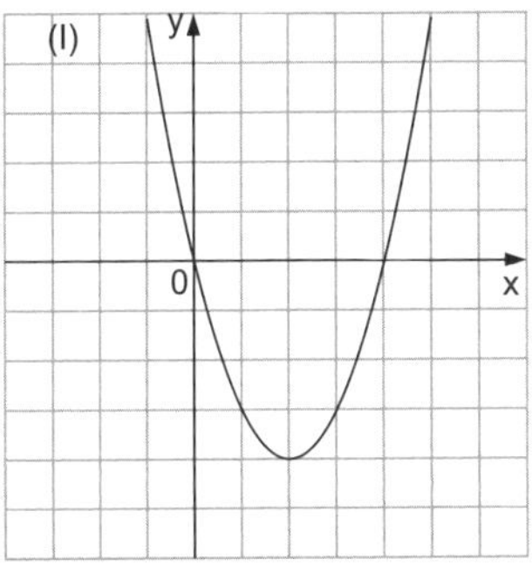

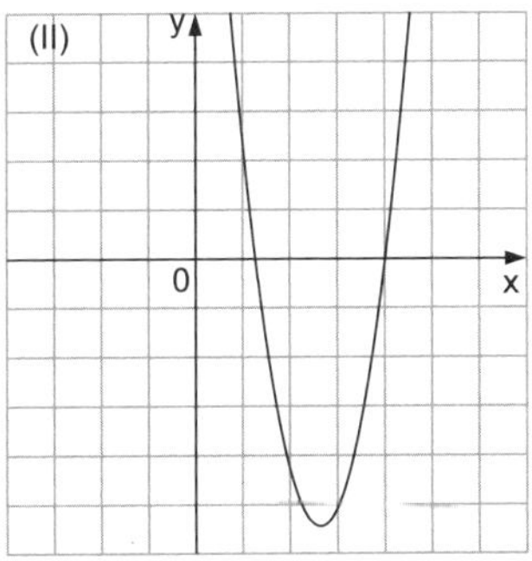

3

I.2 Analysis

Die Tangente an den Graphen einer quadratischen Funktion f, angelegt im Punkt N(2 | 0), hat die Steigung −1. Die Funktionsgleichung von f hat die Form $f(x) = a \cdot x^2 + b \cdot x$ mit $a, b \in \mathbb{R}$.

a) **Bestimmen** Sie eine Gleichung der Tangente im Punkt N. 2

b) **Ermitteln** Sie die Werte von a und b. 3

I.3 Lineare Algebra#

Eine quadratische Matrix, bei der in jeder Zeile und in jeder Spalte genau ein Eintrag 1 ist und die anderen Einträge 0 sind, heißt Vertauschungsmatrix. Multipliziert man eine solche Matrix mit einem Vektor, so hat der resultierende Vektor die gleichen Einträge wie der ursprüngliche Vektor, allerdings im Allgemeinen in anderer Reihenfolge.

Gegeben sind die Matrix $M = \begin{pmatrix} 0 & 1 & 0 \\ 0 & 0 & 1 \\ 1 & 0 & 0 \end{pmatrix}$ und der Vektor $\vec{v} = \begin{pmatrix} 1 \\ 2 \\ 3 \end{pmatrix}$.

a) **Berechnen** Sie für M und $\vec{v}$ den aus der Multiplikation resultierenden Vektor. 1

b) **Geben** Sie die inverse Matrix zu M **an**. 2

c) **Beschreiben** Sie den Aufbau aller Vertauschungsmatrizen N (mit drei Zeilen und drei Spalten), die folgende Bedingung erfüllen:

Multipliziert man N mit $\vec{v}$, so sind im resultierenden Vektor im Vergleich zu $\vec{v}$ genau zwei Einträge vertauscht. 2

I.3 Analytische Geometrie#

Betrachtet wird das Prisma ABCDEF mit $A(3|3|6)$, $B(-1|5|2)$, $C(7|4|1)$ und $E(2|23|8)$.
A, B und C liegen in der Ebene L: $x + 6y + 2z = 33$.

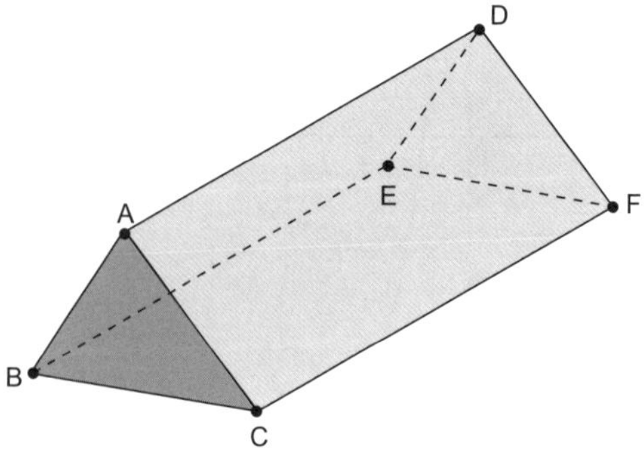

Abb. 1

a) **Begründen** Sie, dass das Prisma gerade ist. 2

b) Die Ebene M ist parallel zu L und teilt das Prisma in zwei Teilkörper. Das Volumen des Teilkörpers, der den Punkt E enthält, ist doppelt so groß wie das Volumen des anderen Teilkörpers.
Ermitteln Sie eine Gleichung von M. 3

I.4 Stochastik

An einem Fest nehmen Erwachsene und Jugendliche teil, einige der Gäste sind verkleidet. Unter allen Gästen beträgt der Anteil der verkleideten Erwachsenen 12 %, der Anteil aller Erwachsenen 60 %.
Von den Jugendlichen sind 75 % verkleidet.

a) **Bestimmen** Sie den Anteil derjenigen, die nicht verkleidet sind, unter allen Gästen. 3

b) **Beschreiben** Sie die Bedeutung des Terms

$$\frac{0{,}12}{0{,}12+0{,}75\cdot 0{,}4}$$

im Sachzusammenhang. 2

I.5.1 Analysis

Die Abbildung 2 zeigt die Graphen G_1 und G_2 einer Funktion f und einer Stammfunktion F von f.

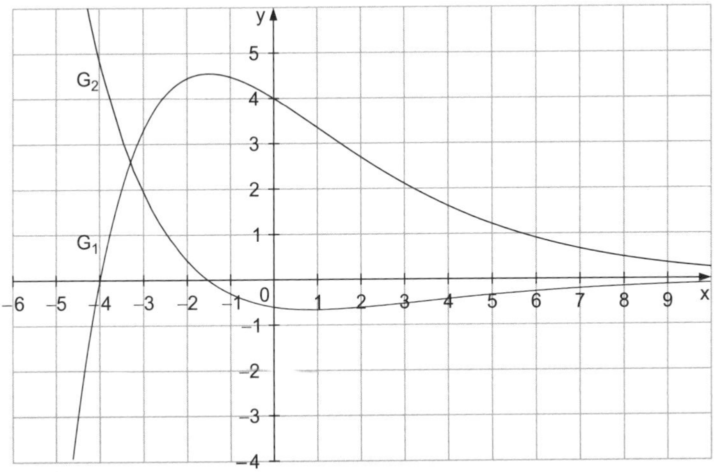

Abb. 2

a) **Begründen** Sie, dass G_1 der Graph von F ist. 2

b) **Ermitteln** Sie grafisch ein mögliches Wertepaar (a; b), für das

$$\int_a^b f(x)\,dx \approx -2$$

gilt. 3

I.5.2 Lineare Algebra#

Betrachtet wird $M = \begin{pmatrix} 0 & 0 & c \\ a & 0 & 0 \\ d & b & 0 \end{pmatrix}$.

Bestimmen Sie alle Zahlentupel (a; b; c; d) mit ganzzahligen Werten von a, b, c und d, für die $M \cdot M = \begin{pmatrix} -10 & 2 & 0 \\ 0 & 0 & 6 \\ 3 & 0 & -10 \end{pmatrix}$ gilt. 5

I.5.2 Analytische Geometrie[#]

Durch orthogonale Projektionen auf die x-y-Ebene ist eine Gerade g auf g' und ein Punkt P auf P' abgebildet worden (siehe Abbildung 3).
In der Abbildung 4 ist die Gerade g'' dargestellt, welche durch orthogonale Projektion derselben Geraden g auf die x-z-Ebene entstanden ist.

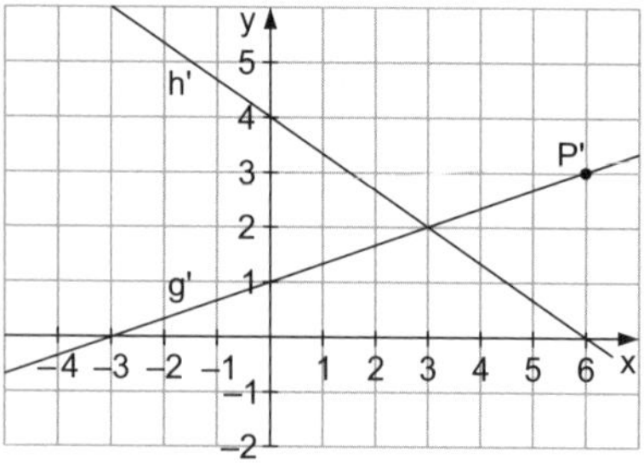

Abb. 3

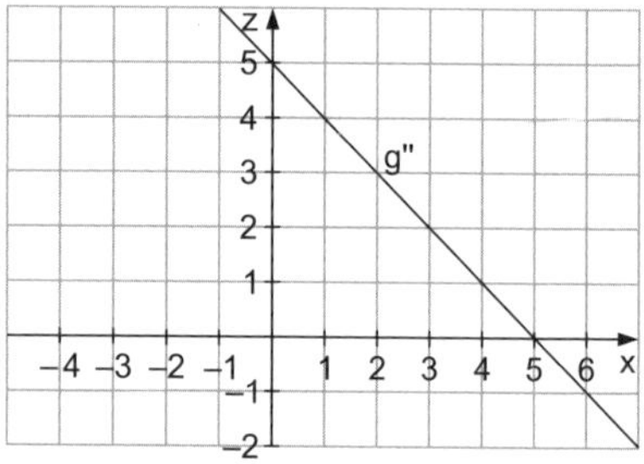

Abb. 4

a) **Geben** Sie die Koordinaten von P **an**. 2

b) Eine zweite Gerade h wird durch die orthogonale Projektion auf die x-y-Ebene auf h' abgebildet (siehe Abbildung 3). Die Gerade h geht durch den Punkt $Q(0|4|0)$.
Geben Sie eine Ebene **an**, in der alle möglichen Geraden h liegen. 3

I.5.3 Stochastik

a) Die binomialverteilte Zufallsgröße X_1 hat die Parameter $n_1 = 4$ und p_1 sowie den Erwartungswert 2.
Bestimmen Sie die Wahrscheinlichkeit $P(X_1 = 4)$. 2

b) Die binomialverteilte Zufallsgröße X_2 hat die Parameter n_2 und $p_2 = 0{,}2$.
Formulieren Sie dazu eine Aufgabenstellung, die sich mithilfe des Ansatzes $1 - 0{,}8^{n_2} < 0{,}3$ lösen lässt. 3

25*

Im Abitur 2020 erhielten die Schülerinnen und Schüler jeweils nur eine der beiden Aufgaben I.3 sowie eine der beiden Aufgaben I.5.2 (Lineare Algebra oder Analytische Geometrie), abhängig von der Schwerpunktsetzung des Kurses.

* Die hier angegebene Gesamtpunktzahl ergibt sich, wenn **eine** der Aufgaben I.3 sowie **eine** der Aufgaben I.5.1, I.5.2 oder I.5.3 bearbeitet und gewertet werden.

Lösung

I.1 Analysis

a) Umformen:
$f(x) = x \cdot (x-4)^2 = x \cdot (x^2 - 8x + 16) = x^3 - 8x^2 + 16x$ (w. z. z. w.)

b) Abbildung II stellt den Graphen der Ableitungsfunktion dar.
Begründung: Die Ableitungsfunktion wird durch $f'(x) = 3x^2 - 16x + 16$ beschrieben. Wegen $f'(0) = 16$ muss der Graph von f' durch $P(0\,|\,16)$ verlaufen.

I.2 Analysis

a) Allgemeine Tangentengleichung:
$t(x) = mx + n$
Laut Aufgabenstellung gilt für die Steigung $m = -1$ und es folgt:
$t(x) = -x + n$
$N(2\,|\,0)$ in t(x) einsetzen:
$0 = -2 + n \Rightarrow n = 2$
Damit lautet die Tangentengleichung:
$t(x) = -x + 2$

b) Ableitungsfunktion:
$f'(x) = 2ax + b$
Da f durch $N(2\,|\,0)$ geht, gilt:
$f(2) = 0 \Rightarrow a \cdot 2^2 + b \cdot 2 = 0 \Rightarrow 2a + b = 0$ (I)
Weil die Tangente an den Graphen von f in $N(2\,|\,0)$ die Steigung –1 hat, gilt:
$f'(2) = -1 \Rightarrow 2a \cdot 2 + b = -1 \Rightarrow 4a + b = -1$ (II)

$$\text{II} - \text{I} \Rightarrow 2a = -1 \Rightarrow a = -\frac{1}{2}$$

$a = -\frac{1}{2}$ in I:

$$2 \cdot \left(-\frac{1}{2}\right) + b = 0 \Rightarrow b = 1$$

Die gesuchten Werte sind also $a = -\frac{1}{2}$ und $b = 1$.

I.3 Lineare Algebra

a) Der resultierende Vektor $\vec{w}$ ist:

$$\vec{w} = M \cdot \vec{v} = \begin{pmatrix} 0 & 1 & 0 \\ 0 & 0 & 1 \\ 1 & 0 & 0 \end{pmatrix} \cdot \begin{pmatrix} 1 \\ 2 \\ 3 \end{pmatrix} = \begin{pmatrix} 2 \\ 3 \\ 1 \end{pmatrix}$$

b) Inverse Matrix:

$$\begin{pmatrix} 0 & 0 & 1 \\ 1 & 0 & 0 \\ 0 & 1 & 0 \end{pmatrix}$$

Anmerkung:
Zwei Matrizen, deren Produkt bei der Matrizenmultiplikation die Einheitsmatrix ist, sind zueinander invers.
In diesem Fall gilt: Die 1. Zeile von M entspricht der 1. Spalte von M^{-1}, die 2. Zeile von M der 2. Spalte von M^{-1} und die 3. Zeile von M der 3. Spalte von M^{-1}.

c) Eine der Einsen steht auf der Diagonalen, die anderen beiden Einsen nicht.

Alternative Lösung:
Geht man von der Einheitsmatrix $\begin{pmatrix} 1 & 0 & 0 \\ 0 & 1 & 0 \\ 0 & 0 & 1 \end{pmatrix}$ aus, so ergeben sich alle möglichen Vertauschungsmatrizen, indem man zwei der drei Zeilen miteinander vertauscht.

Anmerkung:
Die Möglichkeiten für die Matrix N sind:

$$\begin{pmatrix} 1 & 0 & 0 \\ 0 & 0 & 1 \\ 0 & 1 & 0 \end{pmatrix}, \begin{pmatrix} 0 & 0 & 1 \\ 0 & 1 & 0 \\ 1 & 0 & 0 \end{pmatrix}, \begin{pmatrix} 0 & 1 & 0 \\ 1 & 0 & 0 \\ 0 & 0 & 1 \end{pmatrix}$$

I.3 Analytische Geometrie

a) Das Prisma ist gerade, wenn die Kante $\overline{BE}$ senkrecht auf der Fläche ABC bzw. auf der Ebene L steht.

$$\overrightarrow{BE} = \overrightarrow{OE} - \overrightarrow{OB} = \begin{pmatrix} 2 \\ 23 \\ 8 \end{pmatrix} - \begin{pmatrix} -1 \\ 5 \\ 2 \end{pmatrix} = \begin{pmatrix} 3 \\ 18 \\ 6 \end{pmatrix}$$

Aus der Ebenengleichung von L ergibt sich der Normalenvektor:

$$\vec{n} = \begin{pmatrix} 1 \\ 6 \\ 2 \end{pmatrix}$$

Da $\overrightarrow{BE} = 3 \cdot \vec{n}$ gilt, ist $\overline{BE}$ senkrecht zu ABC bzw. L. Folglich ist das Prisma gerade.

Alternative Lösung:
Es kann z. B. auch gezeigt werden, dass $\overrightarrow{BE} \circ \overrightarrow{BA} = 0$ und $\overrightarrow{BE} \circ \overrightarrow{BC} = 0$ gilt:

$$\overrightarrow{BE} \circ \overrightarrow{BA} = \begin{pmatrix} 3 \\ 18 \\ 6 \end{pmatrix} \circ \begin{pmatrix} 4 \\ -2 \\ 4 \end{pmatrix} = 12 - 36 + 24 = 0$$

$$\overrightarrow{BE} \circ \overrightarrow{BC} = \begin{pmatrix} 3 \\ 18 \\ 6 \end{pmatrix} \circ \begin{pmatrix} 8 \\ -1 \\ -1 \end{pmatrix} = 24 - 18 - 6 = 0$$

b) Da M parallel zu L ist, ergibt sich aus der Ebenengleichung von L:
$L:\ x + 6y + 2z = 33$

$\Rightarrow\ M:\ x + 6y + 2z = d$

Liegt der Punkt P in der Ebene M und gleichzeitig auf der Seite $\overline{BE}$, muss gelten:

$$\overrightarrow{OP} = \overrightarrow{OB} + \frac{1}{3} \cdot \overrightarrow{BE}$$
$$= \begin{pmatrix} -1 \\ 5 \\ 2 \end{pmatrix} + \frac{1}{3} \cdot \begin{pmatrix} 3 \\ 18 \\ 6 \end{pmatrix} = \begin{pmatrix} 0 \\ 11 \\ 4 \end{pmatrix}$$

$\Rightarrow\ P(0\,|\,11\,|\,4)$

Skizze:

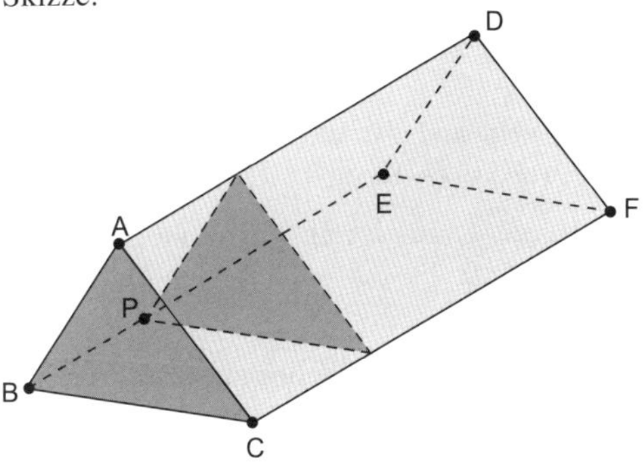

Durch Einsetzen von P in M ergibt sich:
$6 \cdot 11 + 2 \cdot 4 = d\ \Rightarrow\ d = 74\ \Rightarrow\ M:\ x + 6y + 2z = 74$

I.4 Stochastik

a) Anteil der nicht verkleideten Gäste:
$$h(\overline{v}) = h(e \cap \overline{v}) + h(\overline{e} \cap \overline{v}) = [h(e) - h(e \cap v)] + h(\overline{e}) \cdot [1 - h_{\overline{e}}(v)]$$
$$= (0{,}6 - 0{,}12) + 0{,}4 \cdot (1 - 0{,}75) = 0{,}48 + 0{,}1 = 0{,}58$$

58 % der Gäste sind nicht verkleidet.

b) Es gilt: $\dfrac{0{,}12}{0{,}12 + 0{,}75 \cdot 0{,}4} = \dfrac{h(e \cap v)}{h(e \cap v) + h_{\overline{e}}(v) \cdot h(\overline{e})} = \dfrac{h(e \cap v)}{h(e \cap v) + h(\overline{e} \cap v)} = \dfrac{h(e \cap v)}{h(v)}$

$\Rightarrow$ Der Term gibt den Anteil der Erwachsenen unter allen verkleideten Gästen an.

I.5.1 Analysis

a) Da F eine Stammfunktion von f ist, muss $F'(x) = f(x)$ gelten. An denjenigen Stellen, an denen der Graph von f die x-Achse schneidet (an den Nullstellen), muss der Graph von F folglich eine waagrechte Tangente besitzen.

$x \approx -4$:
Der Graph G_1 schneidet die x-Achse, der Graph G_2 besitzt aber keine waagrechte Tangente.

$x \approx -1{,}5$:
Der Graph G_2 schneidet die x-Achse und der Graph G_1 besitzt eine waagrechte Tangente.

$\Rightarrow$ G_1 ist der Graph der Stammfunktion.

b) Es gilt:

$$\int_a^b f(x) \cdot dx = F(b) - F(a)$$

Gesucht sind also Werte für a und b, für die gilt:
$F(b) - F(a) \approx -2$

Aus der Grafik lassen sich als mögliche Werte ermitteln:
$F(-4) \approx 0;\ F(-3{,}5) \approx 2 \ \Rightarrow\ F(-4) - F(-3{,}5) \approx -2 \ \Rightarrow$ Wertepaar $(-3{,}5; -4)$

Anmerkung:
Weitere mögliche Wertepaare sind: $(0; -3{,}5)$, $(1{,}5; 5{,}6)$, $(0; 3{,}2)$

I.5.2 Lineare Algebra

Aus M folgt:

$$M^2 = \begin{pmatrix} 0 & 0 & c \\ a & 0 & 0 \\ d & b & 0 \end{pmatrix} \cdot \begin{pmatrix} 0 & 0 & c \\ a & 0 & 0 \\ d & b & 0 \end{pmatrix} = \begin{pmatrix} cd & bc & 0 \\ 0 & 0 & ac \\ ab & 0 & cd \end{pmatrix}$$

Folglich müssen diese vier Gleichungen gelten:
I $cd = -10$; II $bc = 2$; III $ac = 6$; IV $ab = 3$; V $cd = -10$

Da alle Zahlenwerte ganzzahlig sein sollen, kommen wegen der Gleichungen II und IV für b nur die Werte –1 und 1 infrage.

Fall 1: $b = -1$
Aus II: $-1 \cdot c = 2 \ \Rightarrow\ c = -2$
Aus IV: $a \cdot (-1) = 3 \ \Rightarrow\ a = -3$
Aus I: $-2 \cdot d = -10 \ \Rightarrow\ d = 5$
Test in III: $a \cdot c = (-3) \cdot (-2) = 6$

Fall 2: $b = 1$
Aus II: $1 \cdot c = 2 \ \Rightarrow\ c = 2$
Aus IV: $a \cdot 1 = 3 \ \Rightarrow\ a = 3$
Aus I: $2 \cdot d = -10 \ \Rightarrow\ d = -5$
Test in III: $a \cdot c = 3 \cdot 2 = 6$

Die beiden möglichen Zahlentupel sind $(-3; -1; -2; 5)$ und $(3; 1; 2; -5)$.

I.5.2 Analytische Geometrie

a) Da die Projektion P' auf die x-y-Ebene dieselbe x- und y-Koordinate hat wie P selbst, gilt gemäß Abbildung 3:

$P(6|3|z)$

Aus Abbildung 4 folgt, dass g für die x-Koordinate 6 die z-Koordinate –1 besitzt. Wenn man davon ausgeht, dass P auf g liegt, folgt:

$P(6|3|-1)$

Anmerkung:
Streng genommen wird in der Aufgabenstellung nicht erwähnt, dass P auf g liegt. Somit kann keine Aussage über die z-Koordinate von P getroffen werden.

b) Die Gerade h geht durch den Punkt $Q(0|4|0)$. Der Abbildung 3 ist zu entnehmen, dass h außerdem durch einen der Punkte $R_z(6|0|z)$ mit $z \in \mathbb{R}$ geht. Ein möglicher Punkt ist also $R_0(6|0|0)$, ein anderer $R_1(6|0|1)$. Alle möglichen Geraden liegen also in der Ebene, die durch die Punkte Q, R_0 und R_1 aufgespannt wird.

Diese Ebene E hat die Gleichung:

$$E: \vec{x} = \overrightarrow{OQ} + r \cdot \overrightarrow{QR_0} + s \cdot \overrightarrow{QR_1} = \begin{pmatrix} 0 \\ 4 \\ 0 \end{pmatrix} + r \cdot \begin{pmatrix} 6 \\ -4 \\ 0 \end{pmatrix} + s \cdot \begin{pmatrix} 6 \\ -4 \\ 1 \end{pmatrix}; \; r, s \in \mathbb{R}$$

Anmerkung:
Es ist auch ausreichend, die Lage der Ebene in Worten zu beschreiben.

I.5.3 Stochastik

a) Für den Erwartungswert μ_1 der binomialverteilten Zufallsgröße X_1 mit den Parametern n_1 und p_1 gilt:

$$\mu_1 = n_1 \cdot p_1 \;\Rightarrow\; p_1 = \frac{\mu_1}{n_1} = \frac{2}{4} = \frac{1}{2}$$

Für die gesuchte Wahrscheinlichkeit gilt dann:

$$P(X_1 = 4) = \left(\frac{1}{2}\right)^4 = \frac{1}{16}$$

b) Da die Gegenwahrscheinlichkeit $q_2 = 1 - p_2 = 0{,}8$ ist, gilt:

$P(X_2 = 0) = 0{,}8^{n_2}$

Der Ansatz $1 - 0{,}8^{n_2} < 0{,}3$ ist also gleichbedeutend mit:

$1 - P(X_2 = 0) < 0{,}3 \;\Leftrightarrow\; P(X_2 \geq 1) < 0{,}3$

Mögliche Aufgabenstellung:
Bestimmen Sie die maximale Anzahl an Versuchen n_2, für die mit $p_2 = 0{,}2$ gilt:
$P(X_2 \geq 1) < 0{,}3$

II Analysis

1. Die Abbildung 1 zeigt den Graphen der Funktion f mit $f(x) = \frac{1}{10} x \cdot (3 - x) \cdot e^x$ und $x \in \mathbb{R}$.

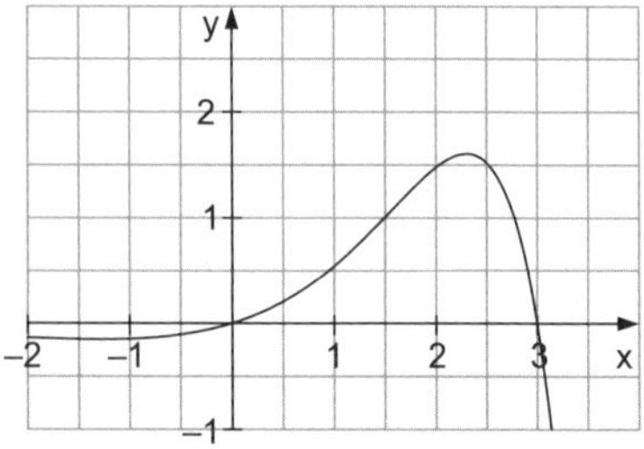

Abb. 1

Für die erste Ableitungsfunktion f' von f gilt $f'(x) = -\frac{1}{10} \cdot (x^2 - x - 3) \cdot e^x$.

Punkte

a) **Geben** Sie die Nullstellen des Graphen von f **an** und **berechnen** Sie die Koordinaten des Hochpunkts des Graphen von f. 4

b) **Beschreiben** Sie den Verlauf des Graphen von f für $x \to -\infty$ und **begründen** Sie Ihre Angabe anhand des Funktionsterms von f. 2

c) Eine der Tangenten an den Graphen von f verläuft durch den Punkt $\left(0 \mid \frac{1}{2}\right)$.
Zeichnen Sie diese Tangente in die Abbildung 1 ein und **geben** Sie eine Gleichung der eingezeichneten Gerade **an**. 3

d) **Berechnen** Sie die Größe des Steigungswinkels des Graphen von f im Koordinatenursprung. 2

e) **Zeigen** Sie, dass die in $\mathbb{R}$ definierte Funktion F mit $F(x) = -\frac{1}{10} \cdot (x^2 - 5x + 5) \cdot e^x$ eine Stammfunktion von f ist. 4

f) **Deuten** Sie das Integral $\int_0^3 f(x)\,dx$ geometrisch und **berechnen** Sie seinen Wert. 3

g) **Begründen** Sie, ohne zu rechnen, dass es eine positive Zahl a gibt, für die $\int_0^a f(x)\,dx = 0$ gilt. 3

h) **Begründen** Sie ohne Verwendung des Funktionsterms von F, dass der Graph jeder Stammfunktion von f einen Tiefpunkt hat, der auf der y-Achse liegt.
Bestimmen Sie diejenige Stammfunktion, für die sich dieser Tiefpunkt im Koordinatenursprung befindet. 5

2. Zum Zeitpunkt t = 0 min befindet sich eine Schildkröte 6 m von ihrem Futterplatz entfernt. Sie setzt sich in Bewegung und erreicht ihr Futter auf geradlinigem Weg nach exakt einer Minute, wo sie dann zum Stillstand kommt.
Dieser Bewegungsprozess soll durch ein mathematisches Modell dargestellt werden und zwar durch eine Funktion s der Form:
$s(t) = a \cdot t^3 + b \cdot t^2 + c \cdot t + d;\ \ 0 \le t \le 1;\ \ a, b, c, d \in \mathbb{R}$
Dabei beschreibt t die Zeit in Minuten vom Start ab und s(t) den zum Zeitpunkt t vom Startpunkt ab zurückgelegten Weg in m.
Hinweis: Die Geschwindigkeit ist die erste Ableitung der Weg-Zeit-Funktion.

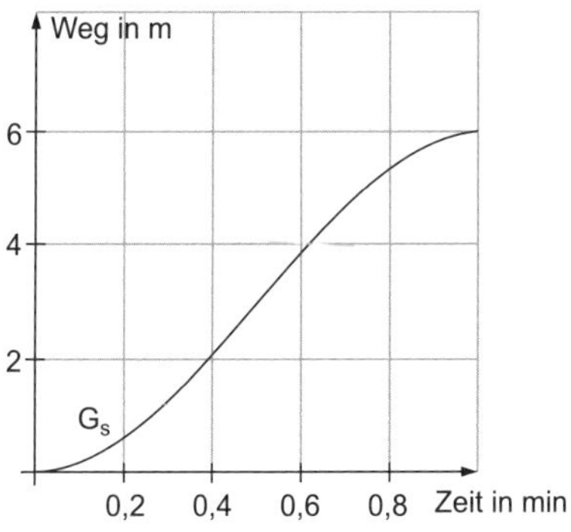

Abb. 2

a) **Ermitteln** Sie die Werte der Parameter a, b, c und d in der Funktionsgleichung von s. 4

b) **Bestimmen** Sie mithilfe der Abbildung 2 näherungsweise die maximale Geschwindigkeit der Schildkröte. 2

c) Eine Schnecke bewegt sich auf gleichem Weg zum Futter. Sie setzt sich erst zum Zeitpunkt $t = 0{,}5$ min in Bewegung, um die 6 m zurückzulegen, und braucht 20-mal so lange wie die Schildkröte.
Die Funktion d für die Bewegung der Schnecke soll aus der Funktion s hervorgehen.
Entscheiden Sie begründet, welche Funktionsgleichung die angegebenen Daten richtig berücksichtigt.

$$d_1(t) = s(20(t - 0{,}5))$$

$$d_2(t) = s\left(\frac{1}{20}t + \frac{1}{40}\right)$$

$$d_3(t) = s\left(\frac{t - 0{,}5}{20}\right)$$

3/35

Hinweise und Tipps

Teilaufgabe 1 a

Nullstellen

- Ein Produkt ist null, wenn mindestens ein Faktor null ist.
- Der Exponentialterm e^x kann nicht den Wert null annehmen.

Hochpunkt

- Die erste Ableitungsfunktion f' ist gegeben.
- Nutzen Sie die notwendige Bedingung $f'(x)=0$ für Extremstellen.
- Sie erhalten zwei mögliche Extremstellen. Mit Blick auf die Abbildung 1 können Sie entscheiden, an welcher dieser beiden Stellen sich der Hochpunkt befindet.
- Vergessen Sie nicht, die y-Koordinate des Hochpunkts zu berechnen.

Teilaufgabe 1 b

Verlauf des Graphen für $x \to -\infty$

- Beschreiben Sie den Verlauf des Graphen für $x \to -\infty$ anhand der Abbildung 1.
- Welcher Teilterm von f(x) strebt für $x \to -\infty$ gegen null?

Teilaufgabe 1 c

Tangente

- Bei der gesuchten Tangente handelt es sich um die Tangente an den Graphen in einem Punkt, der sich in der Nähe des Hochpunkts befindet.
- Um die Gleichung der Tangente der Form $t(x)=mx+n$ angeben zu können, müssen Sie deren Steigung m aus der Zeichnung ermitteln (z. B. mittels eines Steigungsdreiecks). Der y-Abschnitt n ergibt sich direkt aus dem Punkt $\left(0 \,\middle|\, \frac{1}{2}\right)$.

Teilaufgabe 1 d

Steigungswinkel im Koordinatenursprung

- Berechnen Sie zunächst die Steigung m des Graphen von f im Ursprung mit f'(0).
- Nutzen Sie dann die Formel $m=\tan\alpha$ für den Steigungswinkel α.

Teilaufgabe 1 e

F als Stammfunktion von f

- Wenn F eine Stammfunktion von f ist, gilt $F'(x)=f(x)$.

Teilaufgabe 1 f

Deutung des Integrals

- Betrachten Sie den Graphen von f in Abbildung 1. Der Graph schließt mit einer der beiden Koordinatenachsen eine Fläche ein.

Teilaufgabe 1 g

Positive Zahl a

- Gehen Sie bei Ihrer Begründung darauf ein, wie der Graph von f bezüglich der x-Achse verläuft.

Teilaufgabe 1 h

Tiefpunkt der Stammfunktionen auf der y-Achse

- Überlegen Sie, welche Bedeutung die Funktion f in Bezug auf Ihre Stammfunktionen hat.
- Welchen Wert nimmt f(x) für $x=0$ an? Liegt ein Vorzeichenwechsel vor?

Tiefpunkt im Koordinatenursprung

- Für eine beliebige Stammfunktion G gilt $G(x)=F(x)+c$, wobei c ein konstanter Term ist. Die Funktionsgleichung von F ist aus Teilaufgabe e bekannt.
- Ermitteln Sie den Wert von c, für den gilt: $G(0)=0$

Teilaufgabe 2 a

Werte der Parameter a, b, c und d

- Es gibt vier Unbekannte, somit brauchen Sie vier Gleichungen.
- Zwei Gleichungen ergeben sich aus der Start- und der Endposition der Schildkröte. Was gilt für s(0) und für s(1)?
- Die Schildkröte befindet sich an der Start- und der Endposition im Stillstand, die Geschwindigkeit ist also jeweils gleich null.
- Die Geschwindigkeit der Schildkröte zu einem Zeitpunkt t berechnet sich mit s'(t). Was gilt demnach für s'(0) und für s'(1)?

Teilaufgabe 2 b

Maximale Geschwindigkeit der Schildkröte

- Die maximale Geschwindigkeit entspricht der größten Steigung des Graphen von s. Schätzen Sie anhand der Abbildung 2 ab, in welchem Punkt der Graph von s die größte Steigung hat.
- Zeichnen Sie die Tangente an den Graphen von s in diesem Punkt ein und ermitteln Sie mithilfe eines Steigungsdreiecks die Steigung dieser Tangente.

Teilaufgabe 2 c

Funktionsgleichung, die die Daten richtig berücksichtigt

- Wird der Graph einer beliebigen Funktion f mit f(x) in positiver x-Richtung um a Längeneinheiten verschoben, so gilt für die verschobene Funktion $f(x-a)$.
- Wird der Graph einer beliebigen Funktion f mit f(x) in x-Richtung mit dem Faktor b gestreckt, so gilt für die verschobene Funktion $f\left(\frac{1}{b}\cdot x\right)$.

Lösung

1. a) Aus dem Ansatz $\frac{1}{10}x \cdot (3-x) \cdot e^x = 0$ ergeben sich direkt folgende Nullstellen:
$x_{01} = 0$ und $x_{02} = 3$

Hochpunkt:
Mit der ersten Ableitungsfunktion $f'(x) = -\frac{1}{10} \cdot (x^2 - x - 3) \cdot e^x$ und der notwendigen Bedingung $f'(x) = 0$ für Extremstellen ergibt sich:

$$-\frac{1}{10} \cdot (x^2 - x - 3) \cdot e^x = 0 \quad \Leftrightarrow \quad (x^2 - x - 3) \cdot e^x = 0$$

Da $e^x \neq 0$ für alle $x \in \mathbb{R}$, gilt:

$$x^2 - x - 3 = 0$$

$$x_{1/2} = \frac{1}{2} \pm \sqrt{\left(-\frac{1}{2}\right)^2 + 3} = 0{,}5 \pm \sqrt{3{,}25}$$

$$x_1 \approx 2{,}3; \; x_2 \approx -1{,}3$$

In der Abbildung 1 ist zu sehen, dass sich der Hochpunkt bei $x \approx 2{,}3$ befindet.

y-Koordinate des Hochpunkts:

$$f(2{,}3) = \frac{1}{10} \cdot 2{,}3 \cdot (3 - 2{,}3) \cdot e^{2{,}3} = 1{,}60\ldots \approx 1{,}6$$

Die Koordinaten des Hochpunkts lauten:
$H(2{,}3 \mid 1{,}6)$

b) Der Graph von f nähert sich für $x \to -\infty$ asymptotisch der x-Achse, es gilt also:

$$\lim_{x \to -\infty} f(x) = 0$$

Dies liegt daran, dass bezüglich des Grenzwerts der Term e^x dominiert und dass gilt:

$$\lim_{x \to -\infty} e^x = 0$$

c) Zeichnung der Tangente:

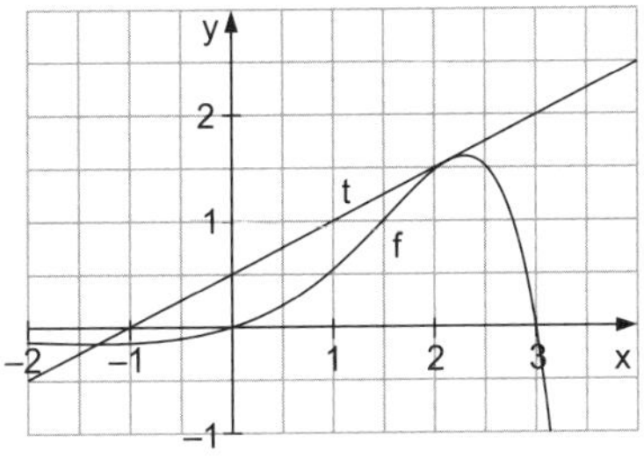

Gleichung der Tangente:

$$t(x) = \frac{1}{2}x + \frac{1}{2}$$

d) Steigung des Graphen von f im Koordinatenursprung:

$$f'(0) = -\frac{1}{10} \cdot (0^2 - 0 - 3) \cdot e^0 = 0{,}3$$

Steigungswinkel:

$$\tan\alpha = 0{,}3 \quad \Rightarrow \quad \alpha = \arctan 0{,}3 = 16{,}69\ldots^\circ \approx 16{,}7^\circ$$

e) Wenn F eine Stammfunktion von f ist, muss $F'(x) = f(x)$ gelten.

Mit der Produktregel ergibt sich aus F(x):

$$F'(x) = -\frac{1}{10} \cdot [(x^2 - 5x + 5) \cdot e^x + (2x - 5) \cdot e^x] = -\frac{1}{10} \cdot [x^2 - 5x + 5 + 2x - 5] \cdot e^x$$

$$= -\frac{1}{10} \cdot (x^2 - 3x) \cdot e^x = \frac{1}{10} x \cdot (3 - x) \cdot e^x$$

Es gilt also $F'(x) = f(x)$, F ist folglich eine Stammfunktion von f. (w. z. z. w.)

f) Das gegebene Integral gibt den Inhalt A der Fläche an, die der Graph von f mit der x-Achse einschließt.

$$A = \int_0^3 f(x)\,dx$$

$$= F(3) - F(0) = -\frac{1}{10} \cdot \left(3^2 - 5 \cdot 3 + 5\right) \cdot e^3 - \left(-\frac{1}{10} \cdot (0^2 - 5 \cdot 0 + 5) \cdot e^0\right)$$

$$= \frac{1}{10} \cdot e^3 + \frac{1}{2} = 2{,}50\ldots \approx 2{,}5$$

g) Es gilt allgemein:

$$\int_0^a f(x)\,dx = \int_0^3 f(x)\,dx + \int_3^a f(x)\,dx$$

Der Term $\int_0^3 f(x)\,dx$ hat einen positiven Wert und gibt den Inhalt A der Fläche an, die der Graph von f mit der x-Achse einschließt (siehe Teilaufgabe f).

Für $a > 3$ hat $\int_3^a f(x)\,dx$ einen negativen Wert, denn der Graph von f verläuft für $x > 3$ unterhalb der x-Achse.

Da $\lim\limits_{x \to +\infty} f(x) = +\infty$ gilt, muss es einen Wert $a > 3$ geben, für den gilt:

$$\int_3^a f(x)\,dx = -\int_0^3 f(x)\,dx \quad \Rightarrow \quad \int_0^a f(x)\,dx = 0$$

h) Für jede Stammfunktion G von f gilt $G'(x) = f(x)$. Somit gibt die Funktion f die Steigung von G an. Da $f(0) = 0$ gilt und bei $x = 0$ ein Vorzeichenwechsel von – nach + vorliegt, hat jede Stammfunktion für $x = 0$, also auf der y-Achse, einen Tiefpunkt.

Alle Stammfunktionen unterscheiden sich jeweils nur durch einen konstanten Term voneinander. Für eine beliebige Stammfunktion G gilt also:

$$G(x) = F(x) + c = -\frac{1}{10} \cdot (x^2 - 5x + 5) \cdot e^x + c$$

Es soll $G(0) = 0$ gelten:

$$-\frac{1}{10} \cdot (0^2 - 5 \cdot 0 + 5) \cdot e^0 + c = 0 \Rightarrow -\frac{1}{2} + c = 0 \Rightarrow c = \frac{1}{2}$$

Die Stammfunktion, deren Tiefpunkt im Koordinatenursprung liegt, lautet:

$$-\frac{1}{10} \cdot (x^2 - 5x + 5) \cdot e^x + \frac{1}{2}$$

2. a) Aus der allgemeinen Form der Funktion s folgt für deren 1. Ableitungsfunktion:

$$s'(t) = 3a \cdot t^2 + 2b \cdot t + c$$

Aus der Start- und der Endposition der Schildkröte folgt $s(0) = 0$ und $s(1) = 6$. Außerdem ist bekannt, dass sich die Schildkröte sowohl in der Start- als auch in der Endposition im Stillstand befindet, es gilt also $s'(0) = 0$ und $s'(1) = 0$. Insgesamt ergibt sich folgendes LGS:

I $\quad a \cdot 0^3 + 0 \cdot t^2 + 0 \cdot t + d = 0 \Rightarrow d = 0$

II $\quad a \cdot 1^3 + b \cdot 1^2 + c \cdot 1 + d = 6 \Rightarrow a + b + c + d = 6$

III $\quad 3a \cdot 0^2 + 2b \cdot 0 + c = 0 \Rightarrow c = 0$

IV $\quad 3a \cdot 1^2 + 2b \cdot 1 + c = 0 \Rightarrow 3a + 2b + c = 0$

Mit $c = 0$ und $d = 0$ folgt aus II:

$a + b = 6 \Rightarrow b = 6 - a$

Mit $c = 0$ und $b = 6 - a$ folgt aus IV:

$3a + 2 \cdot (6 - a) = 0 \Rightarrow a = -12$

In II: $b = 6 - (-12) = 18$

Die Funktionsgleichung für s lautet:

$s(t) = -12 \cdot t^3 + 18 \cdot t^2$

b) Die Stelle, an der der Graph von s die größte Steigung besitzt und die Geschwindigkeit der Schildkröte folglich maximal ist, ist t = 0,5:

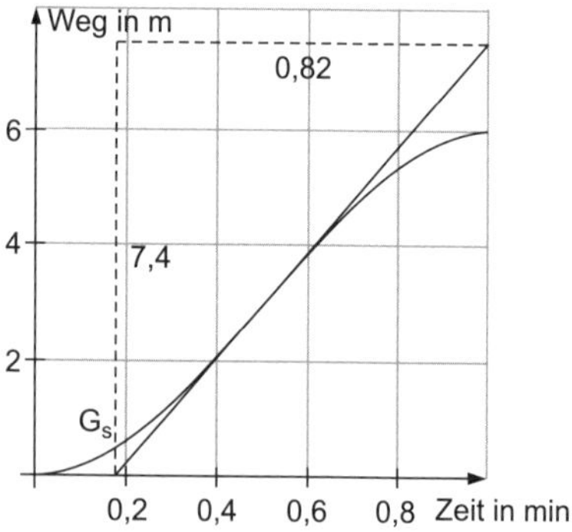

Aus dem Steigungsdreieck der Tangente an den Graphen von s im Punkt (0,5 | s(0,5)) ergibt sich näherungsweise:

$$v_{max} \approx \frac{7{,}4\ \text{m}}{0{,}82\ \text{min}} \approx 9\ \frac{\text{m}}{\text{min}}$$

c) Die Funktionsgleichung $d_3(t) = s\left(\frac{t-0{,}5}{20}\right)$ berücksichtigt die Daten richtig.

Begründung:

Der Term −0,5 bewirkt eine Verschiebung des Graphen von s in positiver t-Richtung um 0,5 LE. Dies entspricht der Tatsache, dass die Schnecke sich erst zum Zeitpunkt t = 0,5 in Bewegung setzt.

Der Term 20 im Nenner des Arguments (oder gleichbedeutend der Faktor $\frac{1}{20}$ im Argument) bewirkt eine Streckung des Graphen in t-Richtung mit dem Faktor 20. Dies ist gleichbedeutend mit der Tatsache, dass die Schnecke 20-mal so lange wie die Schildkröte braucht, um die Strecke zurückzulegen.

Anmerkung der Redaktion:
Diese Aufgabe wurde nur den Schülerinnen und Schülern von Kursen vorgelegt, die den Schwerpunkt Lineare Algebra gewählt hatten.

III Lineare Algebra

1. Aus den Rohstoffen R_1, R_2 und R_3 werden die Zwischenprodukte Z_1 und Z_2 und daraus die Endprodukte E_1, E_2 und E_3 hergestellt. Die Abbildung 1 veranschaulicht den Herstellungsprozess, wobei der jeweilige Bedarf an einem Rohstoff bzw. Zwischenprodukt in Mengeneinheiten angegeben ist. Der Bedarf an Rohstoffen für die erste Stufe des Herstellungsprozesses kann mithilfe der Gleichung

$$\begin{pmatrix} r_1 \\ r_2 \\ r_3 \end{pmatrix} = A \cdot \begin{pmatrix} z_1 \\ z_2 \end{pmatrix}$$

beschrieben werden, der Bedarf an Zwischenprodukten für die zweite Stufe mithilfe der Gleichung

$$\begin{pmatrix} z_1 \\ z_2 \end{pmatrix} = B \cdot \begin{pmatrix} e_1 \\ e_2 \\ e_3 \end{pmatrix}.$$

Dabei geben die Einträge der Vektoren die Anzahlen der Mengeneinheiten der Rohstoffe bzw. der Zwischenprodukte bzw. der Endprodukte an, beispielsweise r_1 die Anzahl der Mengeneinheiten von R_1.

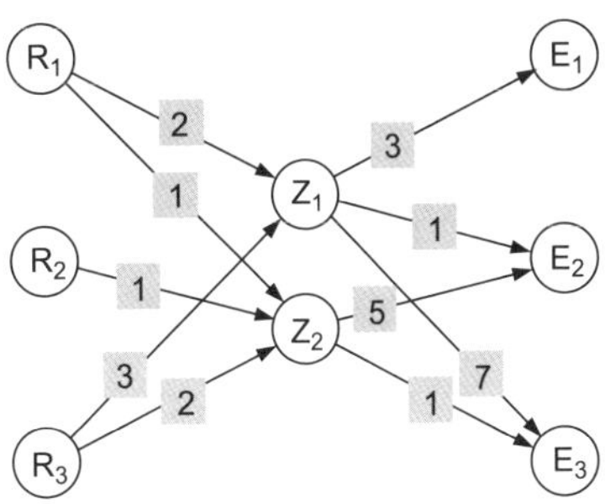

Abb. 1

Punkte

a) **Geben** Sie die Bedeutung der Gleichung $\begin{pmatrix}3\\3\\6\end{pmatrix} = A \cdot \begin{pmatrix}0\\3\end{pmatrix}$ im Sachzusammenhang **an**. 1

b) Eine der folgenden Matrizen stellt B dar.
Geben Sie diese Matrix **an** und **begründen** Sie Ihre Angabe.

I $\begin{pmatrix}3 & 0\\1 & 5\\7 & 1\end{pmatrix}$

II $\begin{pmatrix}3 & 1 & 7\\0 & 5 & 1\end{pmatrix}$

III $\begin{pmatrix}3 & 1 & 7\\0 & 5 & 1\\0 & 0 & 0\end{pmatrix}$ 2

c) Es gilt $A \cdot B = \begin{pmatrix}6 & 7 & 15\\a & 5 & 1\\9 & 13 & 23\end{pmatrix}$.

Begründen Sie im Sachzusammenhang, dass $a = 0$ gilt. 2

d) Zur Herstellung der beiden Endprodukte E_1 und E_2 stehen 510 Mengeneinheiten von R_1, 150 Mengeneinheiten von R_2 und 840 Mengeneinheiten von R_3 zur Verfügung.
Ermitteln Sie, wie viele Mengeneinheiten ausschließlich von E_1 und E_2 jeweils hergestellt werden müssen, damit diese Rohstoffe vollständig aufgebraucht werden. 4

2. Ein gleichseitiges Dreieck ABC ist bestimmt durch die Punkte $A(0|0|0)$, $B(1|1|2)$ und $C(-1|2|1)$.

a) Der Punkt M ist der Mittelpunkt der Seite $\overline{BC}$.

Berechnen Sie den Betrag des Vektors $\overrightarrow{AM}$.
(*Zur Kontrolle:* $M(0|1{,}5|1{,}5)$) 3

b) Der Punkt M wird um den Vektor $\overrightarrow{AM}$ verschoben, auf den Punkt D.
Geben Sie die Koordinaten von D **an**.
Begründen Sie, dass das entstandene ebene Viereck ACDB eine Raute ist. 3

Der Punkt M wird um das n-fache des Vektors $\vec{v} = \begin{pmatrix} 0 \\ 1 \\ 1 \end{pmatrix}$ auf E_n verschoben ($n \in \mathbb{R}^+$).
Es entsteht das ebene Drachenviereck ACE_nB (siehe Abbildung 2 für $n=4$).

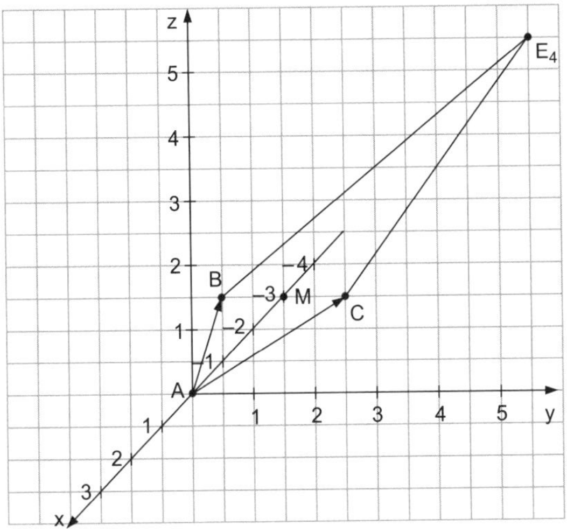

Abb. 2

c) **Bestimmen** Sie einen Wert für $n > 0$, sodass der Flächeninhalt des Vierecks ACE_nB sechs Flächeneinheiten beträgt. 5/20

Hinweise und Tipps

Teilaufgabe 1 a

Bedeutung der Gleichung

- Vergleichen Sie die Gleichung mit der gegebenen allgemeinen Gleichung für die erste Stufe des Herstellungsprozesses.
- Beachten Sie, dass $z_1 = 0$ gilt. Die Gleichung macht also lediglich eine Aussage zur Herstellung des Zwischenproduktes Z_2.

Teilaufgabe 1 b

Auswahl der Matrix B

- Damit eine Multiplikation $\vec{w} = M \cdot \vec{v}$ einer Matrix M mit einem Vektor $\vec{v}$ möglich ist, muss die Anzahl der Spalten von M gleich der Anzahl der Zeilen von $\vec{v}$ sein.
- Die Anzahl der Zeilen des resultierenden Vektors $\vec{w}$ ist gleich der Anzahl der Zeilen der Matrix M.

Teilaufgabe 1 c

Wert von a

- Die Matrix $A \cdot B$ stellt den Zusammenhang zwischen den Rohstoffen und den Endprodukten her.
- Der Wert von a stellt den Bedarf eines bestimmten Rohstoffs für die Herstellung eines bestimmten Endprodukts dar. Um welchen Rohstoff und um welches Endprodukt handelt es sich?
- Nutzen Sie die Informationen aus Abbildung 1, um zu begründen, dass $a = 0$ gilt.

Teilaufgabe 1 d

Mengeneinheiten von E_1 und E_2

- Es werden keine Mengeneinheiten von E_3 hergestellt. Der Vektor der Endprodukte lautet also $\begin{pmatrix} e_1 \\ e_2 \\ 0 \end{pmatrix}$.
- Die zur Verfügung stehenden Rohstoffe sind bekannt, Sie können den Vektor $\begin{pmatrix} r_1 \\ r_2 \\ r_2 \end{pmatrix}$ aufstellen.
- Lösen Sie das lineare Gleichungssystem, das sich aus $\begin{pmatrix} r_1 \\ r_2 \\ r_2 \end{pmatrix} = A \cdot B \cdot \begin{pmatrix} e_1 \\ e_2 \\ 0 \end{pmatrix}$ ergibt. Die Unbekannten sind e_1 und e_2.

Teilaufgabe 2 a

Betrag des Vektors $\overrightarrow{AM}$

- Der Mittelpunkt der Seite $\overline{BC}$ berechnet sich mit $\overrightarrow{OM} = \frac{1}{2}(\overrightarrow{OB} + \overrightarrow{OC})$.

Teilaufgabe 2 b

Raute ACDB

- Berechnen Sie $\overrightarrow{OD} = \overrightarrow{OM} + \overrightarrow{AM}$.
- Das Viereck ACDB ist eine Raute, wenn seine Diagonalen senkrecht zueinander stehen und sie sich gegenseitig halbieren. Prüfen Sie beide Bedingungen.

Teilaufgabe 2 c

Wert für n

- Für den Flächeninhalt A_D eines Drachenvierecks mit den Diagonalen e und f gilt allgemein $A_D = \frac{1}{2} \cdot e \cdot f$.
- Drücken Sie den Flächeninhalt A_D des Drachenvierecks ABE_nC in Abhängigkeit von n aus.
- Ermitteln Sie n, indem Sie $A_D = 6$ setzen.

Lösung

1. a) Bedeutung der Gleichung im Sachzusammenhang:
Für die Herstellung von drei Mengeneinheiten (ME) von Z_2 werden drei ME von R_1, drei ME von R_2 und sechs ME von R_3 benötigt.

b) Aus $\begin{pmatrix} z_1 \\ z_2 \end{pmatrix} = B \cdot \begin{pmatrix} e_1 \\ e_2 \\ e_3 \end{pmatrix}$ folgt, dass B drei Spalten und zwei Zeilen haben muss.

Somit wird die Matrix B durch die Matrix II dargestellt.

c) Für den gesamten Herstellungsprozess gilt:
$$\begin{pmatrix} r_1 \\ r_2 \\ r_3 \end{pmatrix} = A \cdot \begin{pmatrix} z_1 \\ z_2 \end{pmatrix} = A \cdot B \cdot \begin{pmatrix} e_1 \\ e_2 \\ e_3 \end{pmatrix}$$
$A \cdot B$ stellt also den Bedarf aller Rohstoffe für die Herstellung der Endprodukte dar. Es gilt also:
$$\begin{pmatrix} r_1 \\ r_2 \\ r_3 \end{pmatrix} = A \cdot B \cdot \begin{pmatrix} e_1 \\ e_2 \\ e_3 \end{pmatrix} = \begin{pmatrix} 6 & 7 & 15 \\ a & 5 & 1 \\ 9 & 13 & 23 \end{pmatrix} \cdot \begin{pmatrix} e_1 \\ e_2 \\ e_3 \end{pmatrix} = \begin{pmatrix} 6e_1 + 7e_2 + 15e_3 \\ ae_1 + 5e_2 + e_3 \\ 9e_1 + 13e_2 + 23e_3 \end{pmatrix}$$
Insbesondere gilt also für die Anzahl der Rohstoffe R_2:
$r_2 = ae_1 + 5e_2 + e_3$

Aus Abbildung 1 wird klar, dass R_2 für die Herstellung von E_1 nicht benötigt wird. Denn: R_2 wird ausschließlich für die Herstellung von Z_2 benötigt, Z_2 wiederum nur für E_2 und E_3. Demnach muss $a = 0$ gelten.

d) Aus den Angaben folgt die Gleichung:
$$\begin{pmatrix} 6 & 7 & 15 \\ 0 & 5 & 1 \\ 9 & 13 & 23 \end{pmatrix} \cdot \begin{pmatrix} e_1 \\ e_2 \\ 0 \end{pmatrix} = \begin{pmatrix} 510 \\ 150 \\ 840 \end{pmatrix}$$
Es ergibt sich folgendes LGS:

I $\quad 6e_1 + 7e_2 = 510$

II $\quad 5e_2 = 150$

III $\quad 9e_1 + 13e_2 = 840$

Aus II folgt: $e_2 = 30$

Mit $e_2 = 30$ folgt aus I: $6e_1 + 7 \cdot 30 = 510 \quad \Rightarrow \quad e_1 = 50$

Überprüfung in III: $9 \cdot 50 + 13 \cdot 30 = 840$

Es müssen also 50 ME von E_1 und 30 ME von E_2 hergestellt werden, damit die Rohstoffe vollständig aufgebraucht werden.

2. a) Mittelpunkt M der Seite $\overline{BC}$:

$$\overrightarrow{OM} = \frac{1}{2} \cdot (\overrightarrow{OB} + \overrightarrow{OC}) = \frac{1}{2} \cdot \left[\begin{pmatrix} 1 \\ 1 \\ 2 \end{pmatrix} + \begin{pmatrix} -1 \\ 2 \\ 1 \end{pmatrix}\right] = \begin{pmatrix} 0 \\ 1{,}5 \\ 1{,}5 \end{pmatrix}$$

Vektor $\overrightarrow{AM}$:

$$\overrightarrow{AM} = \overrightarrow{OM} - \overrightarrow{OA} = \begin{pmatrix} 0 \\ 1{,}5 \\ 1{,}5 \end{pmatrix} - \begin{pmatrix} 0 \\ 0 \\ 0 \end{pmatrix} = \begin{pmatrix} 0 \\ 1{,}5 \\ 1{,}5 \end{pmatrix}$$

Betrag des Vektors $\overrightarrow{AM}$:

$$|\overrightarrow{AM}| = \sqrt{0^2 + 1{,}5^2 + 1{,}5^2} = 2{,}12\ldots \approx 2{,}1$$

b) Koordinaten des Punkts D:

$$\overrightarrow{OD} = \overrightarrow{OM} + \overrightarrow{AM} = \begin{pmatrix} 0 \\ 1{,}5 \\ 1{,}5 \end{pmatrix} + \begin{pmatrix} 0 \\ 1{,}5 \\ 1{,}5 \end{pmatrix} = \begin{pmatrix} 0 \\ 3 \\ 3 \end{pmatrix}$$

Skizze:

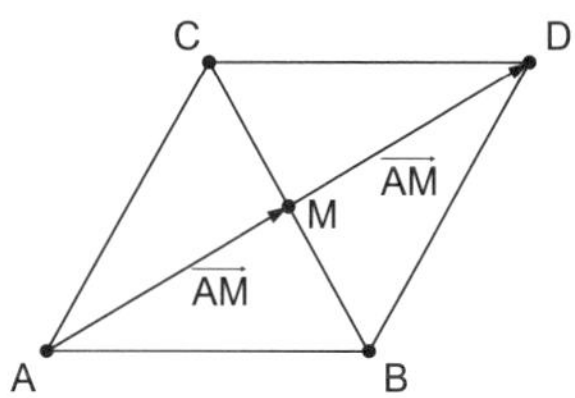

Das Viereck ACDB ist eine Raute, wenn folgende Bedingungen erfüllt sind:

- Bedingung 1: Die Diagonalen stehen senkrecht aufeinander.
- Bedingung 2: Die Diagonalen halbieren sich gegenseitig.

Bedingung 1 ist erfüllt, denn:

$$\overrightarrow{AD} \circ \overrightarrow{BC} = \begin{pmatrix} 0 \\ 3 \\ 3 \end{pmatrix} \circ \begin{pmatrix} -2 \\ 1 \\ -1 \end{pmatrix}$$
$$= 0 \cdot (-2) + 3 \cdot 1 + 3 \cdot (-1) = 0$$

Bedingung 2 ist erfüllt, denn:
Die Diagonalen schneiden sich im Punkt M. M ist der Mittelpunkt der Seite $\overline{BC}$ (siehe Teilaufgabe a). Außerdem gilt $\overrightarrow{AD} = \overrightarrow{AM} + \overrightarrow{AM}$.

c) Allgemein gilt für den Flächeninhalt eines Drachenvierecks mit den Diagonalen e und f:

$$A_D = \frac{1}{2} \cdot e \cdot f$$

Skizze:

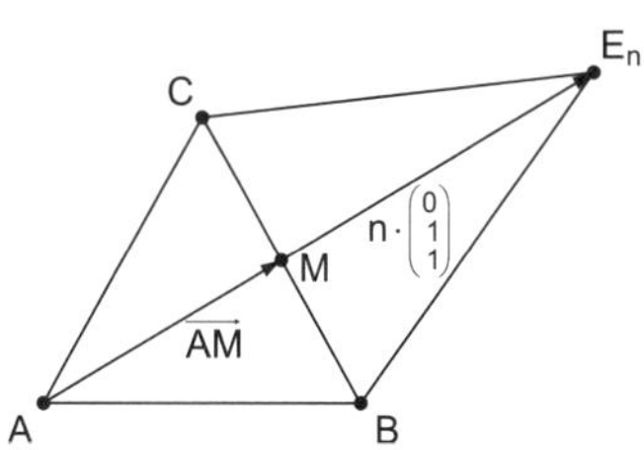

Somit gilt für das Drachenviereck ABE_nC:

$$A_D = \frac{1}{2} \cdot |\overrightarrow{AE_n}| \cdot |\overrightarrow{BC}|$$

$$= \frac{1}{2} \cdot \left| n \cdot \begin{pmatrix} 0 \\ 1 \\ 1 \end{pmatrix} + \begin{pmatrix} 0 \\ 1,5 \\ 1,5 \end{pmatrix} \right| \cdot \left| \begin{pmatrix} -2 \\ 1 \\ -1 \end{pmatrix} \right|$$

$$= \frac{1}{2} \cdot \sqrt{(n+1,5)^2 + (n+1,5)^2} \cdot \sqrt{(-2)^2 + 1^2 + (-1)^2}$$

$$= \frac{1}{2} \cdot \sqrt{2} \cdot (n+1,5) \cdot \sqrt{6} = (n+1,5) \cdot \sqrt{3}$$

Mit $A_D = 6$ ergibt sich:

$$(n+1,5) \cdot \sqrt{3} = 6 \quad \Rightarrow \quad n = \frac{6}{\sqrt{3}} - 1,5 = 1,96\ldots \approx 2,0$$

Anmerkung der Redaktion:
Diese Aufgabe wurde nur den Schülerinnen und Schülern von Kursen vorgelegt, die den Schwerpunkt Analytische Geometrie gewählt hatten.

III Analytische Geometrie

1. In einem Koordinatensystem sind die Punkte $A(-1\,|\,1\,|\,2)$, $B(-1\,|\,5\,|\,2)$ und $C(-4\,|\,3\,|\,3)$ gegeben. Das Dreieck ABC stellt modellhaft ein Sonnensegel dar, das zwischen drei Masten gespannt ist. Der horizontale Untergrund wird durch die x_1-x_2-Ebene beschrieben.
Eine Längeneinheit im Modell entspricht einem Meter in der Wirklichkeit.

Punkte

a) Eine Gleichung der Ebene, die das Dreieck ABC enthält, hat die Form $x_1 + 3x_3 = j$.
Bestimmen Sie den Wert von j. 1

b) Damit Regenwasser gut abfließen kann, soll das Segel so gespannt sein, dass es eine Neigung von mindestens 30 % aufweist.
Prüfen Sie, ob diese Bedingung erfüllt ist. 4

c) Die Seite des Segels, die parallel zum Untergrund verläuft, ist zum betrachteten Zeitpunkt 4 % länger als vor dem ersten Aufspannen des Segels.
Berechnen Sie die Länge, die diese Seite vor dem ersten Aufspannen hatte. 3

Auf das Segel trifft Sonnenlicht. Die zu den beiden unteren Eckpunkten des Segels gehörenden Eckpunkte seines Schattens auf dem Untergrund werden durch $A'(-5\,|\,3\,|\,0)$ und $B'(-5\,|\,7\,|\,0)$ dargestellt.

d) **Ermitteln** Sie im Modell die Koordinaten des Schattens des oberen Eckpunkts des Segels.
(*Zur Kontrolle:* $(-10\,|\,6\,|\,0)$) 5

e) **Stellen** Sie den Schatten des Segels in der x_1-x_2-Ebene grafisch **dar** und **bestimmen** Sie seinen Flächeninhalt. 3

2. Die Abbildung 1 zeigt die Gerade t: $\vec{x} = \begin{pmatrix} -2 \\ 3 \\ -1 \end{pmatrix} + r \cdot \begin{pmatrix} -1 \\ 0 \\ 3 \end{pmatrix}$ mit $r \in \mathbb{R}$, die die Gerade durch die Punkte $R(-1\,|\,-2\,|\,3)$ und $S(-1\,|\,4\,|\,3)$ nicht schneidet. Zu jedem Wert von r gehört ein Punkt T_r von t.

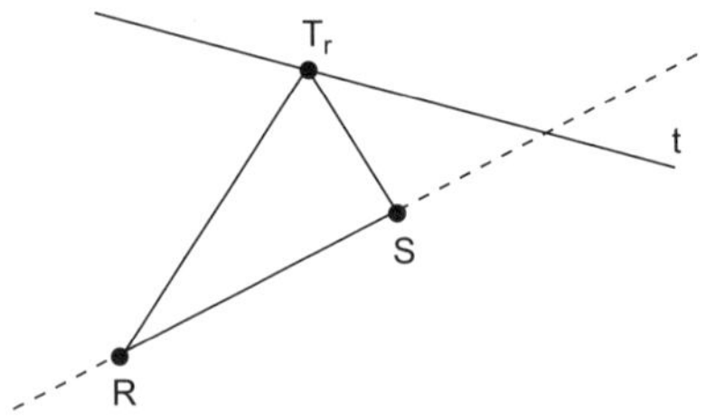

Abb. 1

Unter den Dreiecken RST_r gibt es rechtwinklige mit einem rechten Winkel bei T_r.
Begründen Sie, dass die zugehörigen Werte von r die Lösung der folgenden Gleichung sind:
$(4-3r)^2 + (r+1)^2 - 5 = 0$ 4

20

Hinweise und Tipps

Teilaufgabe 1 a

Wert von j

- Setzen Sie die Koordinaten eines der drei Punkte in die Ebenengleichung ein und lösen Sie nach j auf.

Teilaufgabe 1 b

Neigung des Segels

- Stellen Sie zunächst Normalenvektoren $\vec{n}_1$ und $\vec{n}_2$ der x_1-x_2-Ebene und der Ebene mit $x_1 + 3x_3 = j$ auf.
- Berechnen Sie den Schnittwinkel α der beiden Ebenen mit:
  $$\cos\alpha = \frac{|\vec{n}_1 \circ \vec{n}_2|}{|\vec{n}_1| \cdot |\vec{n}_2|}$$
- Beachten Sie, dass die Neigung durch den Tangens dieses Winkels berechnet wird.

Teilaufgabe 1 c

Länge der Seite vor dem ersten Aufspannen

- Überlegen Sie zunächst, welche Seite des Segels parallel zum Untergrund verläuft. Betrachten Sie dazu insbesondere die x_3-Koordinaten der Punkte A, B und C.
- Ermitteln Sie die Länge, indem Sie den Betrag des Verbindungsvektors zwischen den Endpunkten der Seite berechnen.
- Beachten Sie, dass die Seite seit dem ersten Aufspannen um 4 % länger geworden ist. Die berechnete Länge ist also 104 % der ursprünglichen Länge.

Teilaufgabe 1 d

Koordinaten des Schattens des oberen Eckpunkts

- Stellen Sie eine Gleichung der Geraden s auf, die durch den Punkt C und seinen Schattenpunkt C' verläuft.
- Beachten Sie, dass diese Gerade parallel zu derjenigen Geraden verläuft, auf der A und A' liegen. Ein möglicher Richtungsvektor von s ist also $\overrightarrow{AA'}$.
- Der Punkt C' ergibt sich als Schnittpunkt von s mit der x_1-x_2-Ebene. Nutzen Sie aus, dass für alle Punkte in der x_1-x_2-Ebene $x_3 = 0$ gilt.

Teilaufgabe 1 e

Darstellung und Flächeninhalt des Schattens

- Zeichnen Sie die Punkte A', B' und C' in ein zweidimensionales Koordinatensystem ein und verbinden Sie diese.
- Der Flächeninhalt A des Dreiecks berechnet sich mit $A = \frac{1}{2} \cdot g \cdot h$, wobei g die Grundseite und h die dazugehörige Höhe des Dreiecks ist.
- Verwenden Sie die Seite $\overline{A'B'}$ als Grundseite, dann lässt sich die Höhe einfach aus der Zeichnung bestimmen.

Aufgabe 2

Werte von r als Lösung der Gleichung

- Da sich der rechte Winkel bei T_r befindet, muss das Skalarprodukt der Verbindungsvektoren $\overrightarrow{RT_r}$ und $\overrightarrow{ST_r}$ gleich null sein.
- Drücken Sie $\overrightarrow{RT_r}$ und $\overrightarrow{ST_r}$ jeweils in Abhängigkeit von r aus.
- Formen Sie die aus $\overrightarrow{RT_r} \circ \overrightarrow{ST_r} = 0$ entstehende Gleichung um, bis Sie die angegebene Gleichung erhalten.

Lösung

1. a) Wenn das Dreieck ABC in der Ebene mit $x_1 + 3x_3 = j$ liegt, müssen z. B. die Koordinaten des Punkts $A(-1\,|\,1\,|\,2)$ die Gleichung erfüllen.
$-1 + 3 \cdot 2 = j \quad \Rightarrow \quad j = 5$

   b) Normalenvektoren der x_1-x_2-Ebene und der Ebene mit $x_1 + 3x_3 = j$ lauten:
$\vec{n}_1 = \begin{pmatrix} 0 \\ 0 \\ 1 \end{pmatrix}$ und $\vec{n}_2 = \begin{pmatrix} 1 \\ 0 \\ 3 \end{pmatrix}$

   Der Schnittwinkel α der beiden Ebenen ist:

$$\cos\alpha = \frac{|\vec{n}_1 \circ \vec{n}_2|}{|\vec{n}_1| \cdot |\vec{n}_2|}$$

$$= \frac{\left|\begin{pmatrix} 0 \\ 0 \\ 1 \end{pmatrix} \circ \begin{pmatrix} 1 \\ 0 \\ 3 \end{pmatrix}\right|}{\left|\begin{pmatrix} 0 \\ 0 \\ 1 \end{pmatrix}\right| \cdot \left|\begin{pmatrix} 1 \\ 0 \\ 3 \end{pmatrix}\right|}$$

$$= \frac{0 \cdot 1 + 0 \cdot 0 + 1 \cdot 3}{\sqrt{0^2 + 0^2 + 1^2} \cdot \sqrt{1^2 + 0^2 + 3^2}} = \frac{3}{\sqrt{10}} \quad \Rightarrow \quad \alpha = \arccos\left(\frac{3}{\sqrt{10}}\right)$$

   Die Neigung m entspricht dem Tangens von α:

$$m = \tan\left(\arccos\left(\frac{3}{\sqrt{10}}\right)\right) = \frac{1}{3} > 30\ \%$$

   Da die Neigung größer als 30 % beträgt, ist die Bedingung erfüllt.

   c) Die Länge ℓ der zum Untergrund parallelen Seite $\overline{AB}$ ist:

$$\ell = |\overrightarrow{AB}|$$

$$= |\overrightarrow{OB} - \overrightarrow{OA}|$$

$$= \left|\begin{pmatrix} -1 \\ 5 \\ 2 \end{pmatrix} - \begin{pmatrix} -1 \\ 1 \\ 2 \end{pmatrix}\right| = \left|\begin{pmatrix} 0 \\ 4 \\ 0 \end{pmatrix}\right| = 4$$

   Da die Seite $\overline{AB}$ zum betrachteten Zeitpunkt um 4 % länger ist als vor dem ersten Aufspannen, gilt für die ursprüngliche Länge ℓ_0:

$$\ell = 1{,}04 \cdot \ell_0 \quad \Rightarrow \quad \ell_0 = \frac{\ell}{1{,}04} = \frac{4}{1{,}04} = 3{,}846\ldots \approx 3{,}85$$

   Die Länge der Seite $\overline{AB}$ betrug vor dem ersten Aufspannen etwa 3,85 m.

d) Der Sonnenstrahl durch den Punkt C und seinen Schattenpunkt C' liegt auf der Geraden s mit folgender Gleichung:

$$s:\ \vec{x} = \overrightarrow{OC} + r \cdot \overrightarrow{CC'};\ r \in \mathbb{R}$$

Da der Sonnenstrahl von C zu C' parallel zum Sonnenstrahl von A zu A' verlaufen muss, gilt:

$$s:\ \vec{x} = \overrightarrow{OC} + t \cdot \overrightarrow{AA'} = \begin{pmatrix} -4 \\ 3 \\ 3 \end{pmatrix} + t \cdot \left[\begin{pmatrix} -5 \\ 3 \\ 0 \end{pmatrix} - \begin{pmatrix} -1 \\ 1 \\ 2 \end{pmatrix} \right] = \begin{pmatrix} -4 \\ 3 \\ 3 \end{pmatrix} + t \cdot \begin{pmatrix} -4 \\ 2 \\ -2 \end{pmatrix};\ t \in \mathbb{R}$$

Der Punkt C' ergibt sich als Schnittpunkt der Geraden mit der x_1-x_2-Ebene. Da für alle Punkte in der x_1-x_2-Ebene $x_3 = 0$ gilt, ergibt sich:

$$3 - 2 \cdot t = 0 \ \Rightarrow \ t = \frac{3}{2}$$

Für die Koordinaten von C' folgt:

$$\overrightarrow{OC'} = \begin{pmatrix} -4 \\ 3 \\ 3 \end{pmatrix} + \frac{3}{2} \cdot \begin{pmatrix} -4 \\ 2 \\ -2 \end{pmatrix} = \begin{pmatrix} -10 \\ 6 \\ 0 \end{pmatrix} \ \Rightarrow \ C'(-10\,|\,6\,|\,0)$$

Der Schattenpunkt des oberen Eckpunkts hat die Koordinaten C'(–10 | 6 | 0).

e) Darstellung des Schattens in der x_1-x_2-Ebene:

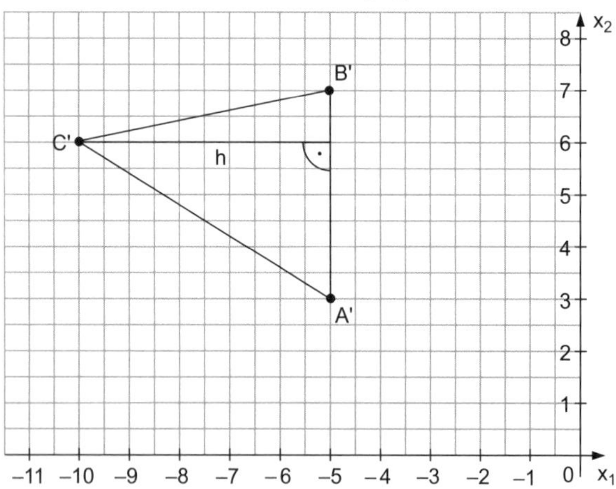

Berechnung des Inhalts der Schattenfläche:

$$A = \frac{1}{2} \cdot |\overrightarrow{A'B'}| \cdot h = \frac{1}{2} \cdot 4 \cdot 5 = 10$$

Der Flächeninhalt des Schattens beträgt 10 m^2.

2. Der rechte Winkel der Dreiecke RST_r soll sich bei T_r befinden. Somit muss gelten:

$$\overrightarrow{RT_r} \circ \overrightarrow{ST_r} = 0$$

Der Ortsvektor von T_r kann in Abhängigkeit von r ausgedrückt werden:

$$\overrightarrow{OT_r} = \begin{pmatrix} -2-r \\ 3 \\ -1+3r \end{pmatrix}$$

Somit gilt:

$$\overrightarrow{RT_r} = \begin{pmatrix} -2-r \\ 3 \\ -1+3r \end{pmatrix} - \begin{pmatrix} -1 \\ -2 \\ 3 \end{pmatrix} = \begin{pmatrix} -r-1 \\ 5 \\ 3r-4 \end{pmatrix}$$

$$\overrightarrow{ST_r} = \begin{pmatrix} -2-r \\ 3 \\ -1+3r \end{pmatrix} - \begin{pmatrix} -1 \\ 4 \\ 3 \end{pmatrix} = \begin{pmatrix} -r-1 \\ -1 \\ 3r-4 \end{pmatrix}$$

Mit $\overrightarrow{RT_r} \circ \overrightarrow{ST_r} = 0$ folgt:

$$(-r-1)\cdot(-r-1)+5\cdot(-1)+(3r-4)\cdot(3r-4)=0$$
$$(-r-1)^2-5+(3r-4)^2=0$$
$$(r+1)^2+(4-3r)^2-5=0$$

Demnach sind die Werte von r, die zu den rechtwinkligen Dreiecken gehören, Lösungen der angegebenen Gleichung.

IV Stochastik

Hinweis: Zur Bearbeitung der folgenden Aufgabe kann nach Bedarf die Tabelle in der Anlage genutzt werden.

In einem großen Unternehmen sind 29 % der Beschäftigten weiblich.

1. Es werden 40 Beschäftigte zufällig ausgewählt. Die Anzahl der weiblichen Beschäftigten unter den ausgewählten kann durch eine binomialverteilte Zufallsgröße X beschrieben werden.

Punkte

a) **Berechnen** Sie die Wahrscheinlichkeit dafür, dass mindestens 12 der ausgewählten Beschäftigten weiblich sind. 2

b) **Beschreiben** Sie die Bedeutung der folgenden mathematischen Aussage im Sachzusammenhang:

$$\sum_{k=0}^{10} \binom{40}{k} \cdot 0{,}29^{k} \cdot 0{,}71^{40-k} \approx 0{,}36$$ 3

c) **Bestimmen** Sie die Wahrscheinlichkeit dafür, dass unter den 40 ausgewählten Beschäftigten die Anzahl derjenigen, die nicht weiblich sind, dreimal so groß ist wie die Anzahl der weiblichen. 2

d) **Begründen** Sie ohne Berechnung von Wahrscheinlichkeiten, dass die Wahrscheinlichkeitsverteilung von X bei 11 oder 12 den größten Wert hat. 3

2. Im Folgenden sind weiterhin in einem großen Unternehmen 29 % der Beschäftigten weiblich. Unter allen Beschäftigten wurde eine Befragung zur Zufriedenheit am Arbeitsplatz durchgeführt. Dabei ergab sich, dass 3,5 % der weiblichen und 10,5 % der anderen Beschäftigten unzufrieden sind. Unter allen Beschäftigten wird eine Person zufällig ausgewählt. Das abgebildete Baumdiagramm stellt den Sachverhalt dar.

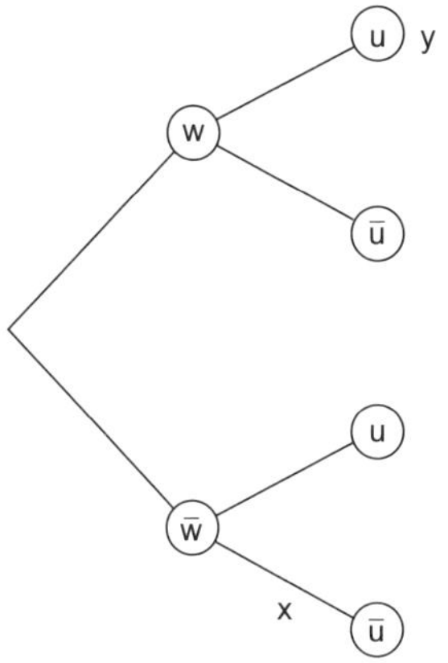

Abb. 1

a) **Ermitteln** Sie die Werte von x und y. 3

b) Die ausgewählte Person ist an ihrem Arbeitsplatz unzufrieden.
Bestimmen Sie die Wahrscheinlichkeit dafür, dass sie nicht weiblich ist. 3

c) Für eine Abteilung des Unternehmens ergab die Befragung, dass 4 % der weiblichen und 10 % der anderen Beschäftigten an ihrem jeweiligen Arbeitsplatz unzufrieden sind. Unter allen Beschäftigten dieser Abteilung ist der Anteil der unzufriedenen Beschäftigten, die nicht weiblich sind, fünfmal so groß wie der Anteil der unzufriedenen weiblichen Beschäftigten.
Bestimmen Sie für diese Abteilung den Anteil der weiblichen Beschäftigten. 4

20

Anlage zur Aufgabe „Stochastik“

k	P(X ≤ k)
1	0,0000
2	0,0002
3	0,0009
4	0,0038
5	0,0122
6	0,0322
7	0,0719
8	0,1388
9	0,2359
10	0,3590
11	0,4960
12	0,6313
13	0,7502
14	0,8440
15	0,9103
16	0,9527
17	0,9771
18	0,9899
19	0,9959
20	0,9985
21	0,9995
22	0,9998
23	1,0000

Tab. 1: Summierte Binomialverteilung $P(X \le k)$ für $n = 40$ und $p = 0{,}29$.

Hinweise und Tipps

Teilaufgabe 1 a

Wahrscheinlichkeit, dass mindestens 12 ausgewählte Beschäftigte weiblich sind

- Es liegt eine Bernoulli-Kette mit $n = 40$ und $p = 0{,}29$ vor.
- Die Tabelle 1 in der Anlage zeigt Wahrscheinlichkeiten der Form $P(X \leq k)$. Sie müssen also mit der Gegenwahrscheinlichkeit arbeiten.

Teilaufgabe 1 b

Bedeutung der mathematischen Aussage

- Das Summenzeichen deutet darauf hin, dass mit dem Ausdruck eine summierte Wahrscheinlichkeit berechnet wird.
- Sie finden in der Tabelle 1 einen Wert, der gerundet 0,36 ergibt. Dies könnte bei der Beschreibung helfen.

Teilaufgabe 1 c

Wahrscheinlichkeit, dass die Anzahl derjenigen, die nicht weiblich sind, dreimal so groß ist wie die Anzahl der weiblichen Beschäftigten

- Überlegen Sie, wie groß die Anzahl der weiblichen Beschäftigten sein muss, sodass die Anzahl der nicht weiblichen Beschäftigten dreimal so groß ist.
- Für die Anzahl x der weiblichen Beschäftigten muss gelten: $x + 3x = 40$
- Berechnen Sie die Wahrscheinlichkeit dafür, dass unter den 40 ausgewählten Beschäftigten genau diese Anzahl weiblich ist.
- Die Wahrscheinlichkeit können Sie mithilfe des Taschenrechners berechnen.

Teilaufgabe 1 d

Größter Wert der Wahrscheinlichkeitsverteilung von X bei 11 oder 12

- Berechnen Sie den Erwartungswert $E(X) = n \cdot p$.

Teilaufgabe 2 a

Werte von x und y

- Sie können zunächst mithilfe der gegebenen Wahrscheinlichkeiten die Äste des Baumdiagramms beschriften. Nutzen Sie dabei, dass die Wahrscheinlichkeiten aller von einem Punkt ausgehenden Äste in der Summe 1 ergeben.
- Der Wert von x ergibt sich direkt aus dem Wert auf dem entsprechenden Ast.
- Der Wert von y ergibt sich als Produkt der Werte auf den beiden Ästen entlang des Pfades, der im Baumdiagramm zu y führt.

Teilaufgabe 2 b

Wahrscheinlichkeit, dass eine unzufriedene Person nicht weiblich ist

- Gesucht ist eine bedingte Wahrscheinlichkeit, wobei der Umstand, dass die ausgewählte Person unzufrieden ist, die Bedingung darstellt.
- Für eine bedingte Wahrscheinlichkeit mit der Bedingung A gilt: $P_A(B) = \frac{P(B \cap A)}{P(A)}$

Teilaufgabe 2 c

Anteil der weiblichen Beschäftigten in der Abteilung

- In dieser Teilaufgabe gelten die Anteile bzw. Wahrscheinlichkeiten der vorherigen Aufgaben nicht mehr.
- Aufgrund der Angabe, dass der Anteil der unzufriedenen Beschäftigten, die nicht weiblich sind, fünfmal so groß ist wie der Anteil der unzufriedenen weiblichen Beschäftigten, lässt sich folgende Gleichung aufstellen:
  $5 \cdot P(w \cap u) = P(\overline{w} \cap u)$
- Nutzen Sie aus, dass $P(w \cap u) = P_w(u) \cdot P(w)$ und $P(\overline{w} \cap u) = P_{\overline{w}}(u) \cdot P(\overline{w})$ gilt.
- Substituieren Sie dann noch $P(\overline{w})$ mit $1 - P(w)$ und lösen Sie nach P(w) auf.

Lösung

1. a) Mit der Gegenwahrscheinlichkeit gilt:
$P(X \geq 12) = 1 - P(X \leq 11)$

Der Tabelle 1 in der Anlage lässt sich der Wert $P(X \leq 11) = 0,4960$ entnehmen. Es folgt:
$P(X \geq 12) = 1 - 0,4960 = 0,5040$

Die Wahrscheinlichkeit dafür, dass mindestens 12 der ausgewählten Beschäftigten weiblich sind, beträgt 50,4 %.

b) Bedeutung im Sachzusammenhang:
Die Wahrscheinlichkeit dafür, dass unter den 40 ausgewählten Beschäftigten höchstens 10 weiblich sind, beträgt etwa 36 %.

c) Die Anzahl der nicht weiblichen Personen unter den 40 ausgewählten Beschäftigten ist dreimal so groß wie die Anzahl der weiblichen, wenn gilt:
Anzahl der weiblichen Personen: 10
Anzahl der nicht weiblichen Personen: 30
Gesuchte Wahrscheinlichkeit:

$$P(X = 10) = \binom{40}{10} \cdot 0,29^{10} \cdot 0,71^{30} = 0,1230\ldots \approx 0,123$$

Die Wahrscheinlichkeit dafür, dass unter den 40 ausgewählten Beschäftigten die Anzahl derjenigen, die nicht weiblich sind, dreimal so groß ist wie die Anzahl der weiblichen Beschäftigten, beträgt etwa 12,3 %.

d) Der Erwartungswert liegt bei $E(X) = 40 \cdot 0,29 = 11,6$
Die Wahrscheinlichkeitsverteilung von X hat ihren größten Wert für eine der beiden natürlichen Zahlen, die zu dem Wert 11,6 benachbart sind.

2. a) Ergänztes Baumdiagramm:

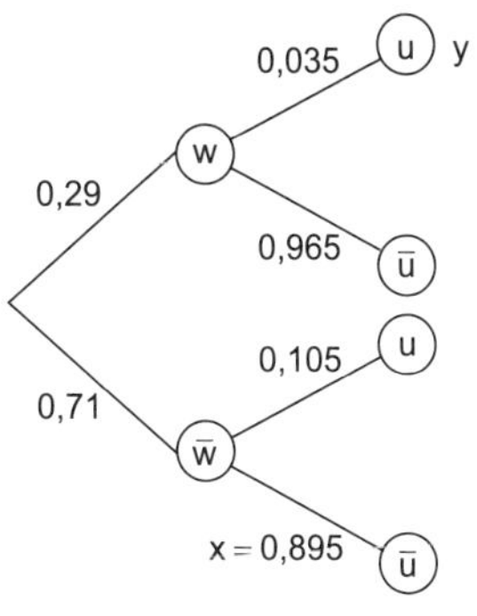

Aus dem ergänzten Baumdiagramm folgt direkt:

$x = 0{,}895$

Aus dem ergänzten Baumdiagramm folgt mit der Pfadregel:

$y = 0{,}29 \cdot 0{,}035 = 0{,}01015 \approx 0{,}01$

b) Bedingte Wahrscheinlichkeit:

$$P_u(\overline{w}) = \frac{P(\overline{w} \cap u)}{P(u)}$$
$$= \frac{P(\overline{w} \cap u)}{P(\overline{w} \cap u) + P(w \cap u)}$$
$$= \frac{0{,}71 \cdot 0{,}105}{0{,}71 \cdot 0{,}105 + 0{,}29 \cdot 0{,}035} = 0{,}880\ldots \approx 0{,}88$$

Die Wahrscheinlichkeit dafür, dass eine unzufriedene Person nicht weiblich ist, beträgt etwa 88 %.

c) Es gilt:

$$5 \cdot P(w \cap u) = P(\overline{w} \cap u)$$
$$5 \cdot P_w(u) \cdot P(w) = P_{\overline{w}}(u) \cdot P(\overline{w})$$

In dieser Gleichung lässt sich $P(\overline{w})$ durch den Term $1 - P(w)$ substituieren:

$$5 \cdot P_w(u) \cdot P(w) = P_{\overline{w}}(u) \cdot (1 - P(w))$$
$$5 \cdot 0{,}04 \cdot P(w) = 0{,}1 \cdot (1 - P(w))$$
$$0{,}2 \cdot P(w) = 0{,}1 - 0{,}1 \cdot P(w)$$
$$0{,}3 \cdot P(w) = 0{,}1$$
$$P(w) = \frac{1}{3} \approx 33{,}3\ \%$$

In der Abteilung ist ein Drittel der Beschäftigten weiblich.

Hamburg Kernfach Mathematik – Zentralabitur 2020
Erhöhtes Anforderungsniveau – Hilfsmittelfreier Prüfungsteil

I.1 Analysis

Die Abbildung 1 zeigt den Graphen der Funktion f mit $f(x) = x \cdot e^{-x}$ und $x \in 0$. Betrachtet werden die Dreiecke mit den Eckpunkten $O(0\,|\,0)$, $P(a\,|\,0)$ und $Q(a\,|\,f(a))$ mit $a \in \mathbb{R}^+$.

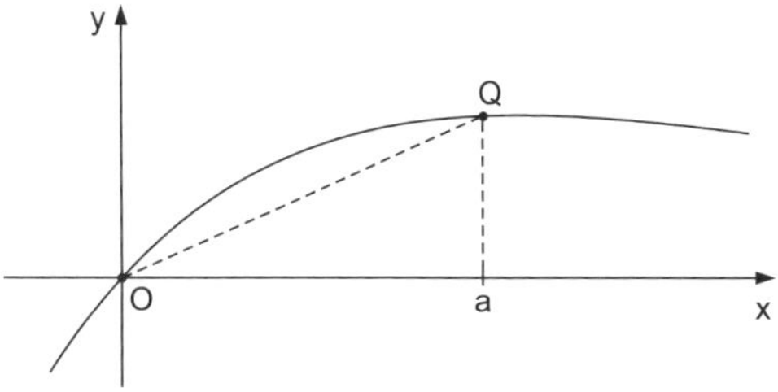

Abb. 1

Punkte

a) **Begründen** Sie, dass der Flächeninhalt jedes dieser Dreiecke mit dem Term

$$\frac{1}{2}a^2e^{-a}$$

bestimmt werden kann. 2

b) Unter den betrachteten Dreiecken hat eines den größten Flächeninhalt. **Bestimmen** Sie den zugehörigen Wert von a. 3

I.2 Analysis

Gegeben sind die in $\mathbb{R}$ definierten Funktionen $f\colon\ x \mapsto \sin x$ und $g\colon\ x \mapsto x$. Die Graphen von f und g haben in ihrem einzigen gemeinsamen Punkt $O(0\,|\,0)$ die gleiche Steigung (siehe Abbildung 2).

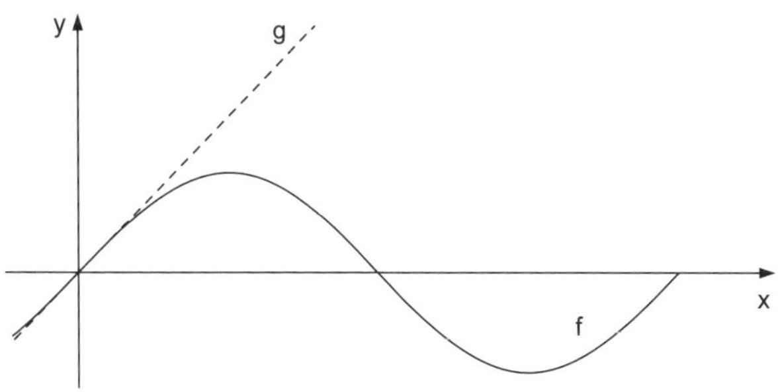

Abb. 2

a) **Ermitteln** Sie den Inhalt der Fläche, die der Graph von f, der Graph von g und die Gerade mit der Gleichung $x = \pi$ einschließen. 3

b) **Geben** Sie eine Gleichung einer Tangente an den Graphen von f **an**, die die beiden folgenden Eigenschaften hat:
- Die Tangente verläuft parallel zum Graphen von g.
- Die Tangente enthält nicht den Punkt O. 2

I.3 Lineare Algebra#

Ein Unternehmen produziert aus zwei Rohstoffen R_1 und R_2 zwei Zwischenprodukte Z_1 und Z_2, aus denen dann drei Endprodukte E_1, E_2 und E_3 hergestellt werden. Die Abbildung 3 zeigt die im Produktionsprozess erforderlichen Mengeneinheiten für jede Mengeneinheit der Produkte.

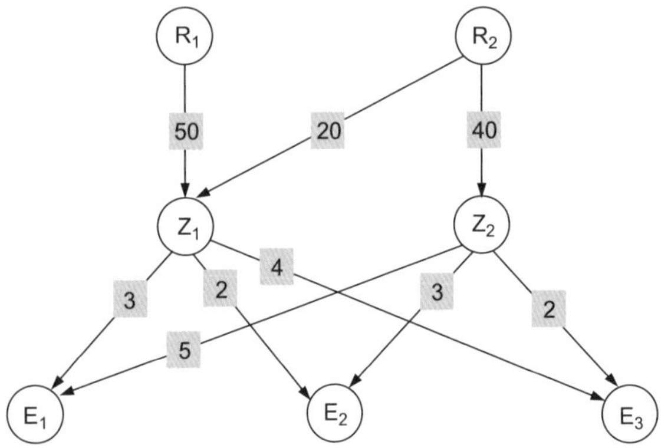

Abb. 3

Für den Produktionsprozess gilt $\vec{r} = M_{RZ} \cdot \vec{z}$ und $\vec{z} = M_{ZE} \cdot \vec{e}$.
Dabei gibt der Vektor $\vec{r} = \begin{pmatrix} r_1 \\ r_2 \end{pmatrix}$ die Anzahlen der Mengeneinheiten der Rohstoffe an, der Vektor $\vec{z} = \begin{pmatrix} z_1 \\ z_2 \end{pmatrix}$ die Anzahlen der Mengeneinheiten der Zwischenprodukte und der Vektor $\vec{e} = \begin{pmatrix} e_1 \\ e_2 \\ e_3 \end{pmatrix}$ die Anzahlen der Mengeneinheiten der Endprodukte.

Es ist $M_{RZ} = \begin{pmatrix} 50 & x \\ 20 & 40 \end{pmatrix}$.

a) **Begründen** Sie anhand des Diagramms, dass $x = 0$ gilt. 2

b) **Bestimmen** Sie die Matrix M_{RE}, für die $\vec{r} = M_{RE} \cdot \vec{e}$ gilt. 3

I.3 Analytische Geometrie[#]

Die Abbildung 3 zeigt in einem Koordinatensystem modellhaft eine 7 m breite Theaterkulisse. Die linke Seitenwand liegt im Modell in der x-z-Ebene, die rechte Seitenwand ist dazu parallel. Ein auf der Bühne stehender Gegenstand wird von einer Lampe beleuchtet. Die Lampe wird im Modell durch den Punkt $L(4|0|5)$ dargestellt, die Spitze des Gegenstands durch den Punkt $S(1|6|2)$.

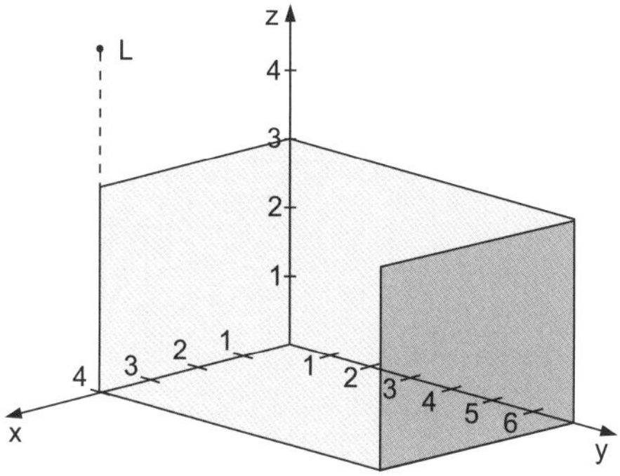

Abb. 3

Untersuchen Sie rechnerisch, ob der Schatten der Spitze auf der rechten Seitenwand liegt. 5

I.4 Stochastik

Gegeben sind die binomialverteilten Zufallsgrößen X und Y. X hat die Parameter $n=40$ und $p_X=0{,}65$.

a) **Geben** Sie einen Term **an**, mit dem die Wahrscheinlichkeit $P(X=30)$ berechnet werden kann. 1

b) Die Abbildung 4 zeigt die Wahrscheinlichkeitsverteilung von X.

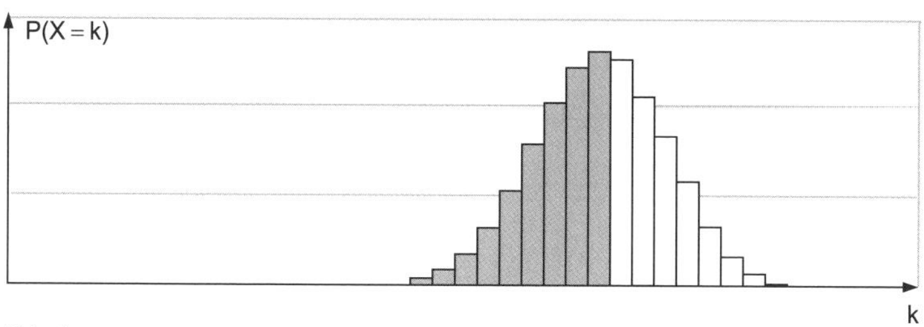

Abb. 4

Für einen Wert von k stellen die grau markierten Säulen die Wahrscheinlichkeit $P(X \leq k)$ dar.
Ermitteln Sie diesen Wert von k. 2

c) Die Zufallsgröße Y hat ebenfalls den Parameter $n = 40$.
Geben Sie alle Werte von p_Y mit $0 < p_Y < 1$ **an**, für die die Wahrscheinlichkeit $P(Y = 10)$ größer ist als die Wahrscheinlichkeit $P(Y = 30)$. 2

I.5.1 Analysis

Die Abbildung 5 zeigt die Graphen der ganzrationalen Funktionen f und g. Betrachtet wird die Funktion h mit $h(x) = g(f(x))$.

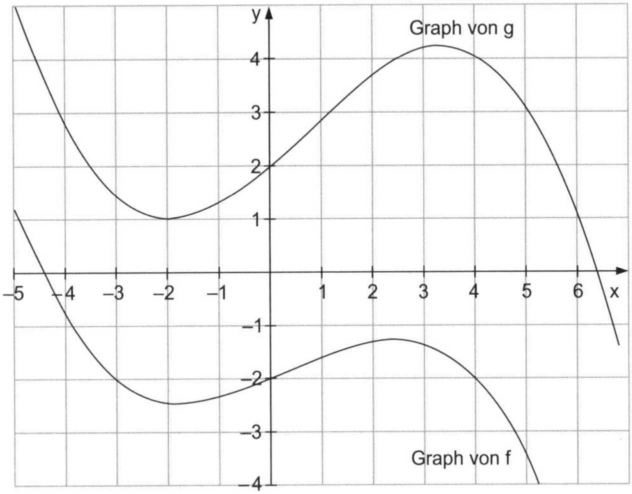

Abb. 5

Bestimmen Sie mithilfe der Abbildung 5 eine Gleichung der Tangente an den Graphen von h im Punkt $(4 \mid h(4))$. 5

I.5.2 Lineare Algebra#

Eine quadratische Matrix heißt spaltenstochastisch, wenn sie die beiden folgenden Eigenschaften hat:

- Alle Einträge der Matrix sind reelle Zahlen, die größer oder gleich null sind.
- Die Summe der Einträge jeder Spalte ist 1.

Zeigen Sie, dass das Quadrat einer spaltenstochastischen Matrix $M = \begin{pmatrix} a & b \\ c & d \end{pmatrix}$ ebenfalls eine spaltenstochastische Matrix ist. 5

I.5.2 Analytische Geometrie#

Gegeben sind der Punkt $A(4|0|6)$ sowie die Punkte $P_r(1|0|r)$ mit $r \in [1; \infty[$.
Betrachtet wird die Schar g_r der Geraden durch A und P_r.

a) **Begründen** Sie, dass alle Geraden der Schar in der x_1-x_3-Ebene liegen. 1

b) Jede Gerade g_r schneidet die x_3-Achse.
Ermitteln Sie alle möglichen x_3-Koordinaten dieser Schnittpunkte. 4

I.5.3 Stochastik

a) Eine Urne enthält einhundert Kugeln, davon sind zwanzig weiß. Zwei Kugeln werden nacheinander zufällig gezogen; dabei wird die erste gezogene Kugel nicht zurückgelegt, bevor man die zweite zieht.
Geben Sie in diesem Zusammenhang ein Ereignis **an**, dessen Wahrscheinlichkeit durch den Term

$$\frac{20}{100} \cdot \frac{19}{99}$$

angegeben wird. 1

b) Eine andere Urne enthält ebenfalls einhundert Kugeln; für die Anzahl w der enthaltenen weißen Kugeln gilt $1 < w < 99$. Auch aus dieser Urne werden zwei Kugeln nacheinander zufällig gezogen. Die erste gezogene Kugel ist weiß. Betrachtet werden zwei Fälle:
1. Fall: Die erste gezogene Kugel wird nicht zurückgelegt, bevor man die zweite zieht.
2. Fall: Die erste gezogene Kugel wird zurückgelegt, bevor man die zweite zieht.
Die Wahrscheinlichkeit dafür, dass auch die zweite gezogene Kugel weiß ist, beträgt im 1. Fall p, im 2. Fall ist sie 2 % von p größer.
Berechnen Sie den Wert von w. 4

25*

Im Abitur 2020 erhielten die Schülerinnen und Schüler jeweils nur eine der beiden Aufgaben I.3 sowie eine der beiden Aufgaben I.5.2 (Lineare Algebra oder Analytische Geometrie), abhängig von der Schwerpunktsetzung des Kurses.

* Die hier angegebene Gesamtpunktzahl ergibt sich, wenn **eine** der Aufgaben I.3 sowie **eine** der Aufgaben I.5.1, I.5.2 oder I.5.3 bearbeitet und gewertet werden.

Lösung

I.1 Analysis

a) OPQ ist ein rechtwinkliges Dreieck mit den Kathetenlängen a und f(a). Für den Flächeninhalt gilt:

$$A(a)=\frac{1}{2}\cdot a\cdot f(a)=\frac{1}{2}\cdot a\cdot(a\cdot e^{-a})=\frac{1}{2}a^2e^{-a} \qquad \text{(w. z. z. w.)}$$

b) Mit der Produktregel ergibt sich für die Ableitung von A(a):

$A'(a)=u'v+uv'$ mit

$$u=\frac{1}{2}\cdot a^2 \;\Rightarrow\; u'=\frac{1}{2}\cdot 2a=a$$

$$v=e^{-a} \;\Rightarrow\; v'=-e^{-a}$$

$$A'(a)=a\cdot e^{-a}+\frac{1}{2}\cdot a^2\cdot(-e^{-a})=e^{-a}\cdot\left(a-\frac{1}{2}\cdot a^2\right)$$

Für eine Extremstelle von A muss die notwendige Bedingung $A'(a)=0$ erfüllt sein. Da $e^{-a}\neq 0$ für alle $a\in\mathbb{R}^+$, muss gelten:

$$a-\frac{1}{2}\cdot a^2=0 \;\Leftrightarrow\; a\cdot\left(1-\frac{1}{2}\cdot a\right)=0$$

Eine Lösung ist $a=0$. Diese Lösung kommt für den maximalen Flächeninhalt nicht infrage, denn $A(0)=0$. Es bleibt:

$$1-\frac{1}{2}\cdot a=0 \;\Leftrightarrow\; \frac{1}{2}\cdot a=1 \;\Leftrightarrow\; a=2$$

Für $a=2$ ergibt sich das Dreieck mit dem größten Flächeninhalt.

I.2 Analysis

a) Für den gesuchten Flächeninhalt A gilt:

$$A=\int_0^{\pi}(g(x)-f(x))\,dx=\int_0^{\pi}(x-\sin x)\,dx$$

$$=\left[\frac{1}{2}x^2+\cos x\right]_0^{\pi}=\frac{1}{2}\pi^2+\cos\pi-\left(\frac{1}{2}\cdot 0^2+\cos 0\right)$$

$$=\frac{1}{2}\pi^2-2$$

Der Inhalt der eingeschlossenen Fläche beträgt $\frac{1}{2}\pi^2-2$.

b) Die Tangente muss die Steigung 1 besitzen. Die Funktion f hat z. B. im Punkt $(2\pi\,|\,0)$ die Steigung 1. Eine mögliche Tangentengleichung lautet somit:

$t(x)=x-2\pi$

Anmerkung:
Es gibt viele Tangenten mit den geforderten Eigenschaften. Allgemein können alle diese Tangenten geschrieben werden als:
$t(x) = x + k \cdot 2\pi$ mit $k \in \mathbb{Z}$ und $k \neq 0$

I.3 Lineare Algebra

a) Es gilt:

$$\begin{pmatrix} r_1 \\ r_2 \end{pmatrix} = M_{RZ} \cdot \begin{pmatrix} z_1 \\ z_2 \end{pmatrix} = \begin{pmatrix} 50 & x \\ 20 & 40 \end{pmatrix} \cdot \begin{pmatrix} z_1 \\ z_2 \end{pmatrix} = \begin{pmatrix} 50z_1 + x \cdot z_2 \\ 20z_1 + 40z_2 \end{pmatrix}$$

Anhand des Diagramms ist zu erkennen, dass R_1 nicht für die Herstellung von Z_2 benötigt wird, da kein Pfeil von R_1 zu Z_2 zeigt. Somit muss $x = 0$ gelten.

b) Es gilt: $M_{RE} = M_{RZ} \cdot M_{ZE}$
Mithilfe des Diagramms lässt sich schreiben: $M_{ZE} = \begin{pmatrix} 3 & 2 & 4 \\ 5 & 3 & 2 \end{pmatrix}$
Also:

$$M_{RE} = \begin{pmatrix} 50 & 0 \\ 20 & 40 \end{pmatrix} \cdot \begin{pmatrix} 3 & 2 & 4 \\ 5 & 3 & 2 \end{pmatrix} = \begin{pmatrix} 150 & 100 & 200 \\ 260 & 160 & 160 \end{pmatrix}$$

I.3 Analytische Geometrie

Der Strahl der Lampe, der durch die Spitze des Gegenstands läuft, liegt auf der Geraden g mit folgender Gleichung:

$$g: \vec{x} = \overrightarrow{OL} + r \cdot \overrightarrow{LS} = \begin{pmatrix} 4 \\ 0 \\ 5 \end{pmatrix} + r \cdot \begin{pmatrix} 3 \\ 6 \\ -3 \end{pmatrix}; \; r \in \mathbb{R}$$

Die rechte Seitenwand liegt in der Ebene $y = 7$. Für den Schnittpunkt T von g mit der Ebene $y = 7$ gilt:

$$6r = 7 \;\Rightarrow\; r = \frac{7}{6} \;\Rightarrow\; \overrightarrow{OT} = \begin{pmatrix} 4 \\ 0 \\ 5 \end{pmatrix} + \frac{7}{6} \cdot \begin{pmatrix} -3 \\ 6 \\ -3 \end{pmatrix} = \begin{pmatrix} 0,5 \\ 7 \\ 1,5 \end{pmatrix}$$

Alle Punkte, die in der rechten Seitenwand liegen, haben eine x-Koordinate zwischen 0 und 4 sowie eine z-Koordinate zwischen 0 und 3. Da $0 < 0,5 < 4$ und $0 < 1,5 < 3$ gilt, fällt der Schatten der Spitze auf die rechte Seitenwand.

I.4 Stochastik

a) Bernoulli-Kette mit $n = 40$ und $p_X = 0,65$:

$$P(X = 30) = \binom{40}{30} \cdot 0,65^{30} \cdot 0,35^{10}$$

b) Der Erwartungswert von X ist $E(X) = 40 \cdot 0,65 = 26$. Die Wahrscheinlichkeitsverteilung von X nimmt ihr einziges Maximum also für $k = 26$ an. Die grau markierten Säulen in der Abbildung stellen somit $P(X \leq 26)$ dar.

c) Für folgende Werte von p_Y ist $P(Y=10)$ größer als $P(Y=30)$:

$p_Y < 0{,}5$

Rechnerische Begründung (nicht verlangt):

$$P(X=10) > P(X=30)$$

$$\binom{40}{10} \cdot p_Y^{10} \cdot (1-p_Y)^{30} > \binom{40}{30} \cdot p_Y^{30} \cdot (1-p_Y)^{10}$$

$$p_Y^{10} \cdot (1-p_Y)^{30} > p_Y^{30} \cdot (1-p_Y)^{10}$$

$$(1-p_Y)^{30} > p_Y^{20} \cdot (1-p_Y)^{10}$$

$$(1-p_Y)^{20} > p_Y^{20}$$

$$1-p_Y > p_Y \quad \Leftrightarrow \quad 1 > 2p_Y \quad \Rightarrow \quad p_Y < 0{,}5$$

I.5.1 Analysis

Allgemeine Tangentengleichung:

$t(x) = mx + n$

Mithilfe der Funktionsgleichung $h(x) = g(f(x))$ und der Kettenregel ergibt sich für die Ableitungsfunktion:

$h'(x) = g'(f(x)) \cdot f'(x)$

Die Steigung m der Tangente an den Graphen von h im Punkt $(4 \,|\, h(4))$ beträgt:

$m = h'(4) = g'(f(4)) \cdot f'(4)$

Aus der Zeichnung lässt sich ablesen:

$f(4) = -2$

Und dann:

$g'(-2) = 0$

Für die Steigung der Tangente folgt:

$m = g'(f(4)) \cdot f'(4) = g'(-2) \cdot f'(4) = 0 \cdot f'(4) = 0$

Somit folgt $t(x) = n$ und damit:

$n = h(4) = g(f(4)) = g(-2) = 1 \quad \Rightarrow \quad t(x) = 1$

Die Gleichung der Tangente an den Graphen von h im Punkt $(4 \,|\, h(4))$ beträgt $t(x) = 1$.

I.5.2 Lineare Algebra

Allgemeine quadratische und spaltenstochastische Matrix:

$$M = \begin{pmatrix} a & b \\ c & d \end{pmatrix} \quad \Rightarrow \quad a + c = 1 \text{ und } b + d = 1$$

Berechnung des Quadrats:

$$M^2 = \begin{pmatrix} a & b \\ c & d \end{pmatrix} \cdot \begin{pmatrix} a & b \\ c & d \end{pmatrix} = \begin{pmatrix} a^2 + bc & ab + bd \\ ca + dc & cb + d^2 \end{pmatrix}$$

Wenn M eine spaltenstochastische Matrix ist, so ist auch M^2 eine spaltenstochastische Matrix, da beide Eigenschaften (siehe Aufgabenstellung) gegeben sind:

- Wenn a, b, c und d reelle Zahlen größer oder gleich null sind, so sind auch die Produkte und Summen davon reelle Zahlen größer oder gleich null.
- Die Summe der Spalte 1 von M^2 ist:
  $a^2 + bc + ca + dc = a^2 + ac + cb + cd = a(a+c) + c(b+d) = a \cdot 1 + c \cdot 1 = 1$

  Die Summe der Spalte 2 von M^2 ist:
  $ab + bd + cb + d^2 = ba + bc + db + d^2 = b(a+c) + d(b+d) = b \cdot 1 + d \cdot 1 = 1$

I.5.2 Analytische Geometrie

a) Mit dem Punkt $A(4|0|6)$ sowie den Punkten $P_r(1|0|r)$ mit $r \in [1; \infty[$ ergibt sich als Gleichung der Geradenschar g_r:

$$g_r\colon \vec{x} = \overrightarrow{OA} + s \cdot \overrightarrow{AP_r} = \begin{pmatrix} 4 \\ 0 \\ 6 \end{pmatrix} + s \cdot \left[\begin{pmatrix} 1 \\ 0 \\ r \end{pmatrix} - \begin{pmatrix} 4 \\ 0 \\ 6 \end{pmatrix} \right] = \begin{pmatrix} 4 \\ 0 \\ 6 \end{pmatrix} + s \cdot \begin{pmatrix} -3 \\ 0 \\ r-6 \end{pmatrix};\ s \in \mathbb{R}$$

Die x_2-Koordinate ist für alle Punkte aller Geraden null. Deshalb liegen alle Geraden der Schar in der x_1-x_3-Ebene.

b) Für alle Punkte der x_3-Achse gilt $x_1 = 0$ und $x_2 = 0$. Da alle Geraden der Schar g_r in der x_1-x_3-Ebene liegen, gilt auch für alle Geraden der Schar $x_2 = 0$. Setzt man die x_1-Koordinate von g_r gleich null, ergibt sich:

$$4 - 3s = 0 \quad \Rightarrow \quad s = \frac{4}{3}$$

Durch Einsetzen von $s = \frac{4}{3}$ in die x_3-Koordinate von g_r folgt:

$$x_3 = 6 + \frac{4}{3} \cdot (r-6) = 6 + \frac{4}{3} r - 8 = \frac{4}{3} r - 2$$

Da $r \in [1; \infty[$, ergibt sich die kleinstmögliche x_3-Koordinate mit:

$$x_3 = \frac{4}{3} \cdot 1 - 2 = -\frac{2}{3}$$

Für alle möglichen x_3-Koordinaten gilt: $x_3 \geq -\frac{2}{3}$

I.5.3 Stochastik

a) Ereignis:
Es werden zwei weiße Kugeln gezogen.

b) Wahrscheinlichkeit dafür, dass auch die zweite gezogene Kugel weiß ist:

1. Fall: $p = \frac{w-1}{99}$

2. Fall: $q = \frac{w}{100}$

Es soll gelten:

$$q = 1{,}02p$$

$$\frac{w}{100} = 1{,}02 \cdot \frac{w-1}{99}$$

$$\frac{w}{102} = \frac{w-1}{99}$$

$$99w = 102 \cdot (w-1)$$

$$3w = 102$$

$$w = 34$$

Die Urne enthält 34 weiße Kugeln.

II Analysis

1. Gegeben ist die in $\mathbb{R}$ definierte Funktion

   $f\colon x \mapsto -\frac{8}{27}x^3 + \frac{2}{3}x^2,$

   die die Nullstellen 0 und $\frac{9}{4}$ hat. Der Graph von f wird mit G_f bezeichnet.

Punkte

a) **Bestimmen** Sie Lage und Art der Extrempunkte von G_f.
Skizzieren Sie G_f unter Berücksichtigung der bisherigen Informationen sowie des Funktionswerts für $x = -2$ in einem geeigneten Koordinatensystem. 7

b) Die Tangente an G_f im Punkt $\left(\frac{9}{4} \,\middle|\, 0\right)$ wird mit t bezeichnet.
Weisen Sie **nach**, dass t durch den Punkt $\left(0 \,\middle|\, \frac{27}{8}\right)$ verläuft.

Begründen Sie, dass der Inhalt des Flächenstücks, das G_f im ersten Quadranten mit t und der y-Achse einschließt, kleiner als $\frac{1}{2} \cdot \frac{9}{4} \cdot \frac{27}{8}$ ist. 5

2. Der Graph einer in [0; 3] definierten ganzrationalen Funktion g geht im Punkt A(0 | 1,5) ohne Knick in die Gerade mit der Gleichung $y = 1{,}5$ über und im Punkt B(3 | −0,5) ohne Knick in die Gerade mit der Gleichung $y = -4x + 11{,}5$.

a) **Zeigen** Sie rechnerisch, dass der Grad von g unter den beschriebenen Bedingungen nicht zwei sein kann. 6

b) Die Abbildung 1 zeigt den Graphen von g.

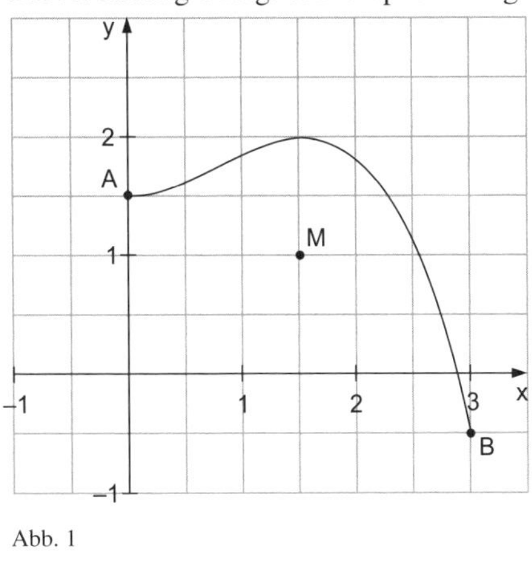

Abb. 1

Beschreiben Sie ein Verfahren, mit dem der Abstand des Punkts M(1,5 | 1) zum Graphen von g berechnet werden könnte, wenn der Funktionsterm von g bekannt wäre. 5

3. In einer Messstation wird seit 1958 kontinuierlich die CO_2-Konzentration in der Luft gemessen, die in ppm (parts per million) angegeben wird. Die Tabelle gibt für die Jahre 1960, 1985 und 2010 jeweils den jährlichen Durchschnittswert der Messwerte an.

Jahr	1960	1985	2010
CO_2-Konzentration	317 ppm	346 ppm	390 ppm

a) Die jährlichen Durchschnittswerte haben sich im Zeitraum von 1960 bis 1985 in guter Näherung exponentiell entwickelt.
Ermitteln Sie die zugehörige jährliche Wachstumsrate in Prozent.
(Zur Kontrolle: etwa 0,35 %) 3

b) **Berechnen** Sie unter der Annahme, dass sich das exponentielle Wachstum nach 1985 in gleicher Weise fortgesetzt hat, den jährlichen Durchschnittswert für das Jahr 2010.
Vergleichen Sie diesen Wert mit dem zugehörigen Wert aus der Tabelle und **formulieren** Sie das Ergebnis Ihres Vergleichs im Sachzusammenhang. 3

Innerhalb eines Jahres schwankt die CO_2-Konzentration. Für einen bestimmten Zeitraum von acht Monaten lassen sich die gemessenen Werte modellhaft durch die in $\mathbb{R}$ definierte Funktion

$$k:\ x \mapsto 3{,}3 \cdot \sin\left(\frac{\pi}{6}x\right) + 406$$

beschreiben.
Dabei ist x die in diesem Zeitraum vergangene Zeit in Monaten und k(x) die CO_2-Konzentration in ppm. Vereinfachend wird davon ausgegangen, dass jeder Monat 30 Tage hat.

c) **Geben** Sie eine Möglichkeit **an**, wie der Graph von k schrittweise aus dem Graphen der in $\mathbb{R}$ definierten Funktion $s:\ x \mapsto \sin(x)$ hervorgehen kann.
Beurteilen Sie, ob die Reihenfolge der einzelnen Schritte von Bedeutung ist. 5

d) **Bestimmen** Sie mithilfe der Funktion k für den betrachteten Zeitraum von acht Monaten die prozentuale Abweichung des Maximums der CO_2-Konzentration von der durchschnittlichen CO_2-Konzentration. 6

40

Hinweise und Tipps

Teilaufgabe 1 a

Lage und Art der Extrempunkte

- Bilden Sie mithilfe der bekannten Regeln die 1. und die 2. Ableitungsfunktion von f.
- Verwenden Sie die notwendige Bedingung für Extremstellen.
- Prüfen Sie mithilfe der 2. Ableitungsfunktion, ob die gefundenen Extremstellen zu Hoch- oder Tiefpunkten gehören.
- Berechnen Sie die y-Koordinaten der Extrempunkte, indem Sie die Funktionswerte von f an den Extremstellen berechnen.

Skizze des Graphen

- Berechnen Sie $f(-2)$.
- Zeichnen Sie zunächst alle bekannten Punkte ein: Schnittpunkte mit der x-Achse (Nullstellen), Extrempunkte und $(-2 \mid f(-2))$.

Teilaufgabe 1 b

Nachweis, dass die Tangente durch den Punkt $\left(0 \,\middle|\, \frac{27}{8}\right)$ verläuft

- Sie können die Tangentengleichung aufstellen, ausgehend von der allgemeinen Gleichung $t(x) = mx + b$.
- Der Anstieg m ist gleich dem Funktionswert von f' an der Stelle $x = \frac{9}{4}$.
- Nutzen Sie die Koordinaten des Punkts $\left(\frac{9}{4} \,\middle|\, 0\right)$, um den y-Abschnitt b zu bestimmen.
- Durch Einsetzen der Koordinaten des Punkts $\left(0 \,\middle|\, \frac{27}{8}\right)$ in die Tangentengleichung weisen Sie nach, dass die Tangente durch diesen Punkt verläuft.

Flächenstück, das G_f im ersten Quadranten mit t und der y-Achse einschließt

- Betrachten Sie zunächst das dreieckige Flächenstück, das die Tangente t mit der x- und der y-Achse einschließt.
- Vergleichen Sie das Ergebnis mit dem Term, der in der Aufgabenstellung angegeben ist. Auf Basis dieses Vergleichs können Sie eine Aussage über das Flächenstück treffen, das G_f mit t und der y-Achse einschließt.

Teilaufgabe 2 a

Zeigen, dass der Grad von g nicht zwei sein kann

- Sie können die Informationen aus der Aufgabenstellung in vier Gleichungen übersetzen.
- Beachten Sie: Die Information, dass der Graph von g in einem bestimmten Punkt ohne Knick in eine Gerade übergeht, enthält zwei Aspekte: Der Graph von g verläuft durch diesen Punkt und g hat in dem Punkt denselben Anstieg wie die Gerade.

Nehmen Sie nun an, dass g den Grad zwei hat. Die Funktionsgleichung ist dementsprechend $g(x) = ax^2 + bx + c$ mit $a, b, c \in \mathbb{R}$ und $a \neq 0$.

Zeigen Sie, dass das Gleichungssystem unter dieser Annahme nicht lösbar ist.

Teilaufgabe 2 b

Beschreibung des Verfahrens zur Berechnung des Abstands

Schreiben Sie zunächst auf, wie allgemein der Abstand von M zu einem beliebigen Punkt auf dem Graphen von g berechnet werden kann.

Erläutern Sie in einem zweiten Schritt, wie derjenige Punkt auf dem Graphen von g gefunden werden kann, dessen Abstand zu M minimal ist.

Teilaufgabe 3 a

Jährliche Wachstumsrate

Eine jährliche Wachstumsrate p bedeutet, dass der jährliche Durchschnittswert pro Jahr mit dem Faktor $(1+p)$ wächst.

Teilaufgabe 3 b

Durchschnittswert für 2010

Berechnen Sie mithilfe der Wachstumsrate aus Teilaufgabe a den Wert für 2010.

Vergleichen Sie den berechneten Wert mit dem Tabellenwert. Was können Sie daraus bezüglich des Wachstums schließen?

Teilaufgabe 3 c

Zusammenhang zwischen den Graphen von s und k

Überlegen Sie sich für die beiden Faktoren $\frac{\pi}{6}$ und 3,3 sowie für den Summanden 406 jeweils, ob sie zu einer Streckung bzw. Stauchung oder einer Verschiebung des Graphen führen. Und in welche Richtung?

Die Streckungen/Stauchungen und Verschiebungen in x-Richtung sind unabhängig von den Streckungen/Stauchungen und Verschiebungen in y-Richtung.

Teilaufgabe 3 d

Abweichung des Maximalwerts vom Durchschnittswert

Der Durchschnittswert f_D einer Funktion f im Intervall $[x_0; x_1]$ berechnet sich mit:

$$f_D = \frac{1}{x_1 - x_0} \cdot \int_{x_0}^{x_1} f(x) \cdot dx$$

Die Sinusfunktion kann maximal den Wert 1 annehmen.

Lösung

1. a) Mit $f(x) = -\frac{8}{27}x^3 + \frac{2}{3}x^2$ ergibt sich für die Ableitungsfunktionen:

$$f'(x) = -\frac{8}{9}x^2 + \frac{4}{3}x$$

$$f''(x) = -\frac{16}{9}x + \frac{4}{3}$$

Mit der notwendigen Bedingung für Extremstellen $f'(x) = 0$ erhält man:

$$-\frac{8}{9}x^2 + \frac{4}{3}x = 0 \quad \Leftrightarrow \quad \frac{4}{3}x \cdot \left(-\frac{2}{3}x + 1\right) = 0 \quad \Rightarrow \quad x = 0 \text{ oder } x = \frac{3}{2}$$

Überprüfung der hinreichenden Bedingung:

$$f''(0) = -\frac{16}{9} \cdot 0 + \frac{4}{3} = \frac{4}{3} > 0 \quad \Rightarrow \quad \text{Tiefpunkt } T(0\,|\,f(0))$$

$$f''\left(\frac{3}{2}\right) = -\frac{16}{9} \cdot \frac{3}{2} + \frac{4}{3} = -\frac{4}{3} < 0 \quad \Rightarrow \quad \text{Hochpunkt } H\left(\frac{3}{2}\,\middle|\,f\left(\frac{3}{2}\right)\right)$$

Die y-Koordinaten der Extrempunkte ergeben sich mit:

$$f(0) = -\frac{8}{27} \cdot 0 + \frac{2}{3} \cdot 0 = 0$$

$$f\left(\frac{3}{2}\right) = -\frac{8}{27} \cdot \left(\frac{3}{2}\right)^3 + \frac{2}{3} \cdot \left(\frac{3}{2}\right)^2 = \frac{1}{2}$$

Damit hat G_f den Tiefpunkt $T(0\,|\,0)$ und den Hochpunkt $H\left(\frac{3}{2}\,\middle|\,\frac{1}{2}\right)$.

Funktionswert für $x = -2$:

$$f(-2) = -\frac{8}{27} \cdot (-2)^3 + \frac{2}{3} \cdot (-2)^2 = \frac{136}{27} \approx 5{,}0$$

Skizze von G_f:

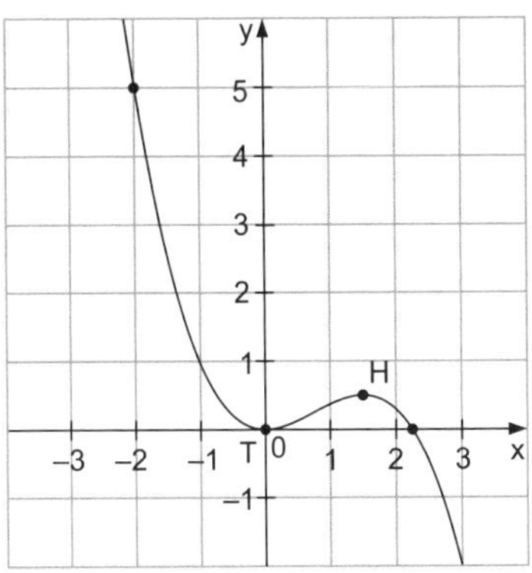

b) Allgemeine Gleichung der Tangente:
$t(x) = mx + b$

Der Anstieg m ist gleich dem Anstieg des Graphen im Punkt $\left(\frac{9}{4} \,\middle|\, 0\right)$:

$$f'\left(\frac{9}{4}\right) = -\frac{8}{9} \cdot \left(\frac{9}{4}\right)^2 + \frac{4}{3} \cdot \frac{9}{4} = -\frac{3}{2} \;\Rightarrow\; m = -\frac{3}{2} = -1{,}5$$

Somit gilt $t(x) = -1{,}5x + b$. Koordinaten von $P\left(\frac{9}{4} \,\middle|\, 0\right)$ einsetzen:

$$0 = -\frac{3}{2} \cdot \frac{9}{4} + b \;\Rightarrow\; b = \frac{27}{8}$$

Die Tangentengleichung ist:

$$t(x) = -\frac{3}{2}x + \frac{27}{8}$$

Somit geht die Tangente durch den Punkt $Q\left(0 \,\middle|\, \frac{27}{8}\right)$.

Das Dreieck OPQ ist rechtwinklig und hat die Kathetenlängen $\frac{9}{4}$ und $\frac{27}{8}$.
Somit ist sein Flächeninhalt:

$$A_\Delta = \frac{1}{2} \cdot \frac{9}{4} \cdot \frac{27}{8}$$

Für den Inhalt des Flächenstücks, das G_f im ersten Quadranten mit t und der y-Achse einschließt, gilt

$A = A_\Delta - A_G$,

wobei A_G das Flächenstück ist, das G_f mit der x-Achse einschließt.
Da $A_G > 0$, gilt $A < \frac{1}{2} \cdot \frac{9}{4} \cdot \frac{27}{8}$.

Skizze:

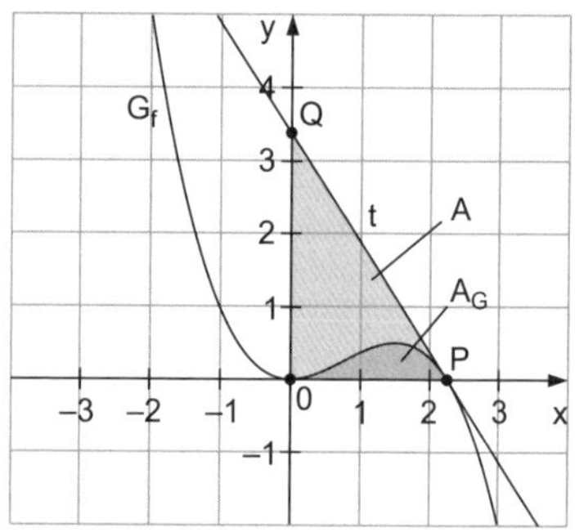

2. a) Aus den beschriebenen Bedingungen erhält man:

I	$g(0) = 1{,}5$	(Punkt A)
II	$g'(0) = 0$	(knickloser Übergang in Gerade mit $y = 1{,}5$)
III	$g(3) = -0{,}5$	(Punkt B)
IV	$g'(3) = -4$	(knickloser Übergang in Gerade mit $y = -4x + 11{,}5$)

Annahme:

$g(x) = ax^2 + bx + c$ und $g'(x) = 2ax + b$

Es folgt:

Aus I: $g(0) = a \cdot 0^2 + b \cdot 0 + c = 1{,}5 \;\Rightarrow\; c = 1{,}5$

Aus II: $g'(0) = 2a \cdot 0 + b = 0 \;\Rightarrow\; b = 0$

Mit $b = 0$ und $c = 1{,}5$ folgt aus III:

$$g(3) = a \cdot 3^2 + 0 \cdot 3 + 1{,}5 = -0{,}5 \;\Rightarrow\; a = -\frac{2}{9}$$

Mit $a = -\frac{2}{9}$ und $b = 0$ folgt aus IV:

$2 \cdot \left(-\frac{2}{9}\right) \cdot 3 + 0 = -4$ Widerspruch!

Die vier Bedingungen können für eine ganzrationale Funktion mit Grad 2 nicht erfüllt werden.

b) Die Entfernung von M zu einem beliebigen Punkt $(x \mid g(x))$ auf dem Graphen von g kann in Abhängigkeit von x mithilfe der Funktion d bestimmt werden:

$d(x) = \sqrt{(x-1{,}5)^2 + (g(x)-1)^2}, \quad x \in [0; 3]$

Die Randpunkte A und B können mit Blick auf den Graphen als nächste Punkte zu M ausgeschlossen werden. Berechnet man für die Lösungen der Gleichung $d'(x) = 0$ mit $x \in \,]0; 3[$ die zugehörigen Funktionswerte von d, so entspricht der kleinste dieser Werte dem gesuchten Abstand.

3. a) Aus den Werten für die Jahre 1960 und 1985 folgt für die jährliche Wachstumsrate p:

$317 \cdot (1+p)^{25} = 346 \Rightarrow p = \sqrt[25]{\frac{346}{317}} - 1 = 0{,}00350\ldots \approx 0{,}0035$

Die jährliche Wachstumsrate beträgt etwa 0,35 %.

b) Setzt sich das exponentielle Wachstum fort, so gilt für 2010:

$c_{2010} \approx c_{1985} \cdot 1{,}0035^{25} \approx 346 \cdot 1{,}0035^{25} \approx 378$

Der tatsächliche Durchschnittswert 390 ppm der CO_2-Konzentration für das Jahr 2010 ist größer als der Wert 378 ppm, der sich bei einer unveränderten Fortsetzung des exponentiellen Wachstums ergeben hätte.
Die CO_2-Konzentration wuchs also zwischen 1985 und 2010 stärker an als zwischen 1960 und 1985.

c) Der Graph von k geht aus dem Graphen von s hervor durch:

1. Streckung in x-Richtung mit dem Faktor $\frac{6}{\pi}$
2. Streckung in y-Richtung mit dem Faktor 3,3
3. Verschiebung um 406 in positive y-Richtung

Die Reihenfolge der Streckung in y-Richtung und der Verschiebung in y-Richtung ist von Bedeutung. Die Streckung in x-Richtung kann an beliebiger Stelle erfolgen.

Anmerkung:
Würde man zunächst die Verschiebung und dann die Streckung in y-Richtung durchführen, so ergäbe sich als dazugehöriger Funktionsterm:

$\sin\left(\frac{\pi}{6}x\right) \rightarrow \sin\left(\frac{\pi}{6}x\right) + 406 \rightarrow 3{,}3 \cdot \left(\sin\left(\frac{\pi}{6}x\right) + 406\right) = 3{,}3 \cdot \sin\left(\frac{\pi}{6}x\right) + 1339{,}8$

d) Durchschnittswert:

$$k_D = \frac{1}{8-0} \cdot \int_0^8 k(x) \cdot dx = \frac{1}{8} \cdot \left[-3{,}3 \cdot \frac{6}{\pi} \cdot \cos\left(\frac{\pi}{6} x \right) + 406x \right]_0^8$$

$$= \frac{1}{8} \cdot \left[-3{,}3 \cdot \frac{6}{\pi} \cdot \cos\left(\frac{\pi}{6} \cdot 8 \right) + 406 \cdot 8 - \left(-3{,}3 \cdot \frac{6}{\pi} \cdot \cos\left(\frac{\pi}{6} \cdot 0 \right) + 406 \cdot 0 \right) \right]$$

$$= \frac{1}{8} \cdot \left[-\frac{19{,}8}{\pi} \cdot \cos\left(\frac{4\pi}{3} \right) + 3\,248 + \frac{19{,}8}{\pi} \right]$$

$$= 407{,}18\ldots \approx 407{,}2$$

Da die Sinusfunktion maximal den Wert 1 annimmt, gilt für den Maximalwert der Konzentration:

$$k_{max} = 3{,}3 \cdot 1 + 406 = 409{,}3$$

Für die prozentuale Abweichung gilt dann:

$$\frac{409{,}3 - 407{,}2}{407{,}2} = 0{,}0051\ldots \approx 0{,}5\ \%$$

Anmerkung der Redaktion:
Diese Aufgabe wurde nur den Schülerinnen und Schülern von Kursen vorgelegt, die den Schwerpunkt Lineare Algebra gewählt hatten.

III Lineare Algebra

1. In einer Stadt gibt es nur drei Fastfood-Restaurants R_1, R_2 und R_3. Das Wechselverhalten der Kunden von einem Monat zum nächsten lässt sich modellhaft durch das abgebildete Diagramm beschreiben.

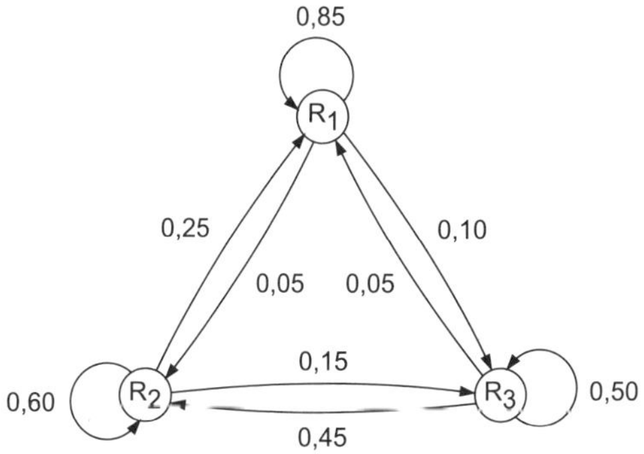

Abb. 1

Punkte

a) **Geben** Sie zwei Aspekte **an**, hinsichtlich derer das Modell eine Vereinfachung gegenüber der Realität darstellt. 2

Die Entwicklung der Anteile der Kunden von einem Monat n zum nächsten kann im Modell durch eine Matrix M und die Gleichung $\vec{v}_{n+1} = M \cdot \vec{v}_n$ beschrieben werden.
Dabei haben die Vektoren $\vec{v}_n$ die Form $\begin{pmatrix} r_1 \\ r_2 \\ r_3 \end{pmatrix}$, wobei r_1 den Anteil der Kunden von R_1, r_2 den Anteil der Kunden von R_2 und r_3 den Anteil der Kunden von R_3 bezeichnet.

b) In einem Monat hat das Restaurant R_1 einen Kundenanteil von 50 %, R_2 einen Kundenanteil von 20 % und R_3 einen Kundenanteil von 30 %.
Berechnen Sie die Anteile der Kunden im darauffolgenden Monat. 3

c) Angenommen, R_2 hätte in einem Monat einen Kundenanteil von 10 %. **Ermitteln** Sie, wie groß der Kundenanteil von R_3 in diesem Monat sein müsste, damit die Kundenanteile der drei Restaurants im folgenden Monat untereinander übereinstimmen. 4

d) Die Lösungen der Gleichung $M \cdot \vec{v}_n = \vec{v}_n$ haben die Form $t \cdot \begin{pmatrix} 265 \\ 140 \\ 95 \end{pmatrix}$ mit $t \in \mathbb{R}$.
Bestimmen Sie den Kundenanteil von R_3, der sich auf der Grundlage des Modells langfristig ergeben würde. 2

Das Restaurant R_3 schließt zum Ende eines Monats dauerhaft. Von diesem Monat zum nächsten kann das Wechselverhalten der Kunden im Modell mithilfe der Matrix

$$N = \begin{pmatrix} 0{,}9 & 0{,}34 & 0{,}4 \\ 0{,}1 & 0{,}66 & 0{,}6 \\ 0 & 0 & 0 \end{pmatrix}$$

beschrieben werden.
Dabei soll davon ausgegangen werden, dass diejenigen Kunden von R_1 und R_2, die zum nächsten Monat nicht zu R_3 gewechselt wären, durch die Schließung in ihrem Wechselverhalten nicht beeinflusst werden.

e) **Begründen** Sie, dass aus der Verteilung im Monat nach der Schließung mithilfe des Modells nicht auf die Verteilung der Kunden unmittelbar vor der Schließung geschlossen werden kann. 3

f) Einige Kunden von R_2 wären zum nächsten Monat zu R_3 gewechselt. **Ermitteln** Sie denjenigen Anteil dieser Kunden, der nun bei R_2 verbleibt. 3

2. Die Punkte $A(-4|-2|2)$, $B(-2|2|0)$ und $C(0|0|4)$ bilden ein gleichseitiges Dreieck.

a) **Weisen** Sie **nach**, dass die Seitenlänge $a = 2\sqrt{6}$ beträgt.

(*Zur Kontrolle:* $\overrightarrow{AB} = \begin{pmatrix} 2 \\ 4 \\ -2 \end{pmatrix}$) 2

b) Der Schwerpunkt S des Dreiecks teilt die Seitenhalbierende s_{AB} so, dass gilt:

$3 \cdot \overrightarrow{M_{AB}S} = \overrightarrow{M_{AB}C}$

Dabei ist M_{AB} der Mittelpunkt von $\overline{AB}$.
Zeigen Sie, dass der Schwerpunkt bei $S(-2|0|2)$ liegt. 2

Das gleichseitige Dreieck soll durch Ergänzung eines Punktes G zu einem Tetraeder erweitert werden (siehe Abbildung 2).

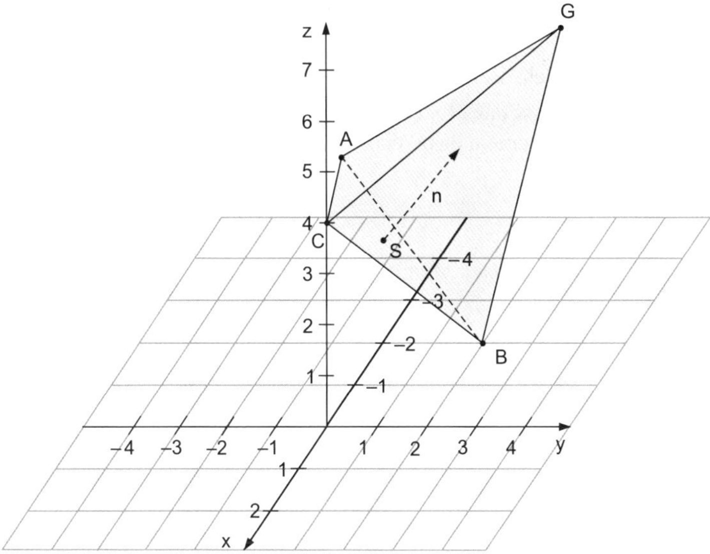

Abb. 2

Der Verbindungsvektor der Punkte S und G ist ein Vielfaches des zum Dreieck ABC orthogonalen Vektors $\vec{n} = \begin{pmatrix} -1 \\ 1 \\ 1 \end{pmatrix}$. Die Kanten des Tetraeders sind alle gleich lang.

c) **Bestimmen** Sie den Ortsvektor eines möglichen Punktes G. 4

25

Hinweise und Tipps

Teilaufgabe 1 a

Modell als Vereinfachung

- Gehen Sie darauf ein, welche Zeitabstände betrachtet werden.
- Beachten Sie außerdem, dass das Modell sich nicht auf zwei bestimmte Monate eines Jahres bezieht, sondern allgemein das Wechselverhalten von einem zum nächsten Monat beschreiben soll.

Teilaufgabe 1 b

Kundenanteile im darauffolgenden Monat

- Stellen Sie die 3×3-Matrix M auf.
- Beachten Sie, dass jede Spalte der Matrix die Werte beinhaltet, die im Diagramm auf den von einem bestimmten Restaurant ausgehenden Pfeilen stehen. So beinhaltet Spalte 1 alle Werte, die auf den von R_1 ausgehenden Pfeilen stehen usw.
- Berechnen Sie dann $\vec{v}_1 = M \cdot \vec{v}_0$, wobei $\vec{v}_0$ durch die Angaben in der Aufgabenstellung bestimmt ist.

Teilaufgabe 1 c

Kundenanteil von R_3

- Stellen Sie zunächst den Vektor $\vec{v}_0$ auf. Der Wert $r_2 = 0{,}1$ ist gegeben, der Wert r_3 gesucht. Drücken Sie den Wert r_1 in Abhängigkeit von r_3 aus, indem Sie ausnutzen, dass $r_1 + r_2 + r_3 = 1$ gilt.
- Da im darauffolgenden Monat die Kundenanteile übereinstimmen sollen, müssen alle drei Werte von $\vec{v}_1$ den Wert $\frac{1}{3}$ haben.
- Lösen Sie unter diesen Voraussetzungen die Gleichung $\vec{v}_1 = M \cdot \vec{v}_0$.

Teilaufgabe 1 d

Kundenanteil von R_3, der sich langfristig ergibt

- Langfristig ergeben sich die Kundenanteile, mit denen die Gleichung $\vec{v}_n = M \cdot \vec{v}_n$ erfüllt ist.

Teilaufgabe 1 e

Verteilung im Monat nach der Schließung

- Überlegen Sie, wie viele Gleichungen sich aus $\vec{v}_1 = N \cdot \vec{v}_0$ ergeben. Und wie viele Unbekannte?
- Was folgt daraus für die Lösbarkeit des Gleichungssystems?

Teilaufgabe 1 f

Anteil der bei R_2 verbleibenden Kunden an allen Kunden, die zu R_3 gewechselt wären

Vergleichen Sie die Einträge in der zweiten Spalte von M mit den Einträgen in der zweiten Spalte von N.

Teilaufgabe 2 a

Seitenlänge des gleichseitigen Dreiecks

Berechnen Sie z. B.: $a = |\overrightarrow{AB}| = |\overrightarrow{OB} - \overrightarrow{OA}|$

Teilaufgabe 2 b

Schwerpunkt S

Berechnen Sie zunächst die Koordinaten des Mittelpunkts von $\overline{AB}$ mit:

$\overrightarrow{OM_{AB}} = \frac{1}{2} \cdot (\overrightarrow{OA} + \overrightarrow{OB})$

Setzen Sie dann $\overrightarrow{M_{AB}S} = \overrightarrow{OS} - \overrightarrow{OM_{AB}}$ und $\overrightarrow{M_{AB}C} = \overrightarrow{OC} - \overrightarrow{OM_{AB}}$ in $3 \cdot \overrightarrow{M_{AB}S} = \overrightarrow{M_{AB}C}$ ein und lösen Sie nach $\overrightarrow{OS}$ auf.

Teilaufgabe 2 c

Ortsvektor eines möglichen Punkts G

Betrachten Sie z. B. das rechtwinklige Dreieck AGS. Eine Seitenlänge ist bekannt, eine zweite lässt sich mithilfe der Koordinaten der Endpunkte der Seite berechnen. Die Länge der dritten Seite $\overline{GS}$ ergibt sich dann mithilfe des Satzes von Pythagoras.

Mithilfe der Länge der Seite $\overline{GS}$ und des gegebenen Normalenvektors können Sie die Koordinaten eines möglichen Punkts G bestimmen.

Lösung

1. a) Im Modell wird davon ausgegangen, dass
   - das Wechselverhalten der Kunden konstant bleibt und
   - Wechsel von einem zum anderen Restaurant nur von einem Monat bis zum nächsten erfolgen.

   b) Aus dem Diagramm ergibt sich die Übergangsmatrix M:

$$M = \begin{pmatrix} 0{,}85 & 0{,}25 & 0{,}05 \\ 0{,}05 & 0{,}60 & 0{,}45 \\ 0{,}10 & 0{,}15 & 0{,}50 \end{pmatrix}$$

Mit $\vec{v}_0 = \begin{pmatrix} 0{,}50 \\ 0{,}20 \\ 0{,}30 \end{pmatrix}$ ergibt sich für die Kundenanteile im darauffolgenden Monat:

$$\vec{v}_1 = M \cdot \vec{v}_0 = \begin{pmatrix} 0{,}85 & 0{,}25 & 0{,}05 \\ 0{,}05 & 0{,}60 & 0{,}45 \\ 0{,}10 & 0{,}15 & 0{,}50 \end{pmatrix} \cdot \begin{pmatrix} 0{,}50 \\ 0{,}20 \\ 0{,}30 \end{pmatrix} = \begin{pmatrix} 0{,}49 \\ 0{,}28 \\ 0{,}23 \end{pmatrix}$$

Im darauffolgenden Monat hat das Restaurant R_1 einen Kundenanteil von 49 %, das Restaurant R_2 von 28 % und das Restaurant R_3 von 23 %.

   c) Mit $r_2 = 0{,}10$ und dem zu bestimmenden Anteil r_3 folgt:

$r_1 = 1 - 0{,}10 - r_3 = 0{,}90 - r_3$

Und damit:

$$\vec{v}_0 = \begin{pmatrix} 0{,}90 - r_3 \\ 0{,}10 \\ r_3 \end{pmatrix}$$

Im darauffolgenden Monat sollen die Anteile übereinstimmen und somit soll gelten:

$$\vec{v}_1 = \begin{pmatrix} \frac{1}{3} \\ \frac{1}{3} \\ \frac{1}{3} \end{pmatrix}$$

Und damit:

$$\begin{pmatrix} 0{,}85 & 0{,}25 & 0{,}05 \\ 0{,}05 & 0{,}60 & 0{,}45 \\ 0{,}10 & 0{,}15 & 0{,}50 \end{pmatrix} \cdot \begin{pmatrix} 0{,}90 - r_3 \\ 0{,}10 \\ r_3 \end{pmatrix} = \begin{pmatrix} \frac{1}{3} \\ \frac{1}{3} \\ \frac{1}{3} \end{pmatrix}$$

Man erhält folgende Beziehung für die erste Zeile der Vektorgleichung:

$$0{,}85 \cdot (0{,}90 - r_3) + 0{,}25 \cdot 0{,}10 + 0{,}05 \cdot r_3 = \frac{1}{3}$$

$$0{,}765 - 0{,}85r_3 + 0{,}025 + 0{,}05r_3 = \frac{1}{3}$$

$$0{,}79 - 0{,}8r_3 = \frac{1}{3} \quad \Rightarrow \quad r_3 = 0{,}570\ldots \approx 0{,}57$$

Anmerkung:
Die Lösung $r_3 \approx 0{,}57$ erfüllt auch die Zeilen 2 und 3 der Vektorgleichung.

Im betrachteten Monat müsste der Kundenanteil für das Restaurant R_3 etwa 57 % betragen, damit die Kundenanteile der drei Restaurants im folgenden Monat untereinander übereinstimmen.

d) Langfristig ergibt sich ein Vektor der Form $t \cdot \begin{pmatrix} 265 \\ 140 \\ 95 \end{pmatrix}$. Der Kundenanteil von R_3 ist somit:

$$r_3 = \frac{95}{265 + 140 + 95} = 0{,}19$$

Der Kundenanteil von R_3, der sich auf der Grundlage des Modells langfristig ergeben würde, beträgt 19 %.

e) Bezeichnet man nun die Kundenanteile von R_1 und R_2 im Monat nach der Schließung mit n_1 und n_2, so kann über die Anteile der drei Kunden im Moment vor der Schließung nur ausgesagt werden, dass sie die folgenden Gleichungen erfüllen:

I $\quad 0{,}9r_1 + 0{,}34r_2 + 0{,}4r_3 = n_1$

II $\quad 0{,}1r_1 + 0{,}66r_2 + 0{,}6r_3 = n_2$

Da diese beiden Gleichungen drei Unbekannte enthalten, ist keine eindeutige Lösung zu finden. (w. z. z. w.)

f) Vor der Schließung:
Von R_2 wechseln 25 % zu R_1 und 15 % zu R_3, 60 % bleiben bei R_2.

Nach der Schließung:
Von R_2 wechseln 34 % zu R_1, 66 % bleiben bei R_2.

Es folgt für den gesuchten Anteil:

$$\frac{0{,}66 - 0{,}60}{0{,}15} = \frac{0{,}06}{0{,}15} = 0{,}40$$

Von den Kunden, die vor der Schließung von R_2 nach R_3 gewechselt wären, bleiben nach der Schließung 40 % bei R_2.

2. a) Die Seitenlänge ist gleich dem Betrag eines Seitenvektors:

$$a = |\overrightarrow{AB}| = |\overrightarrow{OB} - \overrightarrow{OA}| = \left|\begin{pmatrix}-2\\2\\0\end{pmatrix} - \begin{pmatrix}-4\\-2\\2\end{pmatrix}\right| = \left|\begin{pmatrix}2\\4\\-2\end{pmatrix}\right|$$

$$= \sqrt{2^2 + 4^2 + (-2)^2} = \sqrt{24} = 2 \cdot \sqrt{6} \qquad \text{(w. z. z. w.)}$$

b) Koordinaten von M_{AB} (Mittelpunkt von $\overline{AB}$):

$$\overrightarrow{OM_{AB}} = \frac{1}{2} \cdot (\overrightarrow{OA} + \overrightarrow{OB}) = \frac{1}{2} \cdot \left[\begin{pmatrix}-4\\-2\\2\end{pmatrix} + \begin{pmatrix}-2\\2\\0\end{pmatrix}\right] = \begin{pmatrix}-3\\0\\1\end{pmatrix} \Rightarrow M_{AB}(-3\,|\,0\,|\,1)$$

Es gilt:

$$3 \cdot \overrightarrow{M_{AB}S} = \overrightarrow{M_{AB}C}$$

$$3 \cdot (\overrightarrow{OS} - \overrightarrow{OM_{AB}}) = (\overrightarrow{OC} - \overrightarrow{OM_{AB}})$$

$$\overrightarrow{OS} - \overrightarrow{OM_{AB}} = \frac{1}{3} \cdot (\overrightarrow{OC} - \overrightarrow{OM_{AB}})$$

$$\overrightarrow{OS} - \overrightarrow{OM_{AB}} = \frac{1}{3} \cdot \overrightarrow{OC} - \frac{1}{3} \cdot \overrightarrow{OM_{AB}}$$

$$\overrightarrow{OS} = \frac{1}{3} \cdot \overrightarrow{OC} + \frac{2}{3} \cdot \overrightarrow{OM_{AB}}$$

$$\overrightarrow{OS} = \frac{1}{3} \cdot \begin{pmatrix}0\\0\\4\end{pmatrix} + \frac{2}{3} \cdot \begin{pmatrix}-3\\0\\1\end{pmatrix} = \begin{pmatrix}-2\\0\\2\end{pmatrix} \Rightarrow S(-2\,|\,0\,|\,2)$$

Der Schwerpunkt des Dreiecks liegt also bei $S(-2\,|\,0\,|\,2)$. (w. z. z. w.)

c) Skizze des Dreiecks AGS:

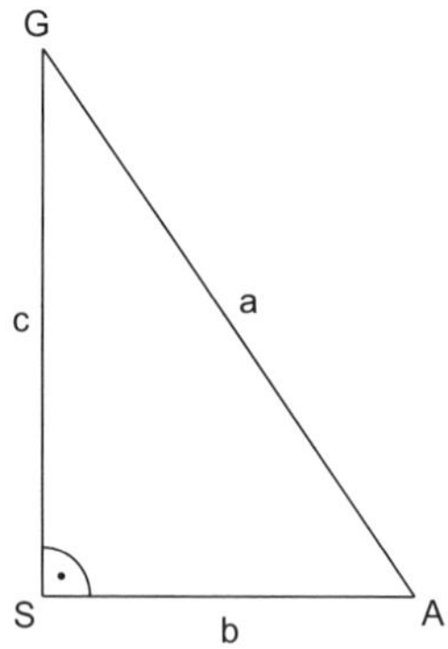

Anmerkung:
Genauso könnte man die dazu flächengleichen Dreiecke BGS oder CGS betrachten.

Für die Seite b gilt:

$$b = |\overrightarrow{AS}| = \left|\begin{pmatrix}-2\\0\\2\end{pmatrix} - \begin{pmatrix}-4\\-2\\2\end{pmatrix}\right| = \left|\begin{pmatrix}2\\2\\0\end{pmatrix}\right|$$

$$= \sqrt{2^2 + 2^2 + 0^2} = \sqrt{8}$$

Es folgt mit dem Pythagoras:

$$c^2 = a^2 - b^2 = (2\sqrt{6})^2 - \sqrt{8}^2 = 16 \;\Rightarrow\; c = 4$$

Der Normalenvektor hat die Länge $\sqrt{3}$. Somit gilt:

$$\overrightarrow{OG} = \overrightarrow{OS} + 4 \cdot \frac{1}{\sqrt{3}} \cdot \vec{n} = \begin{pmatrix}-2\\0\\2\end{pmatrix} + \frac{4}{\sqrt{3}} \cdot \begin{pmatrix}-1\\1\\1\end{pmatrix} \approx \begin{pmatrix}-4{,}3\\2{,}3\\4{,}3\end{pmatrix}$$

Alternative Lösung:
Der Punkt G kann sich vom Dreieck aus betrachtet auch auf der anderen Seite befinden. Dann gilt:

$$\overrightarrow{OG} = \overrightarrow{OS} - 4 \cdot \frac{1}{\sqrt{3}} \cdot \vec{n} = \begin{pmatrix}-2\\0\\2\end{pmatrix} - \frac{4}{\sqrt{3}} \cdot \begin{pmatrix}-1\\1\\1\end{pmatrix} \approx \begin{pmatrix}0{,}3\\-2{,}3\\-0{,}3\end{pmatrix}$$

Anmerkung der Redaktion:
Diese Aufgabe wurde nur den Schülerinnen und Schülern von Kursen vorgelegt, die den Schwerpunkt Analytische Geometrie gewählt hatten.

III Analytische Geometrie

Gegeben sind der Punkt $L\left(-\frac{25}{4} \mid -8 \mid 6\right)$ und die Gerade $g: \vec{x} = \begin{pmatrix} 0 \\ -12 \\ 9 \end{pmatrix} + a \cdot \begin{pmatrix} 1 \\ 0 \\ 0 \end{pmatrix}, a \in \mathbb{R}$.

Punkte

a) **Begründen** Sie, dass g parallel zur x_1-Achse und dabei nicht durch L verläuft. 2

b) L und g liegen in der Ebene E.
Ermitteln Sie eine Gleichung von E in Koordinatenform.
(*Zur Kontrolle:* $3x_2 + 4x_3 = 0$) 4

In der Abbildung 1 ist neben L und g das Viereck OPQR dargestellt, dessen Eckpunkte $O(0 \mid 0 \mid 0)$, $P\left(-\frac{25}{2} \mid 0 \mid 0\right)$, $Q\left(-\frac{25}{2} \mid -12 \mid 9\right)$ und $R(0 \mid -12 \mid 9)$ in E liegen. Q und R liegen außerdem auf g.

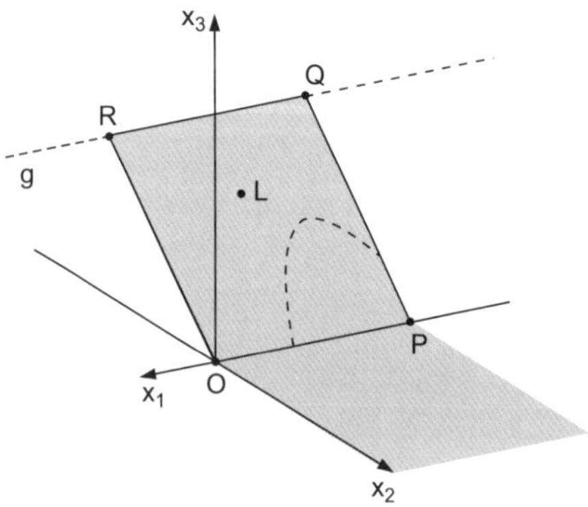

Abb. 1

c) **Begründen** Sie, dass OPQR ein Rechteck ist. 2

d) **Beschreiben** Sie ein Verfahren, mit dem man die Koordinaten des Punkts S ermitteln könnte, für den das Viereck OPSR ein ebenes Drachenviereck ist. 3

Das Viereck OPQR stellt modellhaft den geneigten Teil einer Minigolfbahn dar, der Punkt L das Loch dieser Bahn.
Im verwendeten Koordinatensystem beschreibt die x_1-x_2-Ebene den horizontalen Untergrund; eine Längeneinheit entspricht 10 cm in der Realität.

e) **Berechnen** Sie den Flächeninhalt des geneigten Teils der Bahn. 2

f) **Berechnen** Sie die Größe des Winkels, den der geneigte Teil der Bahn mit dem Untergrund einschließt. 3

Im Folgenden wird der in der Abbildung 1 gestrichelt dargestellte Teil des Wegs eines Minigolfballs betrachtet.
Der Ball soll im Folgenden als punktförmig angenommen werden.
Seine Positionen auf dem dargestellten Teil des Wegs können durch Punkte
$B_k\left(-5-3k \;\middle|\; -8k+\frac{8}{3}k^2 \;\middle|\; 6k-2k^2\right)$
mit geeigneten Werten von $k \in \mathbb{R}$ beschrieben werden.

g) **Weisen** Sie **nach**, dass der Ball auf dem betrachteten Teil seines Wegs durchgehend Kontakt zur Minigolfbahn hat. 2

h) **Berechnen** Sie im Modell die Koordinaten des Punkts, in dem der Ball auf die seitliche Begrenzung der Minigolfbahn trifft. 4

i) **Ermitteln** Sie die maximale Höhe über dem Untergrund, die der Ball erreicht. 3

25

Hinweise und Tipps

Teilaufgabe a

Lage der Geraden g

- Gehen Sie bei der Begründung dafür, dass g parallel zur x_1-Achse verläuft, auf den Richtungsvektor von g ein.
- Um zu zeigen, dass g nicht durch den Punkt L verläuft, können Sie beispielsweise die x_2-Koordinate von g und L vergleichen.

Teilaufgabe b

Gleichung von E in Koordinatenform

- Stellen Sie zunächst eine Gleichung von E in Parameterform auf.
- Die Gerade g liefert den Stützvektor und einen Richtungsvektor.
- Ein zweiter Richtungsvektor ergibt sich mithilfe des Punkts L.
- Für die Koordinatenform benötigen Sie einen Normalenvektor $\vec{n} = \begin{pmatrix} n_1 \\ n_2 \\ n_3 \end{pmatrix}$. Jeder Normalenvektor steht senkrecht auf beiden Richtungsvektoren.
- Die Ebenengleichung in Koordinatenform lautet allgemein:
  $E\colon n_1x_1 + n_2x_2 + n_3x_3 = d$
- Durch Einsetzen eines Punkts (z. B. L) ergibt sich der Wert von d.

Teilaufgabe c

Rechteck OPQR

- Begründen Sie zunächst, dass zwei Seiten des Vierecks parallel zueinander sind.
- Argumentieren Sie dann, dass die übrigen Seiten senkrecht zu den beiden zuerst gewählten Seiten sind.

Teilaufgabe d

Drachenviereck

- Bei einem Drachenviereck stehen die beiden Diagonalen senkrecht aufeinander.
- Um die Koordinaten des Punkts S zu erhalten, kann eine Hilfsebene genutzt werden, in der eine der Diagonalen liegt und die senkrecht auf der anderen Diagonalen steht.

Teilaufgabe e

Flächeninhalt des geneigten Teils der Bahn

- Erinnern Sie sich daran, dass OPQR ein Rechteck ist.
- Der Flächeninhalt eines Rechtecks kann elementargeometrisch berechnet werden. Sie benötigen lediglich die beiden Seitenlängen.
- Beachten Sie den gegebenen Maßstab 1 LE = 10 cm. Wie viel entspricht dann 1 FE?

Teilaufgabe f

Winkel zwischen dem geneigten Teil der Bahn und dem Untergrund

- Die Größe des Winkels α, den zwei Ebenen mit den Normalenvektoren $\vec{n}_1$ und $\vec{n}_2$ einschließen, berechnet sich mit:

$$\cos\alpha = \frac{|\vec{n}_1 \circ \vec{n}_2|}{|\vec{n}_1| \cdot |\vec{n}_2|}$$

Teilaufgabe g

Durchgehender Kontakt des Balls zur Minigolfbahn

- Zeigen Sie, dass alle Punkte B_k in der Ebene E liegen.

Teilaufgabe h

Punkt, in dem der Ball auf die seitliche Begrenzung der Minigolfbahn trifft

- Stellen Sie eine Gleichung der Geraden auf, in der die Punkte P und Q liegen.
- Setzen Sie den Ortsvektor von B_k mit der Geradengleichung gleich und lösen Sie die Vektorgleichung.

Teilaufgabe i

Maximale Höhe über dem Untergrund

- Die Höhe über dem Untergrund entspricht der x_3-Koordinate von B_k.
- Ermitteln Sie den Wert für k, für den der Ausdruck in der x_3-Koordinate von B_k maximal ist.
- Gehen Sie so vor, wie Sie das aus Analysis-Aufgaben kennen. (Stichwort: 1. Ableitung)

Lösung

a) Da sowohl die x_2- als auch die x_3-Koordinate des Richtungsvektors $\begin{pmatrix}1\\0\\0\end{pmatrix}$ der Geraden g gleich null ist, verläuft die Gerade parallel zur x_1-Achse.

Zum Beispiel ist durch Vergleich der x_2-Koordinate von g und L zu erkennen, dass g nicht durch L verläuft, denn:

$-12 + a \cdot 0 \neq -8$

b) Gleichung von E in Parameterform:

Der Stützvektor und ein Richtungsvektor von E ergeben sich aus der Gleichung von g, und zwar:

Stützvektor: $\begin{pmatrix}0\\-12\\9\end{pmatrix}$; Richtungsvektor: $\begin{pmatrix}1\\0\\0\end{pmatrix}$

Ein zweiter Richtungsvektor ergibt sich mithilfe des Stützvektors und des Punkts L:

$$\overrightarrow{OL} - \begin{pmatrix}0\\-12\\9\end{pmatrix} = \begin{pmatrix}-\frac{25}{4}-0\\-8-(-12)\\6-9\end{pmatrix} = \begin{pmatrix}-\frac{25}{4}\\4\\-3\end{pmatrix}$$

Somit gilt für die Ebene E die folgende Gleichung in Parameterform:

$$E\colon \vec{x} = \begin{pmatrix}0\\-12\\9\end{pmatrix} + r \cdot \begin{pmatrix}1\\0\\0\end{pmatrix} + s \cdot \begin{pmatrix}-\frac{25}{4}\\4\\-3\end{pmatrix};\ r, s \in \mathbb{R}$$

Für einen Normalenvektor der Ebene E muss gelten:

$$\begin{pmatrix}n_1\\n_2\\n_3\end{pmatrix} \circ \begin{pmatrix}-\frac{25}{8}\\4\\-3\end{pmatrix} = 0 \text{ und } \begin{pmatrix}n_1\\n_2\\n_3\end{pmatrix} \circ \begin{pmatrix}1\\0\\0\end{pmatrix} = 0$$

Es ergibt sich das LGS:

$$\text{I} \quad -\frac{25}{8}n_1 + 4n_2 - 3n_3 = 0$$

$$\text{II} \quad n_1 = 0$$

Setzt man II in I ein, folgt: $4n_2 = 3n_3$

Das LGS ist unterbestimmt, es lässt sich eine Variable frei wählen. Mit $n_2 = 3$ ergibt sich $n_3 = 4$. Ein Normalenvektor der Ebene E ist damit:

$$\vec{n} = \begin{pmatrix}0\\3\\4\end{pmatrix}$$

Für die Ebenengleichung in Koordinatenform folgt:

$E\colon 3x_2 + 4x_3 = d$

Da der Punkt $L\left(-\frac{25}{4} \,\middle|\, -8 \,\middle|\, 6\right)$ in der Ebene E liegt, muss er die Ebenengleichung erfüllen:

$$0 \cdot \left(-\frac{25}{4}\right) + 3 \cdot (-8) + 4 \cdot 6 = d \;\Rightarrow\; d = 0$$

Die Ebenengleichung lautet somit: $3x_2 + 4x_2 = 0$

c) Die Punkte O und P liegen auf der x_1-Achse und die Punkte Q und R liegen auf der Geraden g, die parallel zur x_1-Achse verläuft. Damit sind die beiden Seiten $\overline{OP}$ und $\overline{QR}$ parallel zueinander. Da $\overrightarrow{OR} = \overrightarrow{PQ} = \begin{pmatrix} 0 \\ -12 \\ 9 \end{pmatrix}$ senkrecht zur x_1-Achse ist, stehen die Seiten $\overline{OR}$ und $\overline{PQ}$ senkrecht auf den Seiten $\overline{OP}$ und $\overline{QR}$. Damit ist das Viereck OPQR ein Rechteck.

d) Die Gerade durch die Punkte P und R schneidet eine Ebene, die senkrecht zu dieser Geraden verläuft und den Punkt O enthält, im Punkt Z. Damit kann man über die Beziehung $\overrightarrow{OS} = 2 \cdot \overrightarrow{OZ}$ die Punktkoordinaten des Punkts S erhalten.

e) Flächeninhalt A des Rechtecks OPQR:

$$A = |\overrightarrow{OR}| \cdot |\overrightarrow{OP}| = \left|\begin{pmatrix} 0 \\ -12 \\ 9 \end{pmatrix}\right| \cdot \left|\begin{pmatrix} -\frac{25}{2} \\ 0 \\ 0 \end{pmatrix}\right| = \sqrt{(-12)^2 + 9^2} \cdot \sqrt{\left(-\frac{25}{2}\right)^2}$$

$$= 15 \cdot \frac{25}{2} = 187{,}5\,[\text{FE}]$$

Mit $1\,\text{FE} = (1\,\text{LE})^2 = (10\,\text{cm})^2 = 0{,}01\,\text{m}^2$ folgt:

Der Flächeninhalt beträgt $1{,}875\ \text{m}^2$.

f) Normalenvektoren der zwei Ebenen sind:

Grundebene: $\vec{n}_1 = \begin{pmatrix} 0 \\ 0 \\ 1 \end{pmatrix}$; geneigte Ebene: $\vec{n}_2 = \begin{pmatrix} 0 \\ 3 \\ 4 \end{pmatrix}$

Für die Winkelgröße gilt dann:

$$\cos\alpha = \frac{|\vec{n}_1 \circ \vec{n}_2|}{|\vec{n}_1| \cdot |\vec{n}_2|}$$

$$= \frac{\left|\begin{pmatrix} 0 \\ 0 \\ 1 \end{pmatrix} \circ \begin{pmatrix} 0 \\ 3 \\ 4 \end{pmatrix}\right|}{\left|\begin{pmatrix} 0 \\ 0 \\ 1 \end{pmatrix}\right| \cdot \left|\begin{pmatrix} 0 \\ 3 \\ 4 \end{pmatrix}\right|} = \frac{|0 \cdot 0 + 0 \cdot 3 + 1 \cdot 4|}{\sqrt{0^2 + 0^2 + 1^2} \cdot \sqrt{0^2 + 3^2 + 4^2}} = \frac{4}{5}$$

$$\alpha = \arccos\left(\frac{4}{5}\right) = 36{,}86\ldots^\circ \approx 36{,}9^\circ$$

Der Winkel, den die geneigte Bahn mit dem Untergrund einschließt, beträgt etwa 36,9°.

g) Durch Einsetzen von $B_k\left(-5-3k \,\middle|\, -8k+\frac{8}{3}k^2 \,\middle|\, 6k-2k^2\right)$ in $E: 3x_2+4x_2=0$ wird geprüft, ob alle Punkte B_k in E liegen:

$$3\cdot\left(-8k+\frac{8}{3}k^2\right)+4\cdot(6k-2k^2)=0$$
$$-24k+8k^2+24k-8k^2=0$$
$$0=0$$

B_k erfüllt für alle $k\in\mathbb{R}$ die Gleichung von E, die Punkte B_k liegen also in E. Der Ball hat folglich durchgehend Kontakt zur Minigolfbahn.

h) Gerade durch die Punkte P und Q:

$$g_{PQ}\colon \vec{x}=\overrightarrow{OP}+r\cdot\overrightarrow{PQ}=\begin{pmatrix}-\frac{25}{2}\\0\\0\end{pmatrix}+r\cdot\begin{pmatrix}0\\-12\\9\end{pmatrix};\ r\in\mathbb{R}$$

Der Punkt, in dem der Ball auf die seitliche Begrenzung der Minigolfbahn trifft, liegt auf dieser Geraden. B_k und g_{PQ} werden gleichgesetzt:

$$\begin{pmatrix}-5-3k\\-8k+\frac{8}{3}k^2\\6k-2k^2\end{pmatrix}=\begin{pmatrix}-\frac{25}{2}\\0\\0\end{pmatrix}+r\cdot\begin{pmatrix}0\\-12\\9\end{pmatrix}$$

LGS:

I $\quad -5-3k=-\frac{25}{2}$

II $\quad \frac{8}{3}k^2-8k=-12r$

III $\quad -2k^2+6k=9r$

Aus I folgt: $-3k=-\frac{25}{2}+5 \;\Leftrightarrow\; -3k=-\frac{15}{2} \;\Rightarrow\; k=\frac{5}{2}$

$k=\frac{5}{2}$ in II:

$$\frac{8}{3}\cdot\left(\frac{5}{2}\right)^2-8\cdot\frac{5}{2}=-12r \;\Leftrightarrow\; \frac{50}{3}-20=-12r \;\Leftrightarrow\; -\frac{10}{3}=-12r \;\Rightarrow\; r=\frac{5}{18}$$

$k=\frac{5}{2}$ in III (zur Kontrolle):

$$-2\cdot\left(\frac{5}{2}\right)^2+6\cdot\frac{5}{2}=9r \;\Leftrightarrow\; -\frac{25}{2}+15=9r \;\Leftrightarrow\; \frac{5}{2}=9r \;\Rightarrow\; r=\frac{5}{18}$$

Die Koordinaten des gesuchten Punkts werden bestimmt, indem $k=\frac{5}{2}$ in B_k eingesetzt wird:

$$B_{\frac{5}{2}}\left(-\frac{25}{2} \,\middle|\, -\frac{10}{3} \,\middle|\, \frac{5}{2}\right)$$

Anmerkung:
Alternativ kann $r = \frac{5}{18}$ in die Gleichung von g_{PQ} eingesetzt werden:

$$\overrightarrow{OB_{\frac{5}{2}}} = \begin{pmatrix} -\frac{25}{2} \\ 0 \\ 0 \end{pmatrix} + \frac{5}{18} \cdot \begin{pmatrix} 0 \\ -12 \\ 9 \end{pmatrix} = \begin{pmatrix} -\frac{25}{2} \\ -\frac{10}{3} \\ \frac{5}{2} \end{pmatrix}$$

i) Für die maximale Höhe des Balls wird die x_3-Koordinate von B_k betrachtet. Es ergibt sich eine Funktion h, die die Höhe in Abhängigkeit von k beschreibt:

$$h(k) = 6k - 2k^2$$

Die Ableitungsfunktion von h ist:

$$h'(k) = 6 - 4k$$

Mit der notwendigen Bedingung $h'(k) = 0$ für Extremstellen folgt:

$$6 - 4k = 0 \Rightarrow k = \frac{3}{2}$$

Diese Extremstelle muss der maximalen Höhe entsprechen, es folgt:

$$h_{max} = h\left(\frac{3}{2}\right) = 6 \cdot \frac{3}{2} - 2 \cdot \left(\frac{3}{2}\right)^2 = 4{,}5\,[\text{LE}]$$

Mit 1 LE = 10 cm ergibt sich:

Der Ball erreicht eine maximale Höhe von 45 cm über dem Untergrund.

IV Stochastik

Hinweis: Zur Bearbeitung der folgenden Aufgabe können nach Bedarf die Tabellen in der Anlage genutzt werden.

Punkte

1. Ein Fahrradhändler hat festgestellt, dass es sich bei 40 % aller von ihm verkauften Fahrräder um Mountainbikes handelt.
   Es soll davon ausgegangen werden, dass in einer zufälligen Auswahl verkaufter Fahrräder die Anzahl der Mountainbikes binomialverteilt ist.

   a) **Bestimmen** Sie die Wahrscheinlichkeit dafür, dass sich in einer zufälligen Auswahl von 100 verkauften Fahrrädern genau 30 Mountainbikes befinden. 1

   b) **Beschreiben** Sie im Sachzusammenhang ein Zufallsexperiment, bei dem die Wahrscheinlichkeit eines Ereignisses mit dem Term

   $1 - 0{,}6^{10} - 10 \cdot 0{,}4 \cdot 0{,}6^9$

   berechnet werden kann.
   Geben Sie dieses Ereignis **an**. 3

   c) **Ermitteln** Sie die Wahrscheinlichkeit dafür, dass in einer zufälligen Auswahl von 250 verkauften Fahrrädern die Anzahl der Mountainbikes um mindestens 10 % größer ist als der Erwartungswert für diese Anzahl. 3

   d) 20 % aller verkauften Fahrräder haben einen Rahmen aus Aluminium. 45 % aller verkauften Fahrräder sind weder Mountainbikes noch haben sie einen Rahmen aus Aluminium.
   Bestimmen Sie den Anteil der Fahrräder mit einem Rahmen aus Aluminium unter den verkauften Mountainbikes. 4

   e) Der Händler hat berechnet, dass er im September des Jahres 2020 mit einer Wahrscheinlichkeit von mehr als 96 % mehr als 800 Mountainbikes verkaufen wird.
   Ermitteln Sie, von welcher Anzahl verkaufter Fahrräder er bei seiner Berechnung mindestens ausgegangen ist. 4

Die Abbildung 1 zeigt für einige Monate des Jahres 2019 jeweils den Anteil der Mountainbikes unter allen verkauften Fahrrädern.

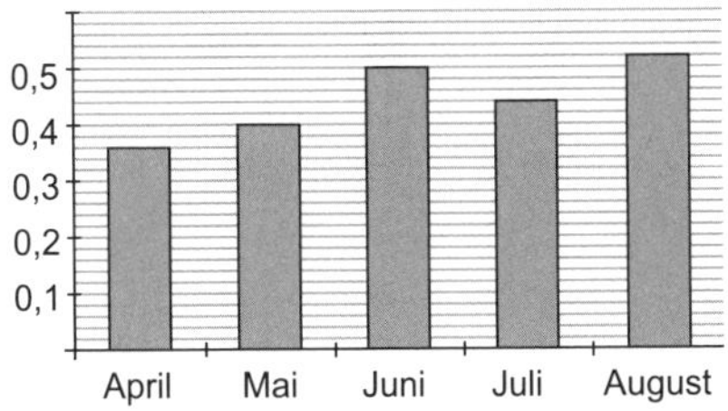

Abb. 1

f) Im April wurden 810 Mountainbikes verkauft.
Bestimmen Sie für diesen Monat die Anzahl aller verkauften Fahrräder. 2

g) Der Anteil der Mountainbikes lag im Mai und Juni insgesamt bei 46 %; im Juli war er größer als im Mai und im August größer als im Juni.
Entscheiden Sie, ob es dennoch möglich ist, dass der Anteil der Mountainbikes im Juli und August insgesamt kleiner war als insgesamt im Mai und Juni.
Begründen Sie Ihre Entscheidung. 3

2. Eine Getreidemühle verkauft Mehl in Packungen mit der Mengenangabe 5 kg. Die tatsächlich enthaltene Masse des Mehls kann durch eine normalverteilte Zufallsgröße beschrieben werden.
Die Abfüllanlage ist so eingestellt, dass die Dichtefunktion der Normalverteilung durch die Gleichung

$$\varphi(x) = \frac{1}{\sqrt{2\pi} \cdot 10} \cdot e^{-\frac{(x-5\,000)^2}{200}}$$

gegeben ist, wobei x die tatsächlich enthaltene Masse des Mehls in Gramm ist.

a) **Bestätigen** Sie, dass bei dieser Normalverteilung der Erwartungswert $\mu = 5\,000$ und die Standardabweichung $\sigma = 10$ beträgt. 2

Nach einer gesetzlichen Regelung darf die tatsächlich enthaltene Masse bei höchstens 2 % der Packungen unter 4 850 g liegen.

b) **Ermitteln** Sie auf zwei Nachkommastellen genau den kleinsten Wert von z, mit dem $P(x \leq \mu - z \cdot \sigma) \leq 0{,}02$ gilt.
Bestimmen Sie den kleinsten ganzzahligen Erwartungswert μ_{min}, auf den die Abfüllanlage eingestellt werden könnte, sodass für $\sigma = 10$ die Erfüllung der gesetzlichen Regelung gerade noch erwartet werden kann. 3

25

Anlage zur Aufgabe „Stochastik“

						p						
k	0,02	0,03	0,04	0,05	0,1	$\frac{1}{6}$	0,2	0,3	$\frac{1}{3}$	0,4	0,5	
0	0,1326	0476	0169	0059	0000							99
1	4033	1946	0872	0371	0003							98
2	6767	4198	2321	1183	0019							97
3	8590	6472	4295	2578	0078	0000						96
4	9492	8179	6289	4360	0237	0001						95
5	9845	9192	7884	6160	0576	0004	0000					94
6	9959	9688	8936	7660	1172	0013	0001					93
7	9991	9894	9525	8720	2061	0038	0003					92
8	9998	9968	9810	9369	3209	0095	0009					91
9		9991	9932	9718	4513	0213	0023					90
10		9998	9978	9885	5832	0427	0057					89
11			9993	9957	7030	0777	0126					88
12			9998	9985	8018	1297	0253	0000				87
13				9995	8761	2000	0469	0001				86
14				9999	9274	2874	0804	0002				85
15					9601	3877	1285	0004	0000			84
16					9794	4942	1923	0010	0001			83
17					9900	5994	2712	0022	0002			82
18					9954	6965	3621	0045	0005			81
19					9980	7803	4602	0089	0011			80
20					9992	8481	5595	0165	0024			79
21					9997	8998	6540	0288	0048	0000		78
22					9999	9369	7389	0479	0091	0001		77
23						9621	8109	0755	0164	0003		76
24						9783	8686	1136	0281	0006		75
25						9881	9125	1631	0458	0012		74
26						9938	9442	2244	0715	0024		73
27						9969	9658	2964	1066	0046		72
28						9985	9800	3768	1524	0084		71
29						9993	9888	4623	2093	0148		70
30						9997	9939	5491	2766	0248	0000	69
31						9999	9969	6331	3525	0398	0001	68
32							9984	7107	4344	0615	0002	67
33							9993	7793	5188	0913	0004	66
34							9997	8371	6019	1303	0009	65
35							9999	8839	6803	1795	0018	64
36							9999	9201	7511	2386	0033	63
37								9470	8123	3068	0060	62
38								9660	8630	3822	0105	61
39								9790	9034	4621	0176	60
40								9875	9341	5433	0284	59
41								9928	9566	6225	0443	58
42								9960	9724	6967	0666	57
43								9979	9831	7635	0967	56
	0,98	0,97	0,96	0,95	0,9	$\frac{5}{6}$	0,8	0,7	$\frac{2}{3}$	0,6	0,5	k
						p						

						p						
k	0,02	0,03	0,04	0,05	0,1	$\frac{1}{6}$	0,2	0,3	$\frac{1}{3}$	0,4	0,5	
44								9989	9900	8211	1356	55
45								9995	9943	8689	1841	54
46								9997	9969	9070	2421	53
47								9999	9983	9362	3086	52
48								9999	9991	9577	3822	51
49									9996	9729	4602	50
50									9998	9832	5398	49
51									9999	9900	6178	48
52										9942	6914	47
53										9968	7579	46
54										9983	8159	45
55										9991	8644	44
56										9996	9033	43
57										9998	9334	42
58										9999	9557	41
59											9716	40
60											9824	39
61											9895	38
62											9940	37
63											9967	36
64											9982	35
65											9991	34
66											9996	33
67											9998	32
68											9999	31
	0,98	0,97	0,96	0,95	0,9	$\frac{5}{6}$	0,8	0,7	$\frac{2}{3}$	0,6	0,5	k
						p						

Tab. 1: Summierte Binomialverteilung $P(X \leq k)$ für $n = 100$. Alle freien Plätze, die unterhalb der Zahlenkolonnen liegen, würden durch das Runden auf 4 Dezimalen den Wert 1,0000 enthalten.

Beachte: Wenn Werte über den zweiten, dunkelgrau unterlegten Eingang der Tabelle abgelesen werden sollen, d. h. $p \geq 0{,}5$, muss die Differenz 1 – (abgelesener Wert) ermittelt werden.

	p											
k	0,02	0,03	0,04	0,05	0,1	$\frac{1}{6}$	0,2	0,3	$\frac{1}{3}$	0,4	0,5	
0	0,0064	0005										249
1	0391	0043	0004									248
2	1221	0190	0024	0003								247
3	2622	0565	0093	0013								246
4	4387	1282	0270	0046								245
5	6160	2373	0633	0131								244
6	7637	3750	1250	0314								243
7	8687	5235	2147	0650								242
8	9339	6630	3282	1186								241
9	9696	7790	4554	1946	0001							240
10	9872	8655	5831	2909	0004							239
11	9950	9239	6991	4016	0009							238
12	9982	9598	7955	5175	0021							237
13	9994	9802	8690	6293	0046							236
14	9998	9908	9208	7288	0093							235
15	9999	9960	9548	8113	0175							234
16		9984	9756	8750	0309							233
17		9994	9875	9212	0513							232
18		9998	9939	9526	0808							231
19		9999	9972	9729	1207							230
20			9988	9851	1719							229
21			9995	9922	2342	0001						228
22			9998	9961	3063	0002						227
23			9999	9981	3857	0005						226
24				9991	4692	0010						225
25				9996	5530	0019						224
26				9998	6336	0034						223
27				9999	7079	0060	0001					222
28					7736	0100	0002					221
29					8296	0163	0003					220
30					8753	0255	0006					219
31					9114	0385	0011					218
32					9389	0563	0019					217
33					9590	0799	0033					216
34					9733	1100	0055					215
35					9831	1471	0088					214
36					9896	1914	0139					213
37					9938	2427	0212					212
38					9964	3002	0314					211
39					9979	3627	0453					210
40					9989	4287	0637					209
41					9994	4963	0872					208
42					9997	5635	1164					207
43					9998	6286	1517					206
	0,98	0,97	0,96	0,95	0,9	$\frac{5}{6}$	0,8	0,7	$\frac{2}{3}$	0,6	0,5	k
	p											

	p											
k	0,02	0,03	0,04	0,05	0,1	$\frac{1}{6}$	0,2	0,3	$\frac{1}{3}$	0,4	0,5	
44					9999	6898	1933					205
45						7458	2408					204
46						7958	2938					203
47						8391	3513					202
48						8758	4121	0001				201
49						9060	4748	0001				200
50						9303	5378	0002				199
51						9494	5995	0004				198
52						9640	6585	0007				197
53						9749	7137	0011				196
54						9829	7640	0018				195
55						9885	8088	0029	0001			194
56						9925	8479	0045	0001			193
57						9952	8811	0068	0002			192
58						9970	9087	0101	0003			191
59						9981	9311	0147	0005			190
60						9989	9490	0210	0008			189
61						9993	9630	0295	0014			188
62						9996	9736	0404	0021			187
63						9998	9815	0545	0033			186
64						9999	9873	0721	0050			185
65							9914	0937	0075			184
66							9943	1196	0109			183
67							9963	1501	0156			182
68							9976	1853	0219			181
69							9985	2251	0303			180
70							9991	2692	0411	0001		179
71							9994	3171	0548	0001		178
72							9997	3681	0718	0001		177
73							9998	4215	0925	0002		176
74							9999	4762	1173	0004		175
75								5311	1464	0007		174
76								5854	1799	0010		173
77								6380	2178	0016		172
78								6879	2598	0025		171
79								7345	3055	0037		170
80								7772	3543	0054		169
81								8156	4056	0079		168
82								8496	4584	0113		167
83								8790	5119	0158		166
84								9041	5650	0219		165
85								9251	6169	0297		164
86								9423	6667	0398		163
87								9563	7136	0524		162
88								9673	7571	0680		161
89								9760	7966	0870		160
	0,98	0,97	0,96	0,95	0,9	$\frac{5}{6}$	0,8	0,7	$\frac{2}{3}$	0,6	0,5	k
	p											

	p										
k	0,02	0,03	0,04	0,05	0,1	$\frac{1}{6}$	0,2	0,3	$\frac{1}{3}$	0,4	0,5	
90								9826	8320	1096		159
91								9876	8631	1360		158
92								9913	8900	1665		157
93								9940	9128	2011		156
94								9959	9319	2395	0001	155
95								9972	9475	2816	0001	154
96								9982	9602	3270	0001	153
97								9988	9702	3749	0002	152
98								9992	9780	4249	0004	151
99								9995	9840	4760	0006	150
100								9997	9886	5274	0009	149
101								9998	9919	5784	0014	148
102								9999	9944	6280	0022	147
103									9962	6755	0032	146
104									9974	7203	0047	145
105									9983	7618	0067	144
106									9989	7996	0095	143
107									9993	8336	0133	142
108									9995	8636	0183	141
109									9997	8896	0249	140
110									9998	9119	0332	139
111									9999	9306	0438	138
112									9999	9461	0568	137
113										9587	0728	136
114										9688	0920	135
115										9767	1147	134
116										9829	1411	133
117										9876	1714	132
118										9912	2055	131
119										9938	2433	130
120										9957	2847	129
121										9971	3290	128
122										9980	3760	127
123										9987	4248	126
124										9991	4748	125
125										9994	5252	124
126										9996	5752	123
127										9998	6240	122
128										9999	6710	121
129										9999	7153	120
130											7567	119
131											7945	118
132											8286	117
133											8589	116
	0,98	0,97	0,96	0,95	0,9	$\frac{5}{6}$	0,8	0,7	$\frac{2}{3}$	0,6	0,5	k
	p											

k	0,02	0,03	0,04	0,05	0,1	$\frac{1}{6}$	0,2	0,3	$\frac{1}{3}$	0,4	0,5	
134											8853	115
135											9080	114
136											9272	113
137											9432	112
138											9562	111
139											9668	110
140											9751	109
141											9817	108
142											9867	107
143											9905	106
144											9933	105
145											9953	104
146											9968	103
147											9978	102
148											9986	101
149											9991	100
150											9994	99
151											9996	98
152											9998	97
153											9999	96
	0,98	0,97	0,96	0,95	0,9	$\frac{5}{6}$	0,8	0,7	$\frac{2}{3}$	0,6	0,5	k
						p						

Tab. 2: Summierte Binomialverteilung $P(X \leq k)$ für $n = 250$. Alle freien Plätze, die unterhalb der Zahlenkolonnen liegen, würden durch das Runden auf 4 Dezimalen den Wert 1,0000 enthalten.

n	k										
	795	796	797	798	799	800	801	802	803	804	805
2090	0,0350	0,0386	0,0425	0,0468	0,0513	0,0562	0,0615	0,0671	0,0731	0,0796	0,0864
2091	0,0337	0,0372	0,0410	0,0451	0,0495	0,0542	0,0594	0,0648	0,0707	0,0770	0,0837
2092	0,0324	0,0358	0,0394	0,0434	0,0477	0,0523	0,0573	0,0627	0,0684	0,0745	0,0810
2093	0,0311	0,0344	0,0380	0,0418	0,0460	0,0505	0,0553	0,0605	0,0661	0,0720	0,0784
2094	0,0299	0,0331	0,0365	0,0403	0,0443	0,0487	0,0534	0,0584	0,0639	0,0697	0,0759
2095	0,0288	0,0318	0,0352	0,0388	0,0427	0,0469	0,0515	0,0564	0,0617	0,0673	0,0734
2096	0,0276	0,0306	0,0338	0,0373	0,0411	0,0453	0,0497	0,0545	0,0596	0,0651	0,0710
2097	0,0265	0,0294	0,0325	0,0359	0,0396	0,0436	0,0479	0,0525	0,0575	0,0629	0,0686
2098	0,0255	0,0283	0,0313	0,0346	0,0382	0,0420	0,0462	0,0507	0,0555	0,0607	0,0663
2099	0,0245	0,0271	0,0301	0,0333	0,0367	0,0405	0,0445	0,0489	0,0536	0,0587	0,0641
2100	0,0235	0,0261	0,0289	0,0320	0,0353	0,0390	0,0429	0,0471	0,0517	0,0566	0,0619
2101	0,0225	0,0250	0,0278	0,0308	0,0340	0,0375	0,0413	0,0454	0,0499	0,0547	0,0598
2102	0,0216	0,0240	0,0267	0,0296	0,0327	0,0361	0,0398	0,0438	0,0481	0,0528	0,0578
2103	0,0207	0,0231	0,0256	0,0284	0,0314	0,0347	0,0383	0,0422	0,0464	0,0509	0,0558
2104	0,0199	0,0221	0,0246	0,0273	0,0302	0,0334	0,0369	0,0407	0,0447	0,0491	0,0538
2105	0,0190	0,0212	0,0236	0,0262	0,0291	0,0321	0,0355	0,0391	0,0431	0,0473	0,0519
2106	0,0182	0,0203	0,0226	0,0252	0,0279	0,0309	0,0342	0,0377	0,0415	0,0456	0,0501
2107	0,0175	0,0195	0,0217	0,0242	0,0268	0,0297	0,0329	0,0363	0,0400	0,0440	0,0483
2108	0,0167	0,0187	0,0208	0,0232	0,0258	0,0286	0,0316	0,0349	0,0385	0,0424	0,0466
2109	0,0160	0,0179	0,0200	0,0222	0,0247	0,0274	0,0304	0,0336	0,0371	0,0408	0,0449
2110	0,0153	0,0172	0,0192	0,0213	0,0237	0,0264	0,0292	0,0323	0,0357	0,0393	0,0433
2111	0,0147	0,0164	0,0184	0,0205	0,0228	0,0253	0,0281	0,0311	0,0343	0,0379	0,0417
2112	0,0141	0,0157	0,0176	0,0196	0,0219	0,0243	0,0270	0,0299	0,0330	0,0365	0,0402
2113	0,0134	0,0151	0,0168	0,0188	0,0210	0,0233	0,0259	0,0287	0,0318	0,0351	0,0387
2114	0,0129	0,0144	0,0161	0,0180	0,0201	0,0224	0,0249	0,0276	0,0305	0,0338	0,0372
2115	0,0123	0,0138	0,0154	0,0173	0,0193	0,0215	0,0239	0,0265	0,0294	0,0325	0,0358
2116	0,0118	0,0132	0,0148	0,0165	0,0185	0,0206	0,0229	0,0254	0,0282	0,0312	0,0345
2117	0,0112	0,0126	0,0141	0,0158	0,0177	0,0197	0,0220	0,0244	0,0271	0,0300	0,0332
2118	0,0107	0,0121	0,0135	0,0152	0,0170	0,0189	0,0211	0,0234	0,0260	0,0289	0,0319
2119	0,0102	0,0115	0,0129	0,0145	0,0162	0,0181	0,0202	0,0225	0,0250	0,0277	0,0307
2120	0,0098	0,0110	0,0124	0,0139	0,0155	0,0174	0,0194	0,0216	0,0240	0,0266	0,0295

Tab. 3: Summierte Binomialverteilung $P(X \leq k)$ für $n \in [2090; 2120]$ und $p = 0{,}4$.

Hinweise und Tipps

Teilaufgabe 1 a

Wahrscheinlichkeit, dass genau 30 Mountainbikes dabei sind

- Es liegt eine Bernoulli-Kette vor. Wie sind die Werte für n, p und k?
- Am einfachsten berechnen Sie die Wahrscheinlichkeit mit der Bernoulli-Formel.

Teilaufgabe 1 b

Beschreibung eines Zufallsexperiments

- Für ein Ereignis A und sein Gegenereignis $\overline{A}$ gilt:
  $P(A) = 1 - P(\overline{A})$
- Beachten Sie die Bernoulli-Formel für eine binomialverteilte Zufallsgröße X mit den Parametern n und p:
  $$P(X \le k) = \sum_{i=0}^{k} \binom{n}{i} \cdot p^i \cdot (1-p)^{n-i}$$

Teilaufgabe 1 c

Wahrscheinlichkeit, dass die Anzahl der Mountainbikes um mindestens 10 % größer ist als der Erwartungswert

- Berechnen Sie zunächst den Erwartungswert mit $\mu = n \cdot p$.
- Wie groß muss die Anzahl der Mountainbikes demnach mindestens sein?
- Ermitteln Sie die gesuchte Wahrscheinlichkeit, z. B. mithilfe der Tabelle 2 im Anhang.
- Beachten Sie, dass die Tabelle Wahrscheinlichkeiten $P(X \le k)$ angibt. Sie müssen also mit dem Gegenereignis arbeiten.

Teilaufgabe 1 d

Anteil der Fahrräder mit einem Rahmen aus Aluminium unter den verkauften Mountainbikes

- Es ist hilfreich, eine Vierfeldertafel anzulegen.
- Machen Sie sich klar, dass der gesuchte Anteil bzw. die gesuchte Wahrscheinlichkeit einer bedingten Wahrscheinlichkeit entspricht.

Teilaufgabe 1 e

Anzahl verkaufter Fahrräder

- Es liegt eine Bernoulli-Kette mit $p = 0{,}4$ vor. Der Wert für n ist gesucht.
- Nutzen Sie die Tabelle 3 im Anhang. Suchen Sie denjenigen Wert für n, für den die Bedingung aus der Aufgabenstellung erfüllt ist.

Teilaufgabe 1 f

Anzahl verkaufter Fahrräder im April

- Entnehmen Sie den Anteil der Mountainbikes unter allen verkauften Fahrrädern im April der Abbildung 1.

Teilaufgabe 1 g

Entscheiden, ob Anteil der Mountainbikes im Juli und August kleiner sein kann als im Mai und Juni

- Beachten Sie, dass das Verhältnis der Anzahlen aller verkauften Fahrräder für die Monate Juli und August eine wichtige Rolle spielt.
- Falls es möglich ist, können Sie dies anhand eines konkreten Zahlenbeispiels zeigen.

Teilaufgabe 2 a

Erwartungswert und Standardabweichung

- Vergleichen Sie die gegebene Gleichung mit der allgemeinen Formel für die Dichtefunktion einer Normalverteilung (siehe z. B. Tafelwerk).

Teilaufgabe 2 b

Kleinster Wert von z

- Starten Sie mit der gegebenen Ungleichung $P(x \leq \mu - z \cdot \sigma) \leq 0{,}02$.
- Nutzen Sie die Standardnormalverteilung zur Berechnung von z.
- Verwenden Sie unter anderem $\Phi(-z) = 1 - \Phi(z)$.
- Sie müssen auf Tabellenwerte der Standardnormalverteilung zurückgreifen.

Kleinster ganzzahliger Erwartungswert

- Setzen Sie $\mu_{min} - z \cdot \sigma \geq 4850$ an. Den Wert für z haben Sie zuvor berechnet.

Lösung

1. a) Die Zufallsgröße X ist binomialverteilt mit $n=100$ und $p=0{,}4$. Sie gibt die Anzahl der verkauften Mountainbikes an.

$$P(X=30)=\binom{100}{30}\cdot 0{,}4^{30}\cdot 0{,}6^{70}=0{,}0100\ldots\approx 0{,}010$$

Die Wahrscheinlichkeit dafür, dass sich in einer zufälligen Auswahl von 100 verkauften Fahrrädern genau 30 Mountainbikes befinden, beträgt etwa 1,0 %.

b) Zufallsexperiment: Es werden 10 verkaufte Fahrräder zufällig ausgewählt.

Ereignis: Unter den 10 verkauften Fahrrädern befinden sich mindestens 2 Mountainbikes.

c) Die Zufallsgröße Y ist binomialverteilt mit $n=250$ und $p=0{,}4$.

Erwartungswert μ von Y:
$\mu=250\cdot 0{,}4=100$

Gesucht ist also die Wahrscheinlichkeit für $Y\geq\mu+0{,}1\mu=110$:
$P(Y\geq 110)=1-P(Y\leq 109)$

Mittels der Tabelle 2 für die Wahrscheinlichkeiten $P(Y\leq k)$ im Anhang findet man:
$k=109$: Ablesewert 8896 $\Rightarrow$ $P(Y\leq 109)=0{,}8896$

Es folgt:
$P(Y\geq 110)=1-0{,}8896=0{,}1104\approx 0{,}110$

Die gesuchte Wahrscheinlichkeit beträgt etwa 11,0 %.

d) Vierfeldertafel:

	M	$\overline{M}$	
A	0,05	0,15	**0,20**
$\overline{A}$	0,35	**0,45**	0,80
	0,40	0,60	1

M: Mountainbike
$\overline{M}$: kein Mountainbike
A: Rahmen aus Aluminium
$\overline{A}$: kein Rahmen aus Aluminium

Anmerkung:
Alle fett gedruckten Einträge sind der Aufgabenstellung entnommen. Alle restlichen Einträge ergeben sich durch Addition bzw. Subtraktion.

Bedingte Wahrscheinlichkeit:

$$P_M(A)=\frac{P(A\cap M)}{P(M)}=\frac{0{,}05}{0{,}40}=0{,}125$$

Der Anteil der Fahrräder mit einem Rahmen aus Aluminium unter den verkauften Mountainbikes beträgt 12,5 %.

e) Die Zufallsgröße Z ist binomialverteilt mit $p = 0{,}4$ und gesuchtem n.
Es soll gelten:

$$P(Z > 800) > 0{,}96$$
$$1 - P(Z \leq 800) > 0{,}96$$
$$P(Z \leq 800) < 0{,}04$$

Mittels der Tabelle 3 im Anhang erhält man:
$n = 2\,099$: $P(Z \leq 800) = 0{,}0405 > 0{,}04$
$n = 2\,100$: $P(Z \leq 800) = 0{,}0390 < 0{,}04$

Der Händler ist von mindestens 2 100 verkauften Fahrrädern ausgegangen.

f) Aus der Abbildung 1: Im April lag der Anteil der Mountainbikes an allen verkauften Fahrrädern bei 0,36.

Für die Anzahl x aller verkauften Fahrräder folgt:

$$x = \frac{810}{0{,}36} = 2\,250$$

Der Händler hat im April 2 250 Fahrräder verkauft.

g) Es ist möglich, wenn im Juli deutlich mehr Fahrräder verkauft wurden als im August.

Beispiel:
Juli: 8 000 verkaufte Fahrräder; August: 2 000 verkaufte Fahrräder

Anteil q der verkauften Mountainbikes im Juli und August:

$$q = \frac{0{,}44 \cdot 8\,000 + 0{,}52 \cdot 2\,000}{10\,000} = 0{,}456 < 0{,}46$$

2. a) Die allgemeine Formel für die Dichtefunktion lautet:

$$f(x) = \frac{1}{\sqrt{2\pi} \cdot \sigma} \cdot e^{-\frac{(x-\mu)^2}{2 \cdot \sigma^2}}$$

Durch Vergleich mit $\varphi(x)$ ergibt sich:
Erwartungswert $\mu = 5\,000$, Standardabweichung $\sigma = 10$

b) Es soll gelten:
$P(x \leq \mu - z \cdot \sigma) \leq 0{,}02$

Mit der Standardnormalverteilung Φ folgt:

$$\Phi\left(\frac{\mu - z \cdot \sigma - \mu}{\sigma}\right) \leq 0{,}02$$
$$\Phi(-z) \leq 0{,}02$$

Wegen $\Phi(-z) = 1 - \Phi(z)$ folgt:

$$1 - \Phi(z) \leq 0{,}02$$
$$\Phi(z) \geq 0{,}98$$

Tabellenwerte für die Standardnormalverteilung:

$$\Phi(2{,}05) = 0{,}97982$$
$$\Phi(2{,}06) = 0{,}98030$$

$z = 2{,}06$ ist der kleinste Wert, für den $P(x \leq \mu - z \cdot \sigma) \leq 0{,}02$ gilt.

Da bei höchstens 2 % der Packungen die tatsächlich enthaltene Masse unter 4 850 g liegen darf, muss für den kleinstmöglichen Erwartungswert μ_{min} gelten:

$$\mu_{min} - 2{,}06 \cdot \sigma \geq 4850$$
$$\mu_{min} \geq 4870{,}6 \quad \Rightarrow \quad \mu_{min} = 4871$$

Punkte

I.1 Analysis

Die Abbildung 1 zeigt den Graphen einer in $\mathbb{R}$ definierten Funktion f, die Abbildung 2 den Graphen einer Stammfunktion F von f.

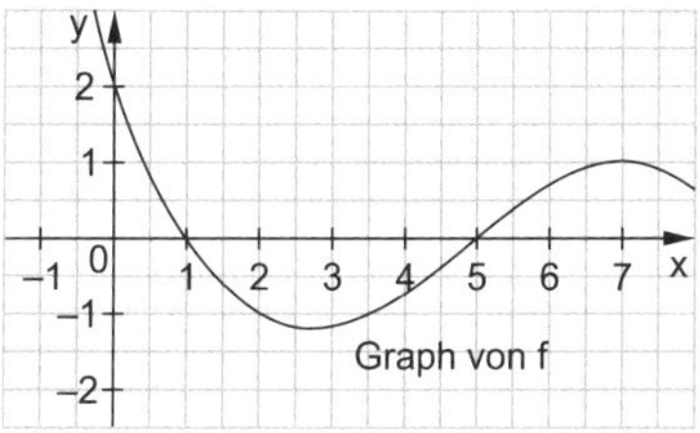

Abb. 1

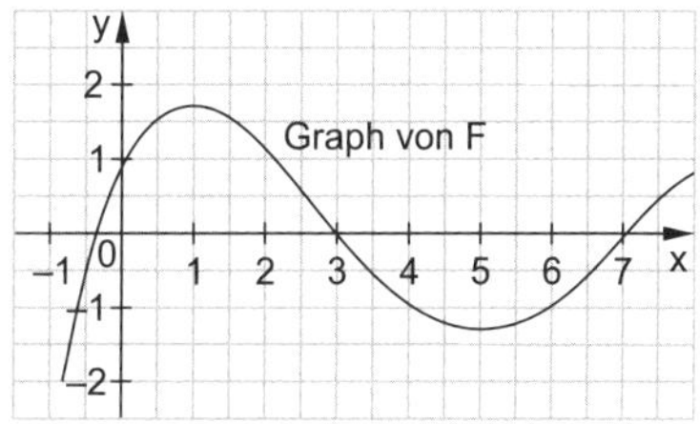

Abb. 2

a) **Bestimmen** Sie ausschließlich mithilfe der Abbildung 2 den Wert des Terms $\int_1^5 f(x)\,dx$. 2

b) **Beschreiben** Sie, wie man den Wert des Terms $\int_1^5 f(x)\,dx$ ausschließlich mithilfe der Abbildung 1 bestimmen könnte. 3

I.2 Analysis

Gegeben ist die in $\mathbb{R}$ definierte Funktion f mit $f(x) = x^3 - x$.

a) Einer der folgenden Graphen I, II und III stellt f dar.

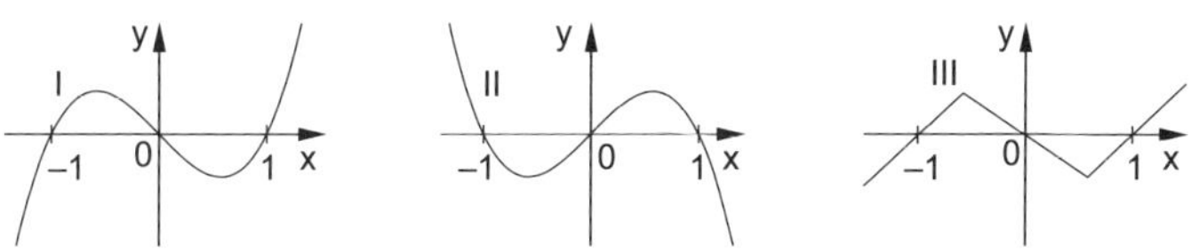

Geben Sie die Graphen **an**, die dafür nicht infrage kommen, und **begründen** Sie Ihre Angabe. 2

b) **Berechnen** Sie den Inhalt der Fläche, die der Graph von f und die x-Achse einschließen. 3

I.3 Lineare Algebra/Analytische Geometrie

Gegeben sind die Punkte $A(5|0|a)$ und $B(2|4|5)$. Der Koordinatenursprung wird mit O bezeichnet.

a) **Bestimmen** Sie denjenigen Wert von a, für den A und B den Abstand 5 haben. 3

b) **Ermitteln** Sie denjenigen Wert von a, für den das Dreieck OAB im Punkt B rechtwinklig ist. 2

I.4 Stochastik

Die folgende Vierfeldertafel enthält Informationen über die Anteile der Haushalte eines Landes, die Hunde halten, und unterscheidet dabei zwischen Haushalten in der Stadt und auf dem Land.
Die relativen Häufigkeiten werden hier als Wahrscheinlichkeiten betrachtet.

	S	$\overline{S}$	Summe
H		0,1	0,2
$\overline{H}$			0,8
Summe	0,6	0,4	

Tab. 1: Abkürzungen: H: Haushalt mit Hund; $\overline{H}$: Haushalt ohne Hund; S: Haushalt in der Stadt; $\overline{S}$: Haushalt auf dem Land

a) Es werden zufällig zwei Haushalte ausgewählt.
Berechnen Sie die Wahrscheinlichkeit, mit der genau ein Haushalt mit Hund dabei ist. 2

b) **Bestimmen** Sie die Wahrscheinlichkeit, dass
- ein zufällig ausgewählter Haushalt auf dem Land liegt und einen Hund hat.
- ein Haushalt auf dem Land einen Hund besitzt. 3

I.5.1 Analysis

Die Abbildung 3 zeigt den Graphen der in $\mathbb{R}$ definierten Funktion $f\colon\ x \mapsto 3x \cdot e^x$.

a) Die Funktion f hat genau eine Extremstelle.
Zeigen Sie rechnerisch, dass diese -1 ist. 2

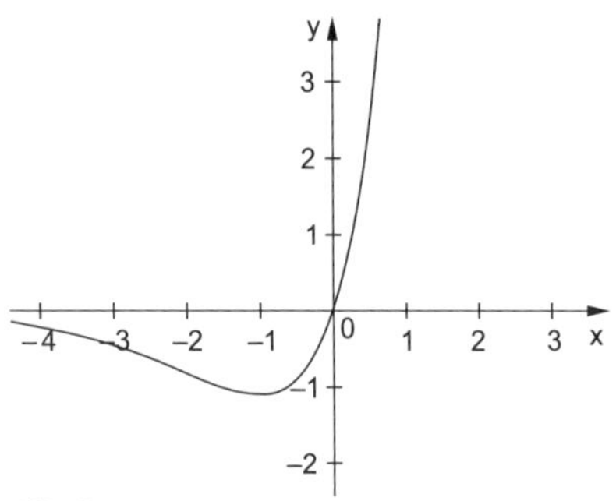

Abb. 3

b) Der Graph einer Stammfunktion F von f verläuft durch den Koordinatenursprung.
Skizzieren Sie – ausschließlich unter Verwendung des Graphen von f – den Graphen von F in der Abbildung 3. 3

I.5.2 Lineare Algebra#

Für eine Fischart wird eine Population mit den drei Entwicklungsstadien Eier E, Jungtiere J und ausgewachsene Fische A betrachtet. In einem Modell werden Zusammensetzungen der Population zu einem bestimmen Zeitpunkt durch Vektoren der Form $\vec{v}_i = \begin{pmatrix} E \\ J \\ A \end{pmatrix}$ dargestellt, wobei E die Anzahl der Eier, J die Anzahl der Jungtiere und A die Anzahl der ausgewachsenen Fische bezeichnet.
Die Entwicklung der Population innerhalb eines Entwicklungszyklus lässt sich zunächst durch die Matrix

$$F = \begin{pmatrix} 0 & 0 & 2\,000 \\ 0{,}01 & 0 & 0 \\ 0 & 0{,}1 & 0 \end{pmatrix}$$

und durch die Gleichung $\vec{v}_{n+1} = F \cdot \vec{v}_n$ beschreiben.

a) Nach einem Entwicklungszyklus ist die Population $\vec{v}_1 = \begin{pmatrix} 10\,000 \\ 30 \\ 1 \end{pmatrix}$.

Bestimmen Sie die Zusammensetzung der Population zu Beginn der Beobachtung. 2

b) Es gilt $F^3 = \begin{pmatrix} 2 & 0 & 0 \\ 0 & 2 & 0 \\ 0 & 0 & 2 \end{pmatrix}$.

Interpretieren Sie die Einträge von F^3 im Sachkontext. 3

I.5.2 Analytische Geometrie#

Gegeben sind die Gerade g: $\vec{x} = \begin{pmatrix} 1 \\ 2 \\ 0 \end{pmatrix} + t \cdot \begin{pmatrix} 2 \\ 4 \\ 1 \end{pmatrix}$ mit $t \in \mathbb{R}$ und der Punkt $A(3|2|2)$.

a) **Zeigen** Sie, dass A nicht auf g liegt.
Geben Sie eine Ebene E **an**, in der g und A liegen. 2

b) Der Punkt A wird an der Geraden g gespiegelt. Es ergibt sich der Spiegelpunkt A'.
Beschreiben Sie schrittweise ein Verfahren zur Berechnung des Spiegelpunkts A'. 3

I.5.3 Stochastik

a) Die Zufallsgröße X ist binomialverteilt; die Trefferwahrscheinlichkeit beträgt $\frac{1}{4}$.

Vervollständigen Sie die folgende Gleichung zur Berechnung einer Wahrscheinlichkeit:

$$P(X = \quad) = \binom{\quad}{3} \cdot \left(\quad \right)^2 \cdot \left(\frac{1}{4}\right)^3$$ 2

b) Die Abbildung 4 zeigt die symmetrische Wahrscheinlichkeitsverteilung einer binomialverteilten Zufallsgröße Y.

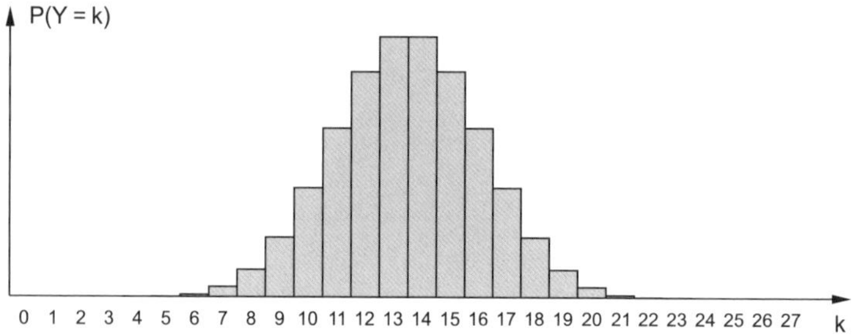

Abb. 4

Gegeben sind die Wahrscheinlichkeitswerte $P(Y \leq 15) \approx 0{,}78$ und $P(Y = 12) \approx 0{,}13$.

Berechnen Sie unter Verwendung dieser Werte den zugehörigen Wert für die Wahrscheinlichkeit $P(Y = 14)$. 3

25*

[#] Im Abitur 2021 erhielten die Schülerinnen und Schüler jeweils nur eine der beiden Aufgaben I.5.2 (Lineare Algebra oder Analytische Geometrie), abhängig von der Schwerpunktsetzung des Kurses.

* Die hier angegebene Gesamtpunktzahl ergibt sich, wenn **eine** der Aufgaben I.5.1, I.5.2 oder I.5.3 bearbeitet und gewertet werden.

Lösung

I.1 Analysis

a) Es gilt:

$$\int_1^5 f(x)\,dx = F(5) - F(1)$$

Aus der Abbildung 2 lassen sich die beiden Funktionswerte ablesen und es folgt:

$$\int_1^5 f(x)\,dx \approx -1{,}3 - 1{,}7 = -3$$

b) Der Betrag des Wertes ist gleich dem Inhalt der Fläche, die der Graph von f im Intervall $1 \le x \le 5$ mit der x-Achse einschließt. Da sich die Fläche unterhalb der x-Achse befindet, ist der Wert des Terms negativ. Ein Kästchen entspricht dem Flächeninhalt 0,25. Zählt man also n Kästchen, so ergibt sich für den Term:

$$\int_1^5 f(x)\,dx \approx -n \cdot 0{,}25$$

Anmerkung:
Beim Abzählen kommt man auf etwa 12 Kästchen.

I.2 Analysis

a) Die folgenden beiden Graphen kommen nicht infrage:
- Graph II: Es gilt z. B. $f(0{,}5) = 0{,}5^3 - 0{,}5 = -0{,}375 < 0$. Der Graph II verläuft im Intervall $0 < x < 1$ allerdings oberhalb der x-Achse.
- Graph III: Polynomfunktionen wie die Funktion f sind immer knickfrei.

b) Die Funktion f hat Nullstellen bei $x = -1$, $x = 0$ und $x = 1$. Der Inhalt der eingeschlossenen Fläche berechnet sich demnach mit:

$$A = \int_{-1}^{0} (x^3 - x)\,dx + \left| \int_0^1 (x^3 - x)\,dx \right|$$

Anmerkung:
Beim zweiten Term sind die Betragsstriche nötig, da sich die eingeschlossene Fläche im Intervall $0 \le x \le 1$ unterhalb der x-Achse befindet. Das bestimmte Integral liefert somit einen negativen Wert, Flächeninhalte sind aber immer positiv.

Wegen der Punktsymmetrie sind die beiden Teilflächen gleich groß, es folgt:

$$A = 2 \cdot \int_{-1}^{0} \left(x^3 - x\right) dx = 2 \cdot \left[\frac{1}{4}x^4 - \frac{1}{2}x^2\right]_{-1}^{0} = 2 \cdot \left(0 - \left(\frac{1}{4} \cdot (-1)^4 - \frac{1}{2} \cdot (-1)^2\right)\right) = \frac{1}{2}$$

Die Fläche, die der Graph mit der x–Achse einschließt, beträgt $\frac{1}{2}$ FE.

I.3 Lineare Algebra/Analytische Geometrie

a) Für den Abstand der Punkte A und B gilt:

$$|\overrightarrow{AB}| = \left|\begin{pmatrix}2\\4\\5\end{pmatrix} - \begin{pmatrix}5\\0\\a\end{pmatrix}\right| = \left|\begin{pmatrix}-3\\4\\5-a\end{pmatrix}\right|$$

$$= \sqrt{(-3)^2 + 4^2 + (5-a)^2}$$

$$= \sqrt{25 + (25 - 10a + a^2)}$$

$$= \sqrt{a^2 - 10a + 50}$$

A und B sollen den Abstand 5 haben, es muss also gelten:

$$\sqrt{a^2 - 10a + 50} = 5$$

$$\Leftrightarrow \quad a^2 - 10a + 50 = 25$$

$$\Leftrightarrow \quad a^2 - 10a + 25 = 0$$

$$\Leftrightarrow \quad (a-5)^2 = 0$$

$$\Leftrightarrow \quad a = 5$$

Damit die beiden Punkte A und B den Abstand 5 haben, muss $a = 5$ sein.

b) Die Seiten $\overline{OB}$ und $\overline{AB}$ sollen senkrecht aufeinander stehen, das Skalarprodukt der entsprechenden Vektoren muss 0 ergeben:

$$\overrightarrow{OB} \circ \overrightarrow{AB} = 0 \quad \Leftrightarrow \quad \begin{pmatrix}2\\4\\5\end{pmatrix} \circ \begin{pmatrix}-3\\4\\5-a\end{pmatrix} = 0 \quad \Leftrightarrow \quad -6 + 16 + 5 \cdot (5-a) = 0 \quad \Rightarrow \quad a = 7$$

Für den Wert $a = 7$ ist das Dreieck OAB in B rechtwinklig.

I.4 Stochastik

a) Wenn bei zwei zufällig ausgewählten Haushalten 1 und 2 genau ein Haushalt mit Hund dabei ist, gibt es zwei Möglichkeiten:
Entweder hat Haushalt 1 einen Hund und Haushalt 2 nicht oder Haushalt 2 hat einen Hund und Haushalt 1 nicht. Es folgt:

$$P(\text{genau 1 Haushalt mit Hund}) = P(H) \cdot P(\overline{H}) + P(\overline{H}) \cdot P(H)$$

$$= 0{,}2 \cdot 0{,}8 + 0{,}8 \cdot 0{,}2 = 0{,}32$$

Die Wahrscheinlichkeit dafür, dass bei zwei zufällig ausgewählten Haushalten genau ein Haushalt mit Hund dabei ist, beträgt 32 %.

b) Vollständige Vierfeldertafel:

	S	$\bar{S}$	Summe
H	0,1	0,1	0,2
$\bar{H}$	0,5	0,3	0,8
Summe	0,6	0,4	1,0

- Wahrscheinlichkeit dafür, dass ein zufällig ausgewählter Haushalt auf dem Land liegt und einen Hund hat:
  $P(\bar{S} \cap H) = 0{,}1 = 10\,\%$
- Wahrscheinlichkeit dafür, dass ein Haushalt auf dem Land einen Hund besitzt (bedingte Wahrscheinlichkeit):
  $$P_{\bar{S}}(H) = \frac{P(\bar{S} \cap H)}{P(\bar{S})} = \frac{0{,}1}{0{,}4} = 25\,\%$$

I.5.1 Analysis

a) Anwendung der Produktregel zur Bestimmung der Ableitungsfunktion:
$f'(x) = u' \cdot v + u \cdot v'$

$$\left.\begin{array}{ll} u = 3x & u' = 3 \\ v = e^x & v' = e^x \end{array}\right\} \Rightarrow f'(x) = 3 \cdot e^x + 3x \cdot e^x$$

Mit der notwendigen Bedingung für Extremstellen $f'(x) = 0$ ergibt sich:
$3 \cdot e^x + 3x \cdot e^x = 0 \Leftrightarrow 3e^x \cdot (1 + x) = 0 \Rightarrow x = -1$ (w. z. z. w.)

b) Zeichnung der Stammfunktion F:

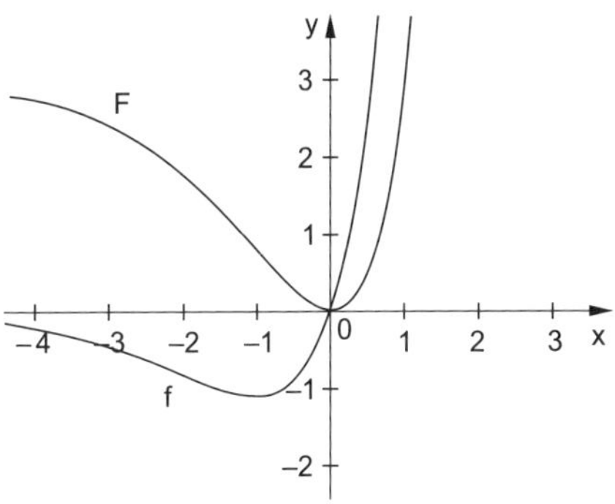

Anmerkung:
Es sollte klar zu erkennen sein, dass der Graph von F einen Tiefpunkt im Koordinatenursprung (wegen des Vorzeichenwechsels von f) sowie einen Wendepunkt bei $x = -1$ (wegen des Minimums von f) hat.

I.5.2 Lineare Algebra

a) Mit $\vec{v}_1 = F \cdot \vec{v}_0$ gilt:

$$\begin{pmatrix} 10\,000 \\ 30 \\ 1 \end{pmatrix} = \begin{pmatrix} 0 & 0 & 2\,000 \\ 0{,}01 & 0 & 0 \\ 0 & 0{,}1 & 0 \end{pmatrix} \cdot \begin{pmatrix} E \\ J \\ A \end{pmatrix}$$

Aus den drei Zeilen ergeben sich drei Gleichungen:

$10\,000 = 2\,000 \cdot A \quad \Rightarrow \quad A = 5$

$30 = 0{,}01 \cdot E \quad \Rightarrow \quad E = 3\,000$

$1 = 0{,}1 \cdot J \quad \Rightarrow \quad J = 10$

Damit lautet die Anfangspopulation: $\vec{v}_0 = \begin{pmatrix} 3\,000 \\ 10 \\ 5 \end{pmatrix}$

b) Es gilt: $\vec{v}_{n+3} = F^3 \cdot \vec{v}_n$

Die angegebene Matrix F^3 bedeutet, dass sich innerhalb von drei Entwicklungszyklen die Anzahl der Eier, der Jungtiere und der ausgewachsenen Fische jeweils verdoppelt.

I.5.2 Analytische Geometrie

a) Punktprobe:

$$\begin{pmatrix} 3 \\ 2 \\ 2 \end{pmatrix} = \begin{pmatrix} 1 \\ 2 \\ 0 \end{pmatrix} + t \cdot \begin{pmatrix} 2 \\ 4 \\ 1 \end{pmatrix}$$

LGS:

I $\quad 3 = 1 + 2t$

II $\quad 2 = 2 + 4t$

III $\quad 2 = 0 + t$

Aus Gleichung III folgt, dass $t = 2$ ist. Einsetzen von $t = 2$ in Gleichung I oder II führt zu einer falschen Aussage. Damit liegt der Punkt A nicht auf der Geraden g. (w. z. z. w.)

Ebene E, in der der Punkt A und die Gerade g liegen:
Die Ebene wird durch drei Punkte aufgespannt, von denen die beiden Punkte B und C auf g liegen und der Punkt A nicht. Mit $t = 0$ und $t = 1$ ergibt sich:

$B(1 \mid 2 \mid 0)$, $C(3 \mid 6 \mid 1)$

Die Ebenengleichung E hat die Form:

E: $\vec{x} = \overrightarrow{OA} + r \cdot \overrightarrow{AB} + s \cdot \overrightarrow{AC}$; $r, s \in \mathbb{R}$

Für die beiden Richtungsvektoren gilt:

$$\overrightarrow{AB} = \begin{pmatrix} 1-3 \\ 2-2 \\ 0-2 \end{pmatrix} = \begin{pmatrix} -2 \\ 0 \\ -2 \end{pmatrix} \text{ und } \overrightarrow{AC} = \begin{pmatrix} 3-3 \\ 6-2 \\ 1-2 \end{pmatrix} = \begin{pmatrix} 0 \\ 4 \\ -1 \end{pmatrix}$$

Damit lautet eine Gleichung der Ebene E:

$$E:\ \vec{x} = \begin{pmatrix} 3 \\ 2 \\ 2 \end{pmatrix} + r \cdot \begin{pmatrix} -2 \\ 0 \\ -2 \end{pmatrix} + s \cdot \begin{pmatrix} 0 \\ 4 \\ -1 \end{pmatrix};\ r, s \in \mathbb{R}$$

Anmerkung:
Es gibt viele weitere Möglichkeiten, eine Gleichung von E anzugeben. Es ist z. B. möglich, den Stütz- und den Richtungsvektor von g als Stütz- und Richtungsvektor von E zu verwenden und den Vektor $\overrightarrow{AB}$ als zweiten Richtungsvektor hinzuzufügen. Dann lautet die Gleichung der Ebene E:

$$E:\ \vec{x} = \begin{pmatrix} 1 \\ 2 \\ 0 \end{pmatrix} + r \cdot \begin{pmatrix} 2 \\ 4 \\ 1 \end{pmatrix} + s \cdot \begin{pmatrix} -2 \\ 0 \\ -2 \end{pmatrix};\ r, s \in \mathbb{R}$$

b) Schritte zur Berechnung des Spiegelpunkts A':

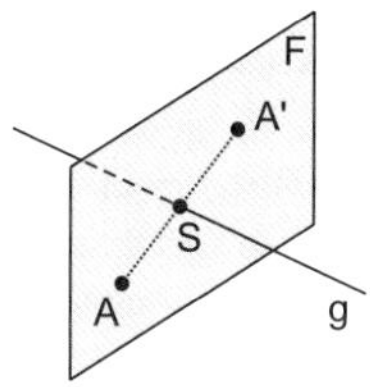

- Aufstellen der Gleichung einer Hilfsebene F:
  Die Gerade g soll senkrecht zu F verlaufen, ein Normalenvektor von F ergibt sich also aus dem Richtungsvektor von g. Der Punkt A soll in F liegen. Mithilfe des Ortsvektors von A und des Normalenvektors ergibt sich eine Koordinatengleichung von F.
- Berechnen des Schnittpunkts S von g und F:
  Indem man die Geradengleichung von g koordinatenweise in die Koordinatengleichung von F einsetzt, erhält man einen Wert für t. Durch Einsetzen dieses Wertes in die Geradengleichung von g ergibt sich der Ortsvektor von S.
- Berechnen des Ortsvektors von A':
  Der Ortsvektor von A' ergibt sich, indem man zum Ortsvektor von A zweimal den Verbindungsvektor von A und S addiert, es gilt also:
  $\overrightarrow{OA'} = \overrightarrow{OA} + 2 \cdot \overrightarrow{AS}$

I.5.3 Stochastik

a) Vervollständigte Formel:

$$P(X=3) = \binom{5}{3} \cdot \left(\frac{3}{4}\right)^2 \cdot \left(\frac{1}{4}\right)^3$$

b) Wahrscheinlichkeit:
$P(Y=14) = P(Y \leq 15) - P(Y=15) - P(Y \leq 13)$

Wie im Histogramm ersichtlich gilt aufgrund der Symmetrie:
$P(Y=15) = P(Y=12) \approx 0{,}13$ und $P(Y \leq 13) = 0{,}5$

Es folgt:
$P(Y=14) = 0{,}78 - 0{,}13 - 0{,}5 = 0{,}15$

II Analysis 1

Die Abbildung 1 zeigt den Graphen der in $\mathbb{R}$ definierten Funktion f mit $f(x) = -\frac{5}{16}x^4 + 5x^3$.

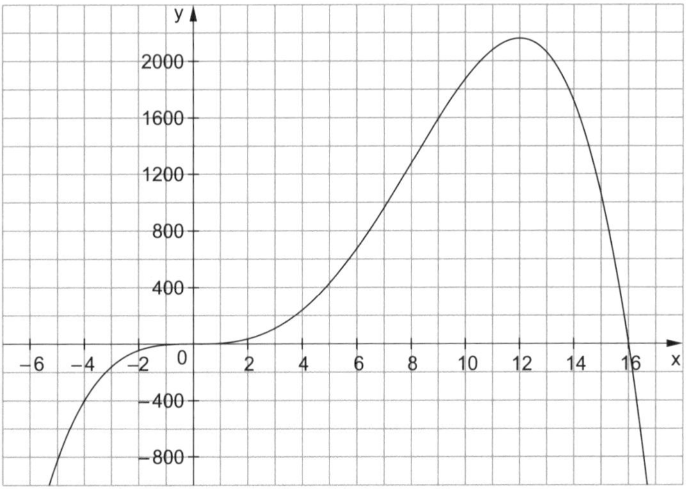

Abb. 1

Punkte

1. a) **Zeigen** Sie rechnerisch, dass der Punkt $(12|2160)$ ein Hochpunkt des Graphen von f ist und dass die Tangente an den Graphen von f im Punkt $(0|0)$ parallel zur x-Achse verläuft. 5

   b) **Bestimmen** Sie eine Gleichung der Geraden g, die durch die beiden Wendepunkte des Graphen von f verläuft.
   Zeichnen Sie in die Abbildung 1 eine Gerade **ein**, die parallel zu g ist und für $0 \leq x \leq 8$ mit dem Graphen von f genau einen Punkt gemeinsam hat. 7

   Für jede reelle Zahl a ist eine in $\mathbb{R}$ definierte Funktion h_a mit $h_a(x) = 5ax^2$ gegeben.

   c) **Beschreiben** Sie, wie der Graph von h_4 aus dem Graphen von h_3 erzeugt werden kann. 2

d) **Bestimmen** Sie denjenigen Wert von a, für den der Punkt $(4\,|\,f(4))$ auf dem Graphen von h_a liegt. 2

e) Es gibt genau einen positiven Wert von a, für den die Graphen von f und h_a genau zwei gemeinsame Punkte haben.
Ermitteln Sie diesen Wert von a. 5

f) Die Gleichung $f(x)=h_{3,75}(x)$ hat genau die drei Lösungen $x_1=0$, $x_2=6$ und $x_3=10$ und es gilt

$$\int_0^{10} (f(x)-h_{3,75}(x))\,dx=0.$$

Deuten Sie dies mit Bezug auf die Graphen von f und $h_{3,75}$. 3

2. Ein Unternehmen lagert Glyzerin in einem Tank. Die momentane Änderungsrate des Tankinhalts kann für $0 \le x \le 20$ mithilfe der Funktion f mit $f(x)=-\frac{5}{16}x^4+5x^3$ beschrieben werden. Dabei ist x die seit Beobachtungsbeginn vergangene Zeit in Stunden und f(x) die momentane Änderungsrate in Kilogramm pro Stunde. Zu Beobachtungsbeginn befinden sich im Tank 1200 kg Glyzerin.

a) Der Punkt $(4\,|\,240)$ liegt auf dem Graphen von f.
Interpretieren Sie die Koordinaten dieses Punkts im Sachzusammenhang. 2

b) **Beurteilen** Sie die folgende Aussage:
Zwölf Stunden nach Beobachtungsbeginn ist die größte Menge Glyzerin im Tank enthalten. 2

c) **Bestimmen** Sie grafisch die Zunahme des Tankinhalts zwischen den Zeitpunkten acht Stunden und zehn Stunden nach Beobachtungsbeginn. 3

d) **Berechnen** Sie, wie viel Glyzerin 20 Stunden nach Beobachtungsbeginn im Tank enthalten ist. 4

35

Hinweise und Tipps

Teilaufgabe 1 a

Hochpunkt und Tangente

- Bilden Sie die Gleichung der 1. Ableitungsfunktion f'.
- Verwenden Sie die notwendige Bedingung für eine Extremstelle $f'(x)=0$.
- Die Gleichung $f'(x)=0$ hat zwei Lösungen. Eine hat mit der Tangente an den Graphen von f im Punkt $(0|0)$ zu tun, die andere mit dem Hochpunkt des Graphen von f.
- Für den Hochpunkt müssen Sie nicht die hinreichende Bedingung über die 2. Ableitungsfunktion prüfen, da aus der Aufgabenstellung klar hervorgeht, dass der Hochpunkt existiert.
- Vergessen Sie nicht, die y-Koordinate des Hochpunkts zu berechnen.

Teilaufgabe 1 b

Gleichung der Geraden g

- Bilden Sie die Gleichung der 2. Ableitungsfunktion f''.
- Verwenden Sie die notwendige Bedingung für eine Wendestelle $f''(x)=0$.
- Die Gleichung $f''(x)=0$ hat zwei Lösungen. Diese sind die x-Koordinaten der beiden Wendestellen.
- Durch Einsetzen der x-Koordinaten der Wendestellen in f(x) ergeben sich deren y-Koordinaten.
- Einer der beiden Wendepunkte liegt im Ursprung. Die gesuchte Gerade g verläuft somit durch den Ursprung und hat eine Gleichung der Form $g(x)=m\cdot x$, wobei m die Steigung der Geraden ist.
- Sind $P_1(x_1|y_1)$ und $P_2(x_2|y_2)$ zwei Punkte der Geraden g, so können Sie deren Steigung m berechnen mit:

$$m=\frac{y_2-y_1}{x_2-x_1}$$

Zeichnung einer zu g parallelen Geraden

- Zeichnen Sie zunächst die Gerade g in die Abbildung 1 ein.
- Verschieben Sie die Gerade g dann so, dass sie den Graphen von f im Bereich $0\leq x\leq 8$ in genau einem Punkt berührt.

Teilaufgabe 1 c

Erzeugung des Graphen von h_4

- Die Funktionsterme von h_4 und h_3 unterscheiden sich lediglich durch einen Faktor, der sich aus dem Verhältnis der beiden Parameterwerte ergibt.
- Führt ein konstanter Vorfaktor zu einer Dehnung oder einer Verschiebung des Funktionsgraphen? Und in x- oder y-Richtung?

Teilaufgabe 1 d

Wert von a, für den der Punkt (4 | f(4)) auf dem Graphen von h_a liegt

- Berechnen Sie den Funktionswert von f für x = 4.
- Setzen Sie diesen Wert mit $h_a(x)$ gleich und lösen Sie nach a auf.

Teilaufgabe 1 e

Wert von a, für den die Graphen von f und h_a genau zwei gemeinsame Punkte haben

- Suchen Sie nach Lösungen der Gleichung $f(x) = h_a(x)$.
- Eine Lösung ist unabhängig vom Parameter a, somit haben die Graphen von f und h_a mindestens einen gemeinsamen Punkt.
- Weitere mögliche Lösungen ergeben sich über eine quadratische Gleichung. Ermitteln Sie also, für welchen Wert von a die quadratische Gleichung genau eine Lösung hat.

Teilaufgabe 1 f

Bedeutung der Gleichung

- Bei dieser Aufgabe geht es um Flächenstücke, die die beiden Graphen einschließen. Um wie viele Flächenstücke handelt es sich, wenn die Graphen genau drei gemeinsame Punkte haben?
- Überlegen Sie, was aus dem Wert des angegebenen Integrals für die Größe der Flächenstücke folgt.

Teilaufgabe 2 a

Interpretation der Koordinaten des Punktes

- Die x-Koordinate entspricht einem bestimmten Zeitpunkt nach Beobachtungsbeginn, die y-Koordinate der momentanen Änderungsrate der Glyzerinmenge zu diesem Zeitpunkt.

Teilaufgabe 2 b

Beurteilung der Aussage

- Beachten Sie, dass in der Aussage von der Menge an Glyzerin die Rede ist, der Funktionswert von f aber nur eine Aussage zu deren momentaner Änderungsrate macht.

Teilaufgabe 2 c

Zunahme des Tankinhalts

- Die Zunahme des Tankinhalts zwischen den beiden Zeitpunkten entspricht dem Inhalt der Fläche zwischen dem Graphen von f und der x-Achse in diesem Intervall.
- Sie sollen den Flächeninhalt grafisch bestimmten, also Kästchen zählen.

Teilaufgabe 2 d

Menge an Glyzerin

- Beachten Sie, dass sich zu Beobachtungsbeginn eine gewisse Menge an Glyzerin im Tank befindet.
- Die gesamte Änderung der Menge können Sie mithilfe eines bestimmten Integrals über die Funktion f berechnen. Die Integrationsgrenzen ergeben sich aus dem Anfangs- und dem Endpunkt des Beobachtungszeitraums.

Lösung

1. a) Für die 1. Ableitungsfunktion f' gilt:

$$f'(x) = -\frac{5}{4}x^3 + 15x^2$$

Notwendige Bedingung für eine Extremstelle ist $f'(x) = 0$ und es folgt:

$$-\frac{5}{4}x^3 + 15x^2 = 0 \quad \Leftrightarrow \quad x^2 \cdot \left(-\frac{5}{4}x + 15\right) = 0$$

Eine Lösung ist $x = 0$. Somit hat die Tangente an den Graphen von f im Punkt $(0|0)$ die Steigung 0, sie verläuft also parallel zur x-Achse. (w. z. z. w.)

Eine weitere Lösung für $f'(x) = 0$ ergibt sich mit:

$$-\frac{5}{4}x + 15 = 0 \quad \Leftrightarrow \quad x = 12$$

In Abbildung 1 ist zu sehen, dass sich bei $x = 12$ der Hochpunkt befindet, die Prüfung der hinreichenden Bedingung $f''(x) < 0$ ist nicht nötig.

Für die y-Koordinate des Hochpunkts ergibt sich:

$$f(12) = -\frac{5}{16} \cdot 12^4 + 5 \cdot 12^3 = 2160$$

Der Hochpunkt hat die Koordinaten $H(12|2160)$. (w. z. z. w.)

b) Für die 2. Ableitungsfunktion f'' gilt:

$$f''(x) = -\frac{15}{4}x^2 + 30x$$

Mit der notwendigen Bedingung $f''(x) = 0$ für Wendestellen ergibt sich:

$$-\frac{15}{4}x^2 + 30x = 0 \quad \Leftrightarrow \quad x^2 - 8x = 0 \quad \Leftrightarrow \quad x \cdot (x - 8) = 0 \quad \Rightarrow \quad x = 0 \text{ oder } x = 8$$

Da dem Aufgabentext sowie der Abbildung 1 zu entnehmen ist, dass zwei Wendestellen existieren, muss die 3. Ableitungsfunktion nicht geprüft werden. Ein Wendepunkt ist also $(0|0)$. Durch Einsetzen von $x = 8$ in f(x) ergibt sich die y-Koordinate des anderen Wendepunkts:

$$f(8) = -\frac{5}{16} \cdot 8^4 + 5 \cdot 8^3 = 1280$$

Die Wendepunkte sind $W_1(0|0)$ und $W_2(8|1280)$.

Da die Gerade somit durch den Ursprung (bzw. W_1) verläuft, hat die Gleichung von g die Form $g(x) = m \cdot x$, wobei m die Steigung von g ist. Für sie gilt:

$$m = \frac{y_2 - y_1}{x_2 - x_1} = \frac{1280 - 0}{8 - 0} = 160 \quad \Rightarrow \quad g(x) = 160x$$

Zeichnung der zu g parallelen Geraden g_1:

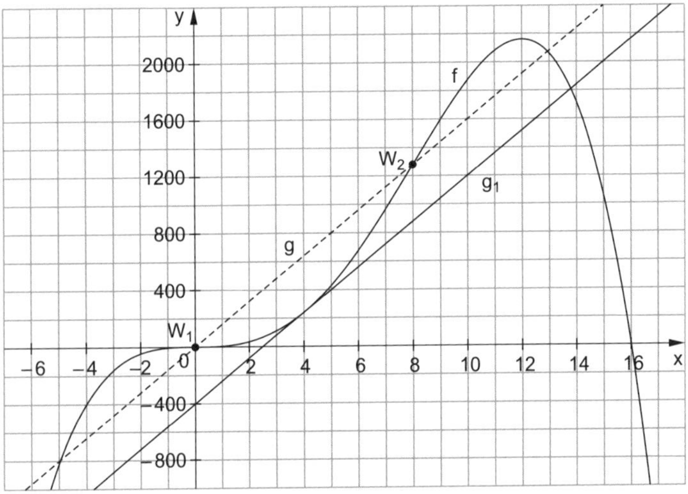

c) Durch eine Streckung mit dem Faktor $\frac{4}{3}$ in y-Richtung kann aus dem Graphen h_3 der Graph h_4 erzeugt werden, denn es gilt $h_4(x) = \frac{4}{3} \cdot h_3(x)$.

d) Es gilt:

$$f(4) = -\frac{5}{16} \cdot 4^4 + 5 \cdot 4^3 = 240$$

Es muss also gelten:

$$h_a(4) = f(4) \quad \Leftrightarrow \quad 5a \cdot 4^2 = 240 \quad \Rightarrow \quad a = 3$$

Für den Wert $a = 3$ liegt der Punkt $(4 \mid f(4))$ auf dem Graphen von h_a.

e) Für gemeinsame Punkte von f und h_a muss $f(x) = h_a(x)$ gelten und es folgt:

$$-\frac{5}{16}x^4 + 5x^3 = 5ax^2$$

$$\Leftrightarrow \quad -\frac{5}{16}x^2 \cdot (x^2 - 16x + 16a) = 0$$

Eine Lösung ist $x = 0$, dort berühren sich die Graphen von f und h_a. Weitere gemeinsame Punkte ergeben sich mit:

$$x^2 - 16x + 16a = 0 \quad \Rightarrow \quad x_{1/2} = 8 \pm \sqrt{64 - 16a}$$

Damit es für $f(x) = h_a(x)$ insgesamt genau zwei Lösungen gibt, muss für den Radikanden (die Diskriminante) gelten:

$$64 - 16a = 0 \quad \Leftrightarrow \quad a = \frac{64}{16} = 4$$

Für den Wert $a = 4$ haben die Graphen von f und h_a genau zwei gemeinsame Punkte.

f) Die beiden Graphen von f und $h_{3,75}$ schließen zwei Flächenstücke ein, in den Intervallen $0 \le x \le 6$ und $6 \le x \le 10$. Eines dieser Flächenstücke liegt oberhalb des Graphen von f, das andere unterhalb. Weil

$$\int_0^{10} (f(x) - h_{3,75}(x))\,dx = 0$$

gilt, müssen diese Flächenstücke gleich groß sein.

2. a) Vier Stunden nach dem Beobachtungsbeginn beträgt die momentane Änderungsrate des Tankinhalts $240\,\frac{kg}{h}$.

b) Die Aussage ist falsch. Zwölf Stunden nach Beobachtungsbeginn ist lediglich die momentane Änderungsrate am größten. Diese ist aber auch in den darauffolgenden vier Stunden positiv, weshalb die Menge weiter zunimmt. Tatsächlich ist 16 Stunden nach Beobachtungsbeginn die größte Menge Glyzerin im Tank enthalten.

c) Grafische Bestimmung der Zunahme zwischen den Zeitpunkten $x = 8$ und $x = 10$:

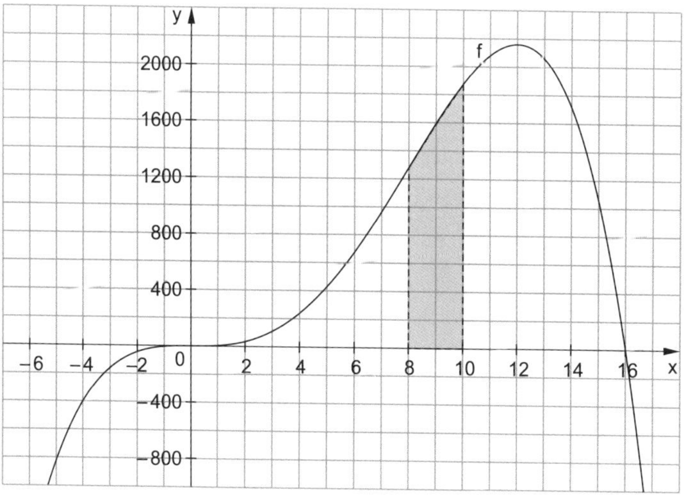

Ein Kästchen entspricht einer Zunahme von 200 kg. Die Fläche zwischen dem Graphen von f und der x-Achse im Intervall $8 \le x \le 10$ beinhaltet ca. 16 Kästchen. Die Zunahme in diesem Zeitraum beträgt also etwa:

$16 \cdot 200\text{ kg} = 3200\text{ kg}$

d) Menge an Glyzerin nach 20 Stunden:

$$m = 1200 + \int_0^{20} f(x)\,dx = 1200 + \int_0^{20} \left(-\frac{5}{16}x^4 + 5x^3\right) dx$$

$$= 1200 + \left[-\frac{1}{16}x^5 + \frac{5}{4}x^4\right]_0^{20}$$

$$= 1200 - \frac{1}{16} \cdot 20^5 + \frac{5}{4} \cdot 20^4 - \left(-\frac{1}{16} \cdot 0^5 + \frac{5}{4} \cdot 0^4\right) = 1200$$

Innerhalb der ersten 20 Stunden nach Beobachtungsbeginn ist die Menge des zugeführten Glyzerins genauso groß wie die Menge des entnommenen Glyzerins. Nach 20 Stunden sind also wieder 1200 kg Glyzerin enthalten.

Hamburg Kernfach Mathematik – Zentralabitur 2021
Grundlegendes Anforderungsniveau – Lineare Algebra

Anmerkung der Redaktion:
Diese Aufgabe wurde nur den Schülerinnen und Schülern von Kursen vorgelegt, die den Schwerpunkt Lineare Algebra gewählt hatten.

III Lineare Algebra

In einer Stadt bieten die Taxiunternehmen A, B und C ihre Dienstleistung an. Die Verteilung der Kunden lässt sich durch Vektoren der Form $\begin{pmatrix} a \\ b \\ c \end{pmatrix}$ darstellen, wobei a, b und c die Anzahlen der Kunden der Unternehmen A, B bzw. C bezeichnen. Damit kann die Entwicklung der Kundenverteilung von einem Monat n zum nächsten modellhaft durch die Gleichung $\vec{v}_{n+1} = M \cdot \vec{v}_n$ mit

$$M = \begin{pmatrix} 0{,}1 & 0{,}1 & 0{,}7 \\ 0{,}3 & 0{,}8 & 0{,}2 \\ 0{,}6 & 0{,}1 & 0{,}1 \end{pmatrix}$$

beschrieben werden. Die inverse Matrix von M ist

$$M^{-1} = \frac{1}{30} \cdot \begin{pmatrix} -6 & -6 & 54 \\ -9 & 41 & -19 \\ 45 & -5 & -5 \end{pmatrix}.$$

Punkte

a) **Stellen** Sie die Entwicklung der Kundenverteilung von einem Monat n zum nächsten in einem Übergangsdiagramm **dar**. 3

Im Folgenden soll vereinfachend eine feste Gruppe von 7000 einheimischen Kunden betrachtet werden, die sich auf die drei Taxiunternehmen verteilen.

b) Es gibt eine Kundenverteilung mit 1600 Kunden des Unternehmens A, die sich nicht mehr verändern würde.
Ermitteln Sie diese Verteilung. 3

c) In einem Monat hat das Unternehmen A 2000 Kunden.
Ermitteln Sie alle Werte, die für die Anzahl der Kunden des Unternehmens B im folgenden Monat möglich sind. 4

d) Im Mai eines Jahres hat das Unternehmen A 2800 Kunden, das Unternehmen B 2400 Kunden und das Unternehmen C 1800 Kunden.
Ermitteln Sie die Kundenverteilung im vorhergehenden Monat sowie die prozentuale Abnahme der Anzahl der Kunden des Unternehmens C beim Übergang von April zu Mai. 4

Aufgrund der Unzuverlässigkeit des Taxiunternehmens B hat sich der Anteil der Kunden, die von Monat zu Monat bei diesem Unternehmen bleiben, verringert. Die Kunden, die nun zusätzlich zu einem anderen Taxiunternehmen wechseln, verteilen sich jeweils zur Hälfte auf die Unternehmen A und C. Die Anteile der Kunden der Unternehmen A und C, die bisher das Unternehmen von Monat zu Monat gewechselt haben, bleiben erhalten, diese Kunden wechseln nun aber nicht mehr zum Unternehmen B.

e) **Entscheiden** Sie, welche der folgenden Matrizen P und Q das geänderte Wechselverhalten der Kunden beschreibt, und **begründen** Sie Ihre Entscheidung.

$$P = \begin{pmatrix} 0{,}1 & 0{,}18 & 0{,}9 \\ 0 & 0{,}68 & 0 \\ 0{,}9 & 0{,}14 & 0{,}1 \end{pmatrix}$$

$$Q = \begin{pmatrix} 0{,}1 & 0{,}18 & 0{,}9 \\ 0 & 0{,}64 & 0 \\ 0{,}9 & 0{,}18 & 0{,}1 \end{pmatrix}$$ 2

f) Von dem Zeitpunkt an, ab dem das geänderte Wechselverhalten gilt, nimmt die Anzahl der Kunden des Unternehmens B kontinuierlich ab. **Geben** Sie **an**, wie sich dies in der Matrix zeigt, die Sie in der Teilaufgabe e gewählt haben.
Ermitteln Sie, im wievielten Monat nach dem genannten Zeitpunkt die Anzahl der Kunden des Unternehmens B erstmalig kleiner ist als 1 % der Anzahl der Kunden, die das Unternehmen B unmittelbar vor diesem Zeitpunkt hatte. 4

20

Hinweise und Tipps

Teilaufgabe a

Übergangsdiagramm

- Die drei Unternehmen A, B und C werden durch drei Felder dargestellt.
- Die Anteile der Kunden, die zu einem anderen Unternehmen wechseln oder bei einem Unternehmen bleiben, werden mithilfe entsprechend beschrifteter Pfeile dargestellt.
- Die Werte dieser Anteile lassen sich der Matrix M entnehmen.

Teilaufgabe b

Verteilung, die sich nicht mehr verändert

- 1600 Kunden entfallen auf Unternehmen A. Wie viele bleiben dann für B und C?
- Stellen Sie den Verteilungsvektor $\vec{v}$ auf. Drücken Sie dafür c in Abhängigkeit von b aus. Die 2. und die 3. Zeile von $\vec{v}$ sollten also beide nur von b abhängen.
- Die Kundenverteilung ändert sich genau dann nicht mehr, wenn $\vec{v} = M \cdot \vec{v}$ gilt.
- Eine Kontrollmöglichkeit Ihres Ergebnisses besteht darin, zu prüfen, ob die Summe der Einträge des ermittelten Verteilungsvektors 7000 ergibt.

Teilaufgabe c

Alle möglichen Werte für die Anzahl der Kunden des Unternehmens B

- Stellen Sie die Gleichung $\vec{v}_1 = M \cdot \vec{v}_0$ auf. Beachten Sie, dass der Eintrag in der 1. Zeile von $\vec{v}_0$ bekannt ist, und zwar $a_0 = 2000$. Somit kann man den Eintrag c_0 in der 3. Zeile ausdrücken durch $c_0 = 5000 - b_0$.
- Drücken Sie die Anzahl der Kunden b_1 des Unternehmens B im darauffolgenden Monat in Abhängigkeit von b_0 aus. Schreiben Sie dazu die 2. Zeile der Vektorgleichung $\vec{v}_1 = M \cdot \vec{v}_0$ aus.
- Überlegen Sie, welchen minimalen und welchen maximalen Wert b_0 hat. Schließen Sie daraus auf den Minimal- und den Maximalwert von b_1.

Teilaufgabe d

Kundenverteilung im vorhergehenden Monat

- Nutzen Sie zur Berechnung der Kundenverteilung im vorhergehenden Monat die inverse Matrix M^{-1}.

Prozentuale Abnahme

- Setzen Sie die Abnahme der Kundenanzahl von C ins Verhältnis zur Kundenanzahl von C im vorhergehenden Monat.

Teilaufgabe e

Entscheidung zwischen den Matrizen P und Q

- Der Aufgabentext enthält Bedingungen für mehrere Einträge der gesuchten Matrix.
- Gehen Sie die Bedingungen nacheinander durch. Eine Bedingung ist nicht erfüllt. Begründen Sie, warum.

Teilaufgabe f

Kontinuierliche Abnahme der Anzahl der Kunden des Unternehmens B

- Überlegen Sie, welche drei Einträge der Matrix Anteile der zu B wechselnden bzw. bei B verbleibenden Kunden beschreiben.

Monat, in dem die Anzahl der Kunden des Unternehmens B auf unter 1 % sinkt

- Basierend auf der Erkenntnis des ersten Teils der Teilaufgabe können Sie genau sagen, um wie viel Prozent die Anzahl der Kunden von B jeden Monat sinkt bzw. welcher Anteil p erhalten bleibt.
- Mit dem Ansatz $p^n < 0{,}01$ können Sie die gesuchte Anzahl n an Monaten berechnen.

Lösung

a) Übergangsdiagramm:

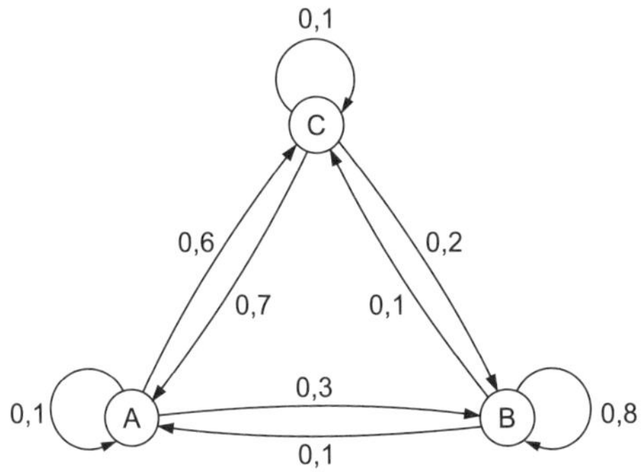

b) Mit a = 1600 gilt c = 5400 – b, da sich die 5400 restlichen Kunden auf B und C verteilen. Die Kundenverteilung ändert sich nicht mehr, somit gilt:

$$\begin{pmatrix} 0,1 & 0,1 & 0,7 \\ 0,3 & 0,8 & 0,2 \\ 0,6 & 0,1 & 0,1 \end{pmatrix} \cdot \begin{pmatrix} 1600 \\ b \\ 5400-b \end{pmatrix} = \begin{pmatrix} 1600 \\ b \\ 5400-b \end{pmatrix}$$

Aus der 1. Zeile ergibt sich:

$$\begin{aligned} & 0,1 \cdot 1600 + 0,1 \cdot b + 0,7 \cdot (5400 - b) = 1600 \\ \Leftrightarrow \quad & 160 - 0,6 \cdot b + 3780 = 1600 \\ \Leftrightarrow \quad & 0,6 \cdot b = 2340 \\ \Rightarrow \quad & b = 3900 \quad \Rightarrow \quad c = 5400 - 3900 = 1500 \end{aligned}$$

Die Verteilung ist:
1600 Kunden von A, 3900 Kunden von B und 1500 Kunden von C.

c) Unternehmen A hat 2000 Kunden, somit gilt:

$$\vec{v}_0 = \begin{pmatrix} 2000 \\ b_0 \\ 5000 - b_0 \end{pmatrix}$$

Mit $\vec{v}_1 = M \cdot \vec{v}_0$ gilt für den folgenden Monat:

$$\begin{pmatrix} 0,1 & 0,1 & 0,7 \\ 0,3 & 0,8 & 0,2 \\ 0,6 & 0,1 & 0,1 \end{pmatrix} \cdot \begin{pmatrix} 2000 \\ b_0 \\ 5000-b_0 \end{pmatrix} = \begin{pmatrix} a_1 \\ b_1 \\ c_1 \end{pmatrix}$$

Für die Anzahl b_1 der Kunden im darauffolgenden Monat gilt:

$$\begin{aligned} b_1 &= 0,3 \cdot 2000 + 0,8 \cdot b_0 + 0,2 \cdot (5000 - b_0) \\ &= 600 + 0,8 \cdot b_0 + 1000 - 0,2 \cdot b_0 \\ &= 1600 + 0,6 \cdot b_0 \end{aligned}$$

Da $0 \leq b_0 \leq 5000$ gilt, ist die Anzahl der Kunden des Unternehmens B im folgenden Monat mindestens 1600 und höchstens $1600 + 0{,}6 \cdot 5000 = 4600$.

d) Es gilt für die Verteilung der Kunden $\vec{v}_0$ im April und $\vec{v}_1$ im Mai:

$\vec{v}_1 = M \cdot \vec{v}_0 \quad \Leftrightarrow \quad M^{-1} \cdot \vec{v}_1 = \vec{v}_0$

Mit $\vec{v}_1 = \begin{pmatrix} 2800 \\ 2400 \\ 1800 \end{pmatrix}$ folgt:

$$\vec{v}_0 = \frac{1}{30} \cdot \begin{pmatrix} -6 & -6 & 54 \\ -9 & 41 & -19 \\ 45 & -5 & -5 \end{pmatrix} \cdot \begin{pmatrix} 2800 \\ 2400 \\ 1800 \end{pmatrix}$$

$$= \frac{1}{30} \cdot \begin{pmatrix} -6 \cdot 2800 - 6 \cdot 2400 + 54 \cdot 1800 \\ -9 \cdot 2800 + 41 \cdot 2400 - 19 \cdot 1800 \\ 45 \cdot 2800 - 5 \cdot 2400 - 5 \cdot 1800 \end{pmatrix}$$

$$= \frac{1}{30} \cdot \begin{pmatrix} 66000 \\ 39000 \\ 105000 \end{pmatrix} = \begin{pmatrix} 2200 \\ 1300 \\ 3500 \end{pmatrix}$$

Im Monat April gab es folgende Kundenverteilung:
2200 Kunden von A, 1300 Kunden von B und 3500 Kunden von C.

Prozentuale Abnahme p der Kunden C:

$$p = \frac{3500 - 1800}{3500} = 0{,}4857\ldots \approx 0{,}486$$

Die prozentuale Abnahme der Kunden des Unternehmens C betrug etwa 48,6 %.

e) Das geänderte Wechselverhalten wird mithilfe von Q beschrieben. Nur bei der Matrix Q verteilen sich die Kunden, die zusätzlich von B zu einem anderen Unternehmen wechseln, jeweils zur Hälfte auf A und C.

f) Die kontinuierliche Abnahme der Kundenanzahl von B zeigt sich in der 2. Zeile der Matrix Q: Wegen der beiden Einträge 0 wechseln keine Kunden von anderen Unternehmen zu B, aufgrund des Eintrags 0,64 bleiben jeden Monat nur 64 % der Kunden von B bei B.

Für den n-ten Monat, in dem die Kundenanzahl von B erstmals auf unter 1 % der ursprünglichen Anzahl gesunken ist, gilt:

$$0{,}64^n < 0{,}01 \qquad \Big|\ln$$

$$\Leftrightarrow \quad n \cdot \ln(0{,}64) < \ln(0{,}01)$$

$$\Rightarrow \quad n > \frac{\ln(0{,}01)}{\ln(0{,}64)} = 10{,}31\ldots$$

Im 11. Monat sinkt die Kundenanzahl von B erstmals auf unter 1 % der ursprünglichen Anzahl.

Anmerkung der Redaktion:
Diese Aufgabe wurde nur den Schülerinnen und Schülern von Kursen vorgelegt, die den Schwerpunkt Analytische Geometrie gewählt hatten.

III Analytische Geometrie

Die Punkte $A(0|0|0)$, $B(18|0|1{,}5)$, $C(12|10|1)$, $D(12|15|1)$ und $E(0|15|0)$ stellen modellhaft die Eckpunkte einer ebenen Rasenfläche dar (vgl. Abbildung 1).
Die Strecken $\overline{AB}$ und $\overline{DE}$ sind parallel.

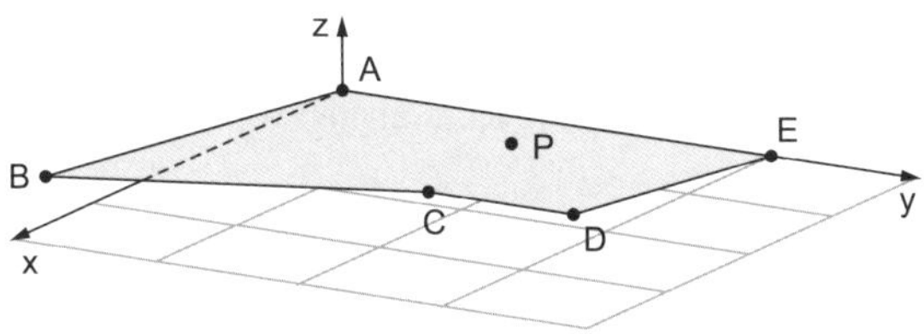

Abb. 1

Im verwendeten Koordinatensystem entspricht eine Längeneinheit einem Meter in der Wirklichkeit.

Punkte

a) **Zeigen** Sie, dass auch $\overline{AE}$ und $\overline{CD}$ parallel sind und dass $\overline{CD}$ und $\overline{DE}$ einen rechten Winkel einschließen. 3

b) Ausgehend vom Ansatz

$$|\overline{AE}|\cdot|\overline{DE}|+\frac{1}{2}\cdot\left(|\overline{AB}|-|\overline{DE}|\right)\cdot\left(|\overline{AE}|-|\overline{CD}|\right)$$

kann eine Größe berechnet werden, die im betrachteten Sachzusammenhang eine Rolle spielt.
Nennen Sie diese Größe und **erläutern** Sie den gegebenen Ansatz. 4

Die Rasenfläche wird von einem Roboter gemäht, der die Form eines flachen Zylinders hat. Zur Beschreibung der Bewegung des Roboters wird der Mittelpunkt seiner kreisförmigen Unterseite betrachtet, die einen Radius von 20 cm hat. Es soll vereinfachend davon ausgegangen werden, dass dieser Mittelpunkt die Rasenfläche berührt.
Die Position des Mittelpunkts wird zunächst durch $P(3{,}6|8|0{,}3)$ dargestellt (vgl. Abbildung 1).

Die anschließende Bewegung des Mittelpunkts verläuft im Modell entlang der Geraden g, die durch P verläuft und den Richtungsvektor $\begin{pmatrix} 12 \\ -4 \\ 1 \end{pmatrix}$ hat.

Dabei bewegt sich der Roboter auf den durch $\overline{BC}$ dargestellten Rand der Rasenfläche zu.

c) **Berechnen** Sie die Koordinaten des Punkts Q, in dem g die Strecke $\overline{BC}$ schneidet.
(*Zur Kontrolle:* Q(15,6 | 4 | 1,3)) 5

d) **Weisen** Sie **nach**, dass der Winkel, unter dem sich der Roboter dem Rand der Rasenfläche nähert, etwa 41° groß ist. 3

e) Der Roboter ändert seine Richtung, sobald der Rand seiner Unterseite den Rand der Rasenfläche erreicht. Der Punkt, der die Position des Mittelpunkts im Moment der Richtungsänderung darstellt, wird mit S bezeichnet.
Berechnen Sie mithilfe einer geeigneten Skizze die Koordinaten von S. 5

20

Hinweise und Tipps

Teilaufgabe a

$\overline{AE}$ und $\overline{CD}$ parallel

- Berechnen Sie die Verbindungsvektoren von A und E sowie C und D.
- Zwei Vektoren $\vec{u}$ und $\vec{v}$ sind parallel, wenn für ein beliebiges $k \in \mathbb{R}$ mit $k \neq 0$ gilt:
  $\vec{u} = k \cdot \vec{v}$

Rechter Winkel zwischen $\overline{CD}$ und $\overline{DE}$

- Zwei Vektoren spannen einen rechten Winkel auf, wenn ihr Skalarprodukt gleich null ist.

Teilaufgabe b

Ansatz

- Skizzieren Sie die Fläche so, wie sie senkrecht von oben betrachtet aussieht. Beachten Sie dabei die Eigenschaften der im einführenden Aufgabentext und in Teilaufgabe a genannten Strecken.
- Überlegen Sie, welche Größe charakterisierend für eine Fläche ist. Betrachten Sie die beiden Teilterme des Ansatzes in Hinblick auf diese Größe.

Teilaufgabe c

Koordinaten des Punkts Q

- Schreiben Sie die Gleichung der Geraden g auf. Ein Stützvektor ist der Ortsvektor von P, ein Richtungsvektor ist gegeben.
- Stellen Sie außerdem eine Gleichung der Geraden auf, auf der die Strecke $\overline{BC}$ liegt. Hierzu dient der Ortsvektor einer der beiden Punkte B und C als Stützvektor und der Verbindungsvektor von B und C als Richtungsvektor.
- Setzen Sie die beiden Terme, die die Geraden beschreiben, gleich.
- Ermitteln Sie mithilfe des sich ergebenden LGS einen der Geradenparameter. Durch Einsetzen in die entsprechende Geradengleichung erhalten Sie die Koordinaten des Punkts Q.

Teilaufgabe d

Winkel

- Der gesuchte Winkel entspricht dem Winkel, den die Richtungsvektoren der Geraden g und der Geraden, auf der die Strecke $\overline{BC}$ liegt (siehe Teilaufgabe c), aufspannen.
- Der spitze Winkel φ, den zwei Vektoren $\vec{u}$ und $\vec{v}$ aufspannen, berechnet sich mit:
  $$\cos\varphi = \frac{|\vec{u} \circ \vec{v}|}{|\vec{u}| \cdot |\vec{v}|}$$

Teilaufgabe e

Koordinaten von S

- Zeichnen Sie in Ihre Skizze die Gerade g und die Gerade, auf der $\overline{BC}$ liegt, ein. Tragen Sie außerdem den Winkel φ zwischen den beiden Geraden sowie die Punkte P, S, Q, B und C ein.
- Weil der Roboter den Grundkreisradius 20 cm hat, beträgt der Abstand des Punktes S zur Geraden, auf der $\overline{BC}$ liegt, 0,2.
- Über den Sinus des Winkels φ und den Abstand 0,2 können Sie den Abstand zwischen den Punkten Q und S bestimmen.
- Sie kennen nun den Abstand von Q und S. Nutzen Sie aus, dass die Strecke $\overline{QS}$ eine Teilstrecke von $\overline{QP}$ ist und dass Sie den Vektor $\overrightarrow{QP}$ sowie dessen Betrag bestimmen können.

Lösung

a) Die Verbindungsvektoren von A und E sowie C und D sind:

$$\overrightarrow{AE} = \overrightarrow{OE} - \overrightarrow{OA} = \begin{pmatrix} 0 \\ 15 \\ 0 \end{pmatrix} - \begin{pmatrix} 0 \\ 0 \\ 0 \end{pmatrix} = \begin{pmatrix} 0 \\ 15 \\ 0 \end{pmatrix}$$

$$\overrightarrow{CD} = \overrightarrow{OD} - \overrightarrow{OC} = \begin{pmatrix} 12 \\ 15 \\ 1 \end{pmatrix} - \begin{pmatrix} 12 \\ 10 \\ 1 \end{pmatrix} = \begin{pmatrix} 0 \\ 5 \\ 0 \end{pmatrix}$$

Da $\overrightarrow{AE} = 3 \cdot \overrightarrow{CD}$ gilt, ist $\overline{AE}$ parallel zu $\overline{CD}$. (w. z. z. w.)

Der Verbindungsvektor von D und E ist:

$$\overrightarrow{DE} = \overrightarrow{OE} - \overrightarrow{OD} = \begin{pmatrix} 0 \\ 15 \\ 0 \end{pmatrix} - \begin{pmatrix} 12 \\ 15 \\ 1 \end{pmatrix} = \begin{pmatrix} -12 \\ 0 \\ -1 \end{pmatrix}$$

Für das Skalarprodukt von $\overrightarrow{CD}$ und $\overrightarrow{DE}$ gilt:

$$\overrightarrow{CD} \circ \overrightarrow{DE} = \begin{pmatrix} 0 \\ 5 \\ 0 \end{pmatrix} \circ \begin{pmatrix} -12 \\ 0 \\ -1 \end{pmatrix} = 0$$

$\Rightarrow$ $\overline{CD}$ und $\overline{DE}$ schließen einen rechten Winkel ein. (w. z. z. w.)

b) Mithilfe des Ansatzes kann der Flächeninhalt der Rasenfläche berechnet werden. Die Rasenfläche setzt sich zusammen aus

- einem Rechteck mit den Seitenlängen $|\overline{AE}|$ und $|\overline{DE}|$, dessen Flächeninhalt mit $|\overline{AE}| \cdot |\overline{DE}|$ berechnet wird.
- einem rechtwinkligen Dreieck mit den Kathetenlängen $(|\overline{AB}| - |\overline{DE}|)$ und $(|\overline{AE}| - |\overline{CD}|)$, dessen Flächeninhalt mit $\frac{1}{2} \cdot (|\overline{AB}| - |\overline{DE}|) \cdot (|\overline{AE}| - |\overline{CD}|)$ berechnet wird.

Anmerkung:
Die Fläche senkrecht von oben betrachtet sieht folgendermaßen aus:

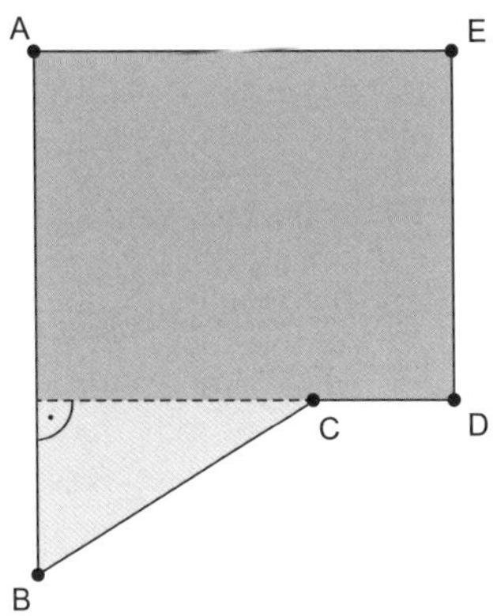

c) Mit dem Ortsvektor von P als Stützvektor und dem gegebenen Richtungsvektor ergibt sich für die Gerade g:

$$g\colon\ \vec{x} = \begin{pmatrix} 3{,}6 \\ 8 \\ 0{,}3 \end{pmatrix} + r \cdot \begin{pmatrix} 12 \\ -4 \\ 1 \end{pmatrix};\ r \in \mathbb{R}$$

Für die Gerade h, auf der die Strecke $\overline{BC}$ liegt, gilt:

$$h\colon\ \vec{x} = \overrightarrow{OB} + s \cdot \overrightarrow{BC}$$

$$= \begin{pmatrix} 18 \\ 0 \\ 1{,}5 \end{pmatrix} + s \cdot \begin{pmatrix} 12-18 \\ 10-0 \\ 1-1{,}5 \end{pmatrix} = \begin{pmatrix} 18 \\ 0 \\ 1{,}5 \end{pmatrix} + s \cdot \begin{pmatrix} -6 \\ 10 \\ -0{,}5 \end{pmatrix};\ s \in \mathbb{R}$$

Durch Gleichsetzen der Terme von g und h lassen sich die Punktkoordinaten von Q ermitteln:

$$\begin{pmatrix} 3{,}6 \\ 8 \\ 0{,}3 \end{pmatrix} + r \cdot \begin{pmatrix} 12 \\ -4 \\ 1 \end{pmatrix} = \begin{pmatrix} 18 \\ 0 \\ 1{,}5 \end{pmatrix} + s \cdot \begin{pmatrix} -6 \\ 10 \\ -0{,}5 \end{pmatrix}$$

LGS:

$$\begin{array}{lll} \text{I} & 3{,}6 + 12r = 18 - 6s & \Rightarrow \quad 12r + 6s = 14{,}4 \\ \text{II} & 8 - 4r = 10s & \Rightarrow \quad -4r - 10s = -8 \\ \text{III} & 0{,}3 + r = 1{,}5 - 0{,}5s & \Rightarrow \quad r + 0{,}5s = 1{,}2 \end{array}$$

$$\text{I} + 3 \cdot \text{II} \;\Rightarrow\; -24s = -9{,}6 \;\Rightarrow\; s = 0{,}4$$

$s = 0{,}4$ in III:

$$r + 0{,}5 \cdot 0{,}4 = 1{,}2 \;\Rightarrow\; r = 1$$

Der Punkt Q ergibt sich durch Einsetzen von $r = 1$ in g:

$$\overrightarrow{OQ} = \begin{pmatrix} 3{,}6 \\ 8 \\ 0{,}3 \end{pmatrix} + 1 \cdot \begin{pmatrix} 12 \\ -4 \\ 1 \end{pmatrix} = \begin{pmatrix} 15{,}6 \\ 4 \\ 1{,}3 \end{pmatrix} \;\Rightarrow\; Q(15{,}6\,|\,4\,|\,1{,}3)$$

d) Der Winkel φ, unter dem sich der Roboter dem Rand der Rasenfläche nähert, ist der spitze Winkel, den die Richtungsvektoren von g und h aufspannen:

$$\cos\varphi = \frac{\left| \begin{pmatrix} 12 \\ -4 \\ 1 \end{pmatrix} \cdot \begin{pmatrix} -6 \\ 10 \\ -0{,}5 \end{pmatrix} \right|}{\sqrt{12^2 + (-4)^2 + 1^2} \cdot \sqrt{(-6)^2 + 10^2 + (-0{,}5)^2}}$$

$$= \frac{|12 \cdot (-6) + (-4) \cdot 10 + 1 \cdot (-0{,}5)|}{\sqrt{161} \cdot \sqrt{136{,}25}}$$

$$= 0{,}75957\ldots \approx 0{,}7596$$

$$\Rightarrow\; \varphi \approx \arccos(0{,}7596) = 40{,}57\ldots^\circ \approx 41^\circ \qquad \text{(w. z. z. w.)}$$

e) Skizze:

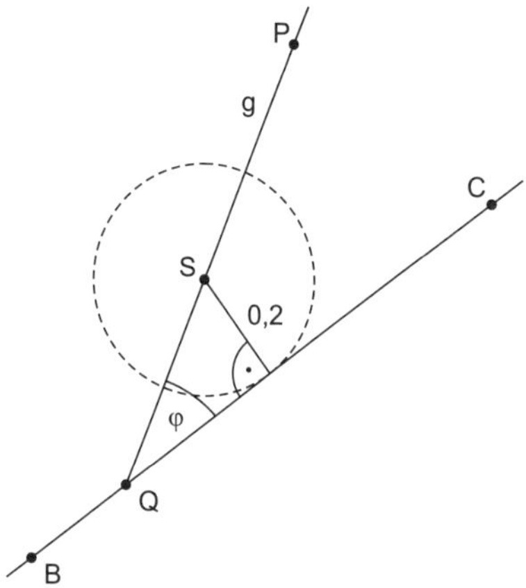

Im eingezeichneten rechtwinkligen Dreieck gilt:

$$|\overrightarrow{QS}| = \frac{0,2}{\sin\varphi} \approx \frac{0,2}{\sin 41^\circ} = 0,3048\ldots \approx 0,305$$

Da die Strecke $\overline{QS}$ eine Teilstrecke von $\overline{QP}$ ist, gilt:

$$\overrightarrow{OS} = \overrightarrow{OQ} + |\overrightarrow{QS}| \cdot \frac{1}{|\overrightarrow{QP}|} \cdot \overrightarrow{QP}$$

Für $\overrightarrow{QP}$ gilt:

$$\overrightarrow{QP} = \begin{pmatrix} 3,6-15,6 \\ 8-4 \\ 0,3-1,3 \end{pmatrix} = \begin{pmatrix} -12 \\ 4 \\ -1 \end{pmatrix}$$

Es folgt:

$$\overrightarrow{OS} \approx \begin{pmatrix} 15,6 \\ 4 \\ 1,3 \end{pmatrix} + 0,305 \cdot \frac{1}{\sqrt{161}} \cdot \begin{pmatrix} -12 \\ 4 \\ -1 \end{pmatrix} \approx \begin{pmatrix} 15,31 \\ 4,10 \\ 1,28 \end{pmatrix} \quad \Rightarrow \quad S(15,31\,|\,4,10\,|\,1,28)$$

IV Stochastik

Ein Unternehmen bietet Joghurt in Bechern an. Die Becher werden auf Paletten mit jeweils 20 Bechern ausgeliefert. Bei jedem Becher befindet sich auf der Unterseite des Deckels genau eines von sechs verschiedenen Motiven.
Gegenwärtig wird für jeden Becher eines der sechs Motive zufällig ausgewählt. Alle sechs Motive haben bei der Auswahl die gleiche Wahrscheinlichkeit. Drei Becher werden nacheinander geöffnet.

Punkte

a) **Berechnen** Sie die Wahrscheinlichkeit dafür, dass sich nur im ersten und dritten Becher jeweils das Motiv 1 befindet. 2

b) **Geben** Sie im Sachzusammenhang ein Ereignis **an**, dessen Wahrscheinlichkeit durch den Term $\frac{6 \cdot 5 \cdot 4}{6^3}$ angegeben wird. 2

Das Unternehmen plant eine Änderung. Künftig soll für jeden Becher das Motiv 6 mit der Wahrscheinlichkeit p ausgewählt werden. Die binomialverteilte Zufallsgröße X gibt für eine Palette die Anzahl der Becher mit dem Motiv 6 an.

c) Die Abbildung 1 zeigt für einen Wert von p die Wahrscheinlichkeitsverteilung von X.

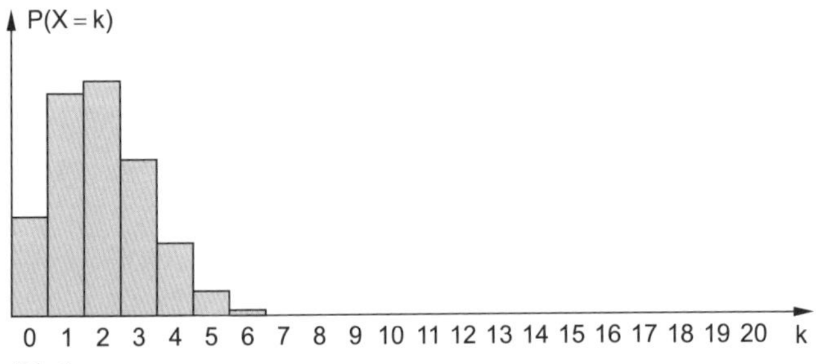

Abb. 1

Entscheiden Sie, ob die folgenden Aussagen richtig oder falsch sind, und **begründen** Sie dies:

I Die Wahrscheinlichkeit dafür, dass sich auf einer Palette weniger als zwei Becher mit dem Motiv 6 befinden, ist größer als 50 %.

II Der Wert von p ist größer als $\frac{1}{6}$. 4

Nach der Änderung wird für jeden Becher das Motiv 6 mit der Wahrscheinlichkeit $\frac{1}{36}$ ausgewählt. Die Wahrscheinlichkeiten, mit denen die anderen fünf Motive ausgewählt werden, sind untereinander gleich.

d) **Geben** Sie jeweils einen Wert von m und n **an**, sodass mit dem Term

$$m \cdot \frac{1}{36} \cdot \left(\frac{35}{36}\right)^n + \left(\frac{35}{36}\right)^{40}$$

die Wahrscheinlichkeit eines Ereignisses im Sachzusammenhang berechnet werden kann.
Beschreiben Sie das zugehörige Ereignis. 4

e) Kunden können für gesammelte Motive Prämien gewinnen. Der Tabelle können die Kosten entnommen werden, die dem Unternehmen dadurch entstehen.

Motiv	1	2	3	4	5	6
Wahrscheinlichkeit für die Auswahl						$\frac{1}{36}$
Kosten pro Becher	4 Cent	4 Cent	2 Cent	2 Cent	2 Cent	9 Cent

Berechnen Sie die mittleren Kosten pro Becher, die dem Unternehmen durch die Prämien entstehen. 4

f) Bei einem Fünftel aller Becher ist das Motiv farbig gedruckt, bei den anderen Bechern schwarz-weiß. Die Wahrscheinlichkeit dafür, dass sich in einem zufällig ausgewählten Becher mit einem schwarz-weiß gedruckten Motiv das Motiv 6 befindet, beträgt $\frac{1}{48}$.
Berechnen Sie die Wahrscheinlichkeit dafür, dass ein zufällig ausgewählter Becher mit einem farbigen Motiv das Motiv 6 enthält. 4

20

Hinweise und Tipps

Teilaufgabe a

Wahrscheinlichkeit dafür, dass sich nur im ersten und dritten Becher jeweils das Motiv 1 befindet

- Überlegen Sie zunächst, mit welcher Wahrscheinlichkeit sich in einem Becher das Motiv 1 befindet. Mit welcher Wahrscheinlichkeit befindet sich in einem Becher folglich eines der anderen fünf Motive?
- Die gesuchte Wahrscheinlichkeit berechnet sich als Produkt dreier Einzelwahrscheinlichkeiten.

Teilaufgabe b

Ereignis

- Der angegebene Term lässt sich auch als Produkt dreier Brüche schreiben, wobei alle den Nenner 6 haben. Was fällt bei den drei Zählern auf?

Teilaufgabe c

Beurteilung der Aussagen

- Die Wahrscheinlichkeit für eine bestimmte Anzahl an Bechern mit dem Motiv 6 ergibt sich im Histogramm aus der Höhe bzw. der Fläche der entsprechenden Säule.
- Für die Beurteilung der Aussage I können Sie sich die Frage stellen, ob die Summe der Flächen der beiden Säulen für $k=0$ und $k=1$ größer ist als die Summe der Flächen für alle anderen Werte von k. Es ist hilfreich, insbesondere die Säulen für $k=0$ und $k=1$ mit den Säulen für $k=2$ und $k=3$ zu vergleichen.
- Beachten Sie bei der Beurteilung der Aussage II, dass die höchste Säule im Histogramm zu einer binomialverteilten Zufallsgröße immer beim Erwartungswert liegt. Was ist der Erwartungswert für $p=\frac{1}{6}$ bzw. $p>\frac{1}{6}$?

Teilaufgabe d

Werte von m und n

- Beachten Sie die Bernoulli-Formel für eine binomialverteilte Zufallsgröße Y mit den Parametern n und p:

$$P(Y \leq k) = \sum_{i=0}^{k} \binom{n}{i} \cdot p^i \cdot (1-p)^{n-i}$$

(Achtung: Das n in dieser Formel bezeichnet die Anzahl der Versuche bzw. die Länge der Bernoulli-Kette. Das n im angegebenen Term in der Aufgabenstellung hat damit aber nichts zu tun!)

Beschreibung des Ereignisses

- Nennen Sie die Anzahl Becher, die geprüft werden. Machen Sie sich außerdem klar, für welche Wahrscheinlichkeit der Bruch $\frac{35}{36}$ steht.

Teilaufgabe e

Mittlere Kosten pro Becher

- Es ist hilfreich, zunächst die Tabelle in der Aufgabenstellung zu vervollständigen.
- Die mittleren Kosten ergeben sich aus der Summe von 6 Termen. Jeder dieser Terme ist das Produkt aus den Becherkosten und der Wahrscheinlichkeit für die Becherauswahl für eines der sechs Motive.

Teilaufgabe f

Wahrscheinlichkeit dafür, dass ein zufällig ausgewählter Becher mit einem farbigen Motiv das Motiv 6 enthält

- Es ist hilfreich, sich ein Baumdiagramm aufzuzeichnen.
- Die gesuchte Wahrscheinlichkeit ist eine bedingte Wahrscheinlichkeit mit der Bedingung, dass der Becher ein farbiges Motiv hat.

Lösung

a) Ereignis A: „Nur im ersten und dritten Becher befindet sich jeweils das Motiv 1.“
Wahrscheinlichkeit für A:

$$P(A) = \frac{1}{6} \cdot \frac{5}{6} \cdot \frac{1}{6} = \frac{5}{216} = 0{,}0231\ldots \approx 0{,}023$$

Die Wahrscheinlichkeit dafür, dass sich nur im ersten und dritten Becher jeweils das Motiv 1 befindet, beträgt etwa 2,3 %.

b) Ereignis B:
„Es werden drei Becher entnommen, die unterschiedliche Motive enthalten.“

c) Aussage I:
Der Anteil des Flächeninhalts der beiden Säulen $k=0$ und $k=1$ am Inhalt aller Säulen ist nicht größer als 50 %. Also ist die Aussage I falsch.

Aussage II:
Die höchste Säule im Histogramm zu einer binomialverteilten Zufallsgröße liegt immer beim Erwartungswert. Für $p > \frac{1}{6}$ und $n = 20$ gilt für den Erwartungswert $\mu > \frac{1}{6} \cdot 20 \approx 3{,}3$. Die höchste Säule in Abbildung 1 liegt jedoch bei $k=2$. Also ist die Aussage II falsch.

d) Es gilt:

$$m = \binom{40}{1} = 40 \text{ und } n = 39$$

Beschreibung des Ereignisses:
Es werden 40 Becher, also zwei volle Paletten, geprüft. Unter den geprüften Paletten befindet sich höchstens ein Becher mit dem Motiv 6.

e) Vollständige Tabelle:

Motiv	1	2	3	4	5	6
Wahrscheinlichkeit für die Auswahl	$\frac{7}{36}$	$\frac{7}{36}$	$\frac{7}{36}$	$\frac{7}{36}$	$\frac{7}{36}$	$\frac{1}{36}$
Kosten pro Becher	4 Cent	4 Cent	2 Cent	2 Cent	2 Cent	9 Cent

Mittlere Kosten:

$$\overline{K} = \frac{7}{36} \cdot 4\text{ ct} + \frac{7}{36} \cdot 4\text{ ct} + \frac{7}{36} \cdot 2\text{ ct} + \frac{7}{36} \cdot 2\text{ ct} + \frac{7}{36} \cdot 2\text{ ct} + \frac{1}{36} \cdot 9\text{ ct}$$
$$= 2{,}972\ldots\text{ ct} \approx 2{,}97\text{ ct}$$

Die mittleren Kosten pro Becher betragen etwa 3 Cent.

f) Baumdiagramm:

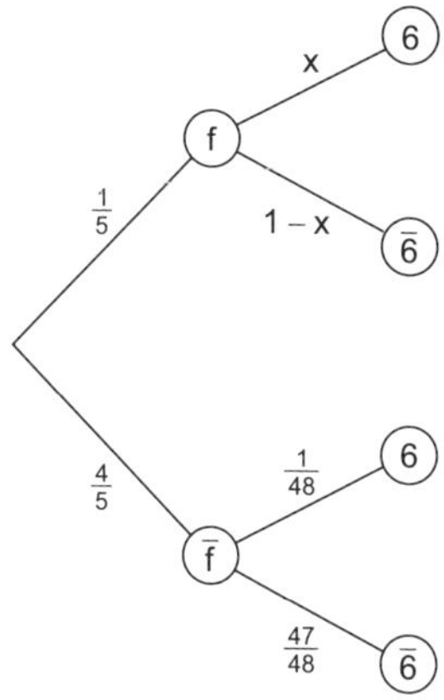

Insgesamt enthält ein Becher mit einer Wahrscheinlichkeit von $\frac{1}{36}$ das Motiv 6. Diese Wahrscheinlichkeit setzt sich aus zwei Pfaden des Baumdiagramms zusammen. Gemäß der Pfadregel muss also gelten:

$$\frac{1}{5} \cdot x + \frac{4}{5} \cdot \frac{1}{48} = \frac{1}{36}$$

$$\Leftrightarrow \quad \frac{1}{5} \cdot x = \frac{1}{36} - \frac{4}{5} \cdot \frac{1}{48}$$

$$\Leftrightarrow \quad \frac{1}{5} \cdot x = \frac{1}{90}$$

$$\Rightarrow \quad x = \frac{1}{18}$$

Die Wahrscheinlichkeit dafür, dass ein zufällig ausgewählter Becher mit einem farbigen Motiv das Motiv 6 enthält, beträgt $\frac{1}{18}$.

V Analysis 2

Ein Influencer lädt ein neues Video auf seinem Kanal hoch. Die zeitliche Entwicklung der Klickrate soll näherungsweise durch die Funktion f mit
$f(t) = 1\,000 \cdot t^2 \cdot e^{-2t} \quad (t \in \mathbb{R}_0^+)$
dargestellt werden. Dabei beschreibt t die Zeit in Stunden nach dem Hochladen des Videos und f(t) die momentane Klickrate in tausend Klicks pro Stunde zum Zeitpunkt t (siehe Abbildung 1).

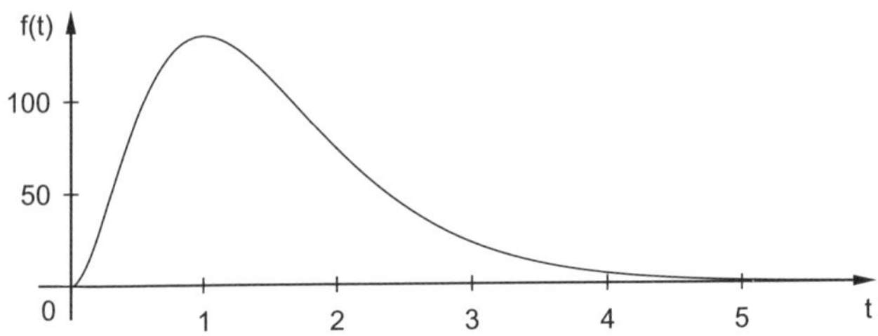

Abb. 1

In der nachfolgenden Tabelle 1 sind die Klickraten, die zu verschiedenen Zeitpunkten gemessen wurden, dargestellt:

Zeit in Stunden, nachdem das Video hochgeladen wurde	2	3
Klickrate in tausend Klicks pro Stunde	73	22

Tab. 1: Klickrate

Punkte

a) **Bestätigen** Sie, dass der Funktionswert für t = 2 um weniger als 2 % vom Tabellenwert abweicht. 3

b) **Ermitteln** Sie grafisch das Zeitintervall, in dem die Klickrate über 100 000 Klicks pro Stunde liegt.
Ergänzen Sie zur Veranschaulichung Ihres Lösungswegs die Abbildung 1. 3

c) **Weisen** Sie **nach**, dass die erste Ableitung von f durch
$f'(t) = 2\,000 \cdot e^{-2t} \cdot (t - t^2)$
gegeben ist. 3

d) **Berechnen** Sie das Maximum der Klickrate. 5

Aufgrund eines Werbevertrags erhält der Influencer automatisch Geld, sobald insgesamt seit dem Hochladen des Videos 25 000 Klicks erreicht wurden.

e) **Geben** Sie eine Gleichung **an**, mit der dieser Zeitpunkt t_G bestimmt werden kann. 2

Um den Verlauf der Klickrate bei anderen Videos zu modellieren, werden Funktionen $\hat{f}$ der Form

$\hat{f}(t) = a \cdot f(t) \quad (t \in \mathbb{R}_0^+ \quad a > 0)$

verwendet.

f) **Beurteilen** Sie die folgenden Aussagen:
A: Je größer der Wert von a, desto weiter rechts befindet sich der Hochpunkt des Graphen von $\hat{f}$.
B: Die Modellfunktion $\hat{f}$ beschreibt für $a < 1$ einen Prozess, bei dem die Klickrate nach dem Hochladen des Videos stets unter der Klickrate der Funktion f liegt. 4

20

Hinweise und Tipps

Teilaufgabe a

Abweichung vom Tabellenwert kleiner als 2 %

- Berechnen Sie f(2) und setzen Sie das Ergebnis mit dem passenden Tabellenwert ins Verhältnis.

Teilaufgabe b

Zeitintervall, in dem die Klickrate über 100 000 Klicks pro Stunde liegt

- Zeichnen Sie die Gerade $y = 100$ ein. Sie verläuft parallel zur x-Achse.
- Die Gerade schneidet den Graphen an zwei Stellen. Diese beiden Stellen bilden die Ränder des Zeitintervalls, da für alle Zeitwerte dazwischen der Graph von f oberhalb der Geraden verläuft.

Teilaufgabe c

Erste Ableitung von f

- Wenden Sie die Produktregel an.

Teilaufgabe d

Maximum der Klickrate

- Ermitteln Sie mögliche Extremstellen mit der notwendigen Bedingung für Extremstellen $f'(t) = 0$.
- Es sollte sich genau ein Wert für t ergeben. Sie müssen nicht mithilfe der 2. Ableitungsfunktion zeigen, dass es sich um eine Maximalstelle handelt, da dies aus der Abbildung 1 eindeutig ersichtlich ist.
- Vergessen Sie nicht, die maximale Klickrate zu bestimmen, indem Sie die Maximalstelle in f(t) einsetzen. Achten Sie darauf, dass die Klickrate in tausend Klicks pro Stunde angegeben ist.

Teilaufgabe e

Gleichung zur Berechnung des Zeitpunkts t_G

- Die Funktion f(t) gibt die Klickrate zu einem bestimmten Zeitpunkt t an. Um die absolute Klickanzahl zu erhalten, muss über ein entsprechendes Zeitintervall integriert werden.

Teilaufgabe f

Beurteilung der Aussagen

- Überlegen Sie, welche Auswirkungen eine Änderung von a auf den Graphen von $\hat{f}$ hat.

Lösung

a) Funktionswert für $t=2$:

$f(2)=1\,000\cdot 2^2\cdot e^{-2\cdot 2}=4\,000\cdot e^{-4}=73{,}262\ldots\approx 73{,}26$

Tabellenwert: 73

Verhältnis:

$\frac{73{,}26}{73}=1{,}0035\ldots\approx 1{,}004$

Die Abweichung beträgt etwa 0,4 %, also weniger als 2 %.

b) Ergänzte Abbildung 1:

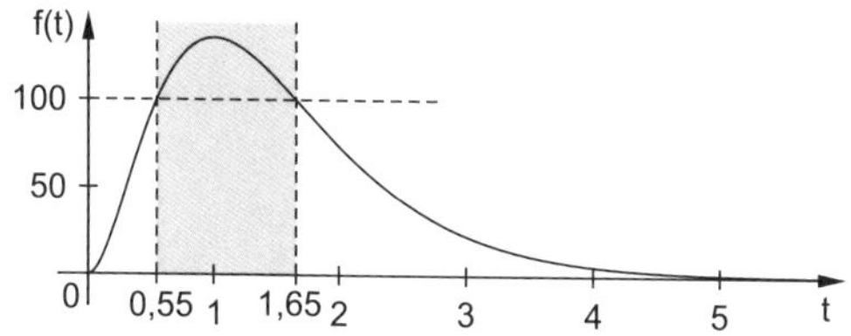

Das Zeitintervall, in dem die Klickrate über 100 000 Klicks pro Stunde liegt, ist ungefähr $t\in[0{,}55;\,1{,}65]$.

Rechnerische Kontrolle (nicht verlangt):

$f(0{,}55)=1\,000\cdot 0{,}55^2\cdot e^{-2\cdot 0{,}55}=100{,}69\ldots\approx 100{,}7$

$f(1{,}65)=1\,000\cdot 1{,}65^2\cdot e^{-2\cdot 1{,}65}=100{,}41\ldots\approx 100{,}4$

c) Anwendung der Produktregel:

$$\begin{aligned} f'(t) &= 1\,000\cdot 2t\cdot e^{-2t}+1\,000\cdot t^2\cdot(-2\cdot e^{-2t}) \\ &= 2\,000\cdot t\cdot e^{-2t}-2\,000\cdot t^2\cdot e^{-2t} \\ &= 2\,000\cdot e^{-2t}\cdot(t-t^2) \qquad \text{(w. z. z. w)} \end{aligned}$$

d) Beim Maximum der Klickrate muss die notwendige Bedingung $f'(t)=0$ für Extremstellen erfüllt sein:

$$2000\cdot e^{-2t}\cdot(t-t^2)=0$$
$$\Leftrightarrow \quad e^{-2t}\cdot(t-t^2)=0$$

Wegen $e^{-2t}\neq 0$ gilt:

$t-t^2=0 \quad\Leftrightarrow\quad t=t^2 \quad\Rightarrow\quad t=0$ oder $t=1$

Mit Blick auf die Abbildung 1 ist klar, dass es sich bei der gefundenen Stelle $t=1$ um die Maximalstelle handelt.

Die maximale Klickrate ergibt sich durch Einsetzen von $t=1$ in $f(t)$:

$f(1)=1\,000\cdot 1^2\cdot e^{-2\cdot 1}=1\,000\cdot e^{-2}=135{,}33\ldots\approx 135{,}3$

Nach einer Stunde wird die maximale Klickrate von etwa 135 300 Klicks pro Stunde erreicht.

Anmerkung:
Es lässt sich auch mithilfe der 2. Ableitungsfunktion f" zeigen, dass bei $t=1$ ein Maximum existiert. Für f" gilt:

$$f''(t) = 2\,000 \cdot (-2) \cdot e^{-2t} \cdot (t-t^2) + 2\,000 \cdot e^{-2t} \cdot (1-2t)$$
$$= 2\,000 \cdot e^{-2t} \cdot (-2t + 2t^2 + 1 - 2t)$$
$$= 2\,000 \cdot e^{-2t} \cdot (2t^2 - 4t + 1)$$
$$f''(1) = 2\,000 \cdot e^{-2 \cdot 1} \cdot (2 \cdot 1^2 - 4 \cdot 1 + 1)$$
$$= -2\,000 \cdot e^{-2} < 0$$

Da $f''(1) < 0$ gilt, handelt es sich bei $t=1$ um eine Maximalstelle.

e) Gleichung zur Berechnung des Zeitpunkts t_G, ab dem der Influencer Geld bekommt:

$$\int_0^{t_G} f(t)\,dt = 25$$

f) Aussage A:
Wenn sich $a>0$ erhöht, dann liegt der Hochpunkt beim selben x-Wert, nur der y-Wert wird größer. Der Graph wird in y-Richtung gestreckt.
Die Aussage A ist also falsch.

Aussage B:
Der Faktor $a<1$ verursacht eine Stauchung des Graphen von f in y-Richtung. Der Graph von $\hat{f}$ liegt somit für alle $t \in \mathbb{R}_0^+$ unterhalb des Graphen von f.
Die Aussage B ist also richtig.

Hamburg Kernfach Mathematik – Zentralabitur 2021
Erhöhtes Anforderungsniveau – Hilfsmittelfreier Prüfungsteil

I.1 Analysis

Gegeben ist die in $\mathbb{R}$ definierte Funktion $f(x)\colon\ x \mapsto \sin x$.
Die Abbildung 1 zeigt den Graphen G_f von f sowie die Tangente an G_f in den dargestellten Schnittpunkten mit der x-Achse.

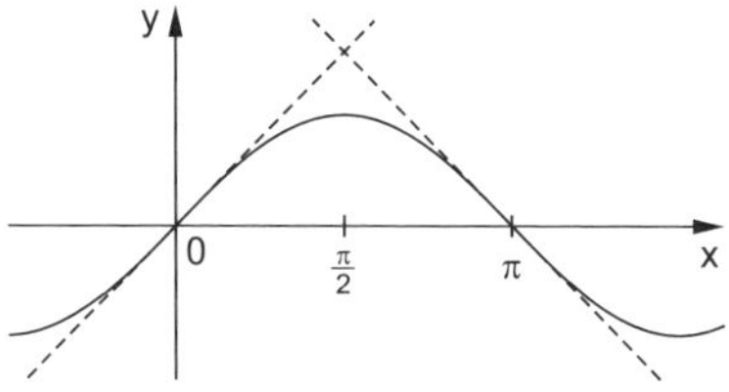

Abb. 1

Punkte

a) **Zeigen** Sie, dass diejenige der beiden Tangenten, die durch den Koordinatenursprung verläuft, die Steigung 1 hat. 1

b) **Berechnen** Sie den Inhalt des Flächenstücks, das von G_f und den beiden Tangenten eingeschlossen wird. 4

I.2 Analysis

Gegeben ist eine in $\mathbb{R}$ definierte Funktion f mit $f(x) = x^4 - k \cdot x^2$, wobei k eine positive reelle Zahl ist.
Die Abbildung 2 zeigt den Graphen von f.

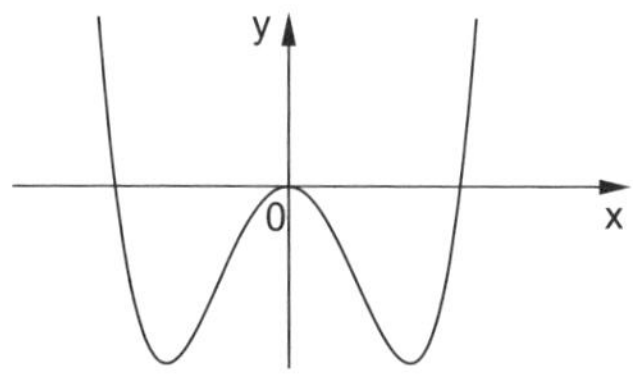

Abb. 2

a) **Zeigen** Sie, dass $f'(x) = 2x \cdot (2x^2 - k)$ eine Gleichung der ersten Ableitungsfunktion von f ist. 1

b) Die beiden Tiefpunkte des Graphen von f haben jeweils die y-Koordinate −1.
Ermitteln Sie den Wert von k. 4

I.3 Lineare Algebra#

Die Spur einer quadratischen Matrix ist die Summe der Einträge auf derjenigen Diagonalen, die von links oben nach rechts unten verläuft.
Beispielsweise hat die Matrix $\begin{pmatrix} 1 & 2 \\ 0 & 4 \end{pmatrix}$ die Spur 5.

Betrachtet wird die Matrix $M_k = \begin{pmatrix} 1 & 0 \\ -k & k \end{pmatrix}$ mit $k \in \mathbb{R} \setminus \{0\}$.

Bestimmen Sie alle Werte von k, für die M_k und die inverse Matrix von M_k die gleiche Spur haben. 5

I.3 Analytische Geometrie#

Gegeben sind der Punkt $P(-1\,|\,7\,|\,2)$ und die Ebene $E: x_1 + 3x_2 = 0$.

a) **Zeigen** Sie, dass P nicht in E liegt. 1

b) **Bestimmen** Sie die Koordinaten des Punkts, der entsteht, wenn P an E gespiegelt wird. 4

I.4 Stochastik

Die Zufallsgröße X ist binomialverteilt mit den Parametern $n = 100$ und p. Der Erwartungswert von X ist 50.

a) **Berechnen** Sie die Standardabweichung von X. 3

b) Die Wahrscheinlichkeit $P(X \geq 61)$ beträgt etwa 2 %.
Bestimmen Sie unter Verwendung dieses Werts den zugehörigen Wert für die Wahrscheinlichkeit $P(40 \leq X \leq 60)$. 2

I.5.1 Analysis

Gegeben sind die in $\mathbb{R}$ definierten Funktionen f und g. Der Graph von f ist symmetrisch bezüglich der y-Achse, der Graph von g ist symmetrisch bezüglich des Koordinatenursprungs. Beide Graphen haben einen Hochpunkt im Punkt $(2\,|\,1)$.

a) **Geben** Sie für die Graphen von f und g jeweils die Koordinaten und die Art eines weiteren Extrempunkts **an**. 2

b) **Untersuchen** Sie die in $\mathbb{R}$ definierte Funktion h mit $h(x) = f(x) \cdot (g(x))^3$ im Hinblick auf eine mögliche Symmetrie ihres Graphen. 3

I.5.2 Lineare Algebra#

Gegeben ist die Matrix $A = \begin{pmatrix} 1 & 2 \\ 0 & 1 \end{pmatrix}$. Für eine Matrix B gilt $A \cdot B = B \cdot A$.

Ermitteln Sie alle Matrizen, die für B infrage kommen, d. h. die angegebene Bedingung erfüllen. 5

I.5.2 Analytische Geometrie#

Gegeben sind die Geraden

$$g\colon \vec{x} = \begin{pmatrix}1\\1\\1\end{pmatrix} + r\cdot\begin{pmatrix}4\\3\\0\end{pmatrix},\ h\colon \vec{x} = \begin{pmatrix}1\\1\\1\end{pmatrix} + s\cdot\begin{pmatrix}1\\7\\0\end{pmatrix} \text{ und } k\colon \vec{x} = \begin{pmatrix}5\\4\\1\end{pmatrix} + t\cdot\begin{pmatrix}-3\\4\\0\end{pmatrix} \text{ mit } r, s, t \in \mathbb{R}.$$

Die Gerade k schneidet die Geraden g und h und steht senkrecht auf g. Der Schnittpunkt von g und k ist $P_1(5|4|1)$.

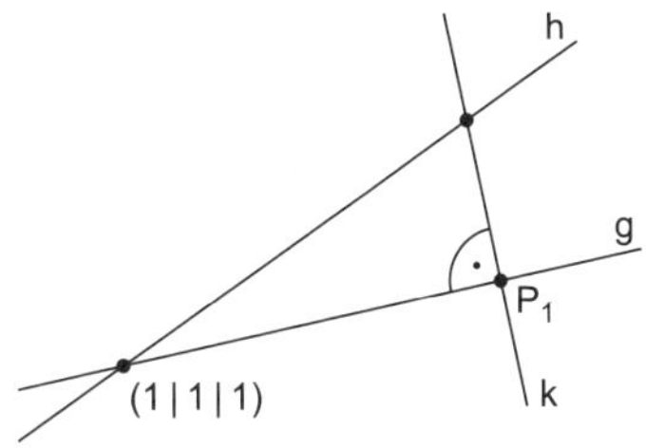

Abb. 3: Nicht maßstabsgetreue Skizze

a) **Zeigen** Sie, dass das von den Geraden g, h und k eingeschlossene Dreieck einen Flächeninhalt von $\frac{25}{2}$ hat. 2

b) Die Gerade k wird parallel verschoben, sodass das eingeschlossene Dreieck nun einen Flächeninhalt von 50 hat. **Bestimmen** Sie die Koordinaten des neuen Schnittpunkts P_2 von k und g. 3

I.5.3 Stochastik

In einem Behälter befinden sich Kugeln, von denen jede dritte gelb ist.

a) Aus dem Behälter wird zweimal nacheinander jeweils eine Kugel zufällig entnommen und wieder zurückgelegt. **Berechnen** Sie die Wahrscheinlichkeit dafür, dass beide Kugeln gelb sind. 1

b) Im Behälter werden zwei gelbe Kugeln durch zwei blaue Kugeln ersetzt. Anschließend wird aus dem Behälter erneut zweimal nacheinander jeweils eine Kugel zufällig entnommen und wieder zurückgelegt. Die Wahrscheinlichkeit dafür, dass beide Kugeln gelb sind, beträgt nun $\frac{1}{16}$.

Ermitteln Sie, wie viele gelbe Kugeln sich nach den beschriebenen Vorgängen im Behälter befinden. 4

25*

Im Abitur 2021 erhielten die Schülerinnen und Schüler jeweils nur eine der beiden Aufgaben I.3 sowie eine der beiden Aufgaben I.5.2 (Lineare Algebra oder Analytische Geometrie), abhängig von der Schwerpunktsetzung des Kurses.

* Die hier angegebene Gesamtpunktzahl ergibt sich, wenn **eine** der Aufgaben I.3 sowie **eine** der Aufgaben I.5.1, I.5.2 oder I.5.3 bearbeitet und gewertet werden.

Lösung

I.1 Analysis

a) Die Steigung der Tangente an G_f im Koordinatenursprung ist gleich der Steigung von G_f im Koordinatenursprung.
Die Ableitung von $f(x) = \sin x$ ist $f'(x) = \cos x$. Daraus folgt:
$f'(0) = \cos 0 = 1$

Die Tangente im Koordinatenursprung hat die Steigung 1. (w. z. z. w.)

b) Das zu berechnende Flächenstück ergibt sich aus der Differenz derjenigen beiden Flächen, die zum einen die beiden Tangenten und zum anderen G_f mit der x-Achse einschließen.

Wegen der Achsensymmetrie bezüglich der Geraden $x = \frac{\pi}{2}$ kann man die Fläche berechnen, die im Intervall $0 \le x \le \frac{\pi}{2}$ zwischen der Tangente und G_f liegt, und diese Fläche mit dem Faktor 2 multiplizieren:

$$A = 2 \cdot \int_0^{\frac{\pi}{2}} (x - \sin x)\, dx = 2 \cdot \left[\frac{1}{2} \cdot x^2 - (-\cos x)\right]_0^{\frac{\pi}{2}}$$

$$= 2 \cdot \left(\frac{1}{2} \cdot \frac{\pi^2}{4} + \cos\frac{\pi}{2} - \left(\frac{1}{2} \cdot 0^2 + \cos 0\right)\right) = 2 \cdot \left(\frac{\pi^2}{8} + 0 - (0+1)\right) = \frac{\pi^2}{4} - 2$$

Die von den beiden Tangenten und dem Graphen G_f eingeschlossene Fläche beträgt $(\frac{\pi^2}{4} - 2)$ FE.

I.2 Analysis

a) Anwendung der Summenformel:
$f'(x) = 4x^3 - 2kx = 2x \cdot (2x^2 - k)$ (w. z. z. w.)

b) Mögliche Extremstellen liefert die notwendige Bedingung $f'(x) = 0$:
$2x \cdot (2x^2 - k) = 0$

In Abbildung 2 ist zu sehen, dass sich bei $x = 0$ kein Tiefpunkt befindet, sondern ein Hochpunkt. Daher muss für die Tiefpunkte gelten:

$$2x^2 - k = 0 \quad \Leftrightarrow \quad x = \pm\sqrt{\frac{k}{2}}$$

Die Tiefpunkte haben die y-Koordinate -1, daher muss insbesondere gelten:

$$f\left(\sqrt{\frac{k}{2}}\right) = -1$$

$$\left(\sqrt{\frac{k}{2}}\right)^4 - k \cdot \left(\sqrt{\frac{k}{2}}\right)^2 = -1 \Leftrightarrow \left(\frac{k}{2}\right)^2 - k \cdot \frac{k}{2} = -1 \Leftrightarrow -\frac{k^2}{4} = -1 \Rightarrow k = \pm 2$$

Da der Parameter k eine positive reelle Zahl ist, hat er den Wert 2.

I.3 Lineare Algebra

Das Produkt aus einer Matrix und ihrer inversen Matrix ist stets die Einheitsmatrix.
Für M_k und die inverse Matrix

$$M_k^{-1} = \begin{pmatrix} a & b \\ c & d \end{pmatrix}$$

gilt also:

$$M_k \cdot M_k^{-1} = \begin{pmatrix} 1 & 0 \\ 0 & 1 \end{pmatrix}$$

$$\begin{pmatrix} 1 & 0 \\ -k & k \end{pmatrix} \cdot \begin{pmatrix} a & b \\ c & d \end{pmatrix} = \begin{pmatrix} 1 & 0 \\ 0 & 1 \end{pmatrix}$$

Es ergeben sich folgende Gleichungen:

$1 \cdot a + 0 \cdot c = 1 \;\Rightarrow\; a = 1$

$1 \cdot b + 0 \cdot d = 0 \;\Rightarrow\; b = 0$

$-k \cdot a + k \cdot c = -k \cdot 1 + k \cdot c = 0 \;\Rightarrow\; c = 1$

$-k \cdot b + k \cdot d = -k \cdot 0 + k \cdot d = 1 \;\Rightarrow\; d = \frac{1}{k}$

$$\Rightarrow\; M_k^{-1} = \begin{pmatrix} 1 & 0 \\ 1 & \frac{1}{k} \end{pmatrix}$$

Da die Spur von M_k^{-1} gleich der Spur von M_k sein soll, muss gelten:

$1 + k = 1 + \frac{1}{k} \;\Rightarrow\; k = 1 \text{ oder } k = -1$

Für die Werte $k = 1$ und $k = -1$ haben M_k und M_k^{-1} die gleiche Spur.

I.3 Analytische Geometrie

a) Koordinaten von P in E einsetzen:
$-1 + 3 \cdot 7 \neq 0$

Also liegt P nicht in E. (w. z. z. w.)

b) Normalenvektor der Ebene ist $\vec{n} = \begin{pmatrix} 1 \\ 3 \\ 0 \end{pmatrix}$, daraus folgt der Richtungsvektor der Spiegelgeraden s, auf der der Punkt und sein Spiegelpunkt P' liegen.

Der Stützvektor von s ergibt sich aus den Koordinaten von P, somit lautet die Geradengleichung:

$$s\colon\; \vec{x} = \begin{pmatrix} -1 \\ 7 \\ 2 \end{pmatrix} + \lambda \cdot \begin{pmatrix} 1 \\ 3 \\ 0 \end{pmatrix}$$

Ermitteln des Parameters λ, für den sich der Schnittpunkt von s und E ergibt:
$-1 + \lambda + 3 \cdot (7 + 3\lambda) = 0 \;\Leftrightarrow\; -1 + \lambda + 21 + 9\lambda = 0 \;\Leftrightarrow\; 10\lambda = -20 \;\Rightarrow\; \lambda = -2$

Der Spiegelpunkt P' ergibt sich folglich für $\lambda = 2 \cdot (-2) = -4$:

$$\overrightarrow{OP'} = \begin{pmatrix} -1 \\ 7 \\ 2 \end{pmatrix} - 4 \cdot \begin{pmatrix} 1 \\ 3 \\ 0 \end{pmatrix} = \begin{pmatrix} -5 \\ -5 \\ 2 \end{pmatrix} \quad \Rightarrow \quad P'(-5\,|-5\,|\,2)$$

Wenn man P an E spiegelt, entsteht der Punkt P'(–5 | –5 | 2).

Anmerkung:
Der Spiegelpunkt P' ergibt sich für den doppelten Wert des Parameters λ, für den sich der Schnittpunkt von s und E ergibt, da $\overrightarrow{OP}$ als Stützvektor von s gewählt wurde und $\overrightarrow{OP'} = \overrightarrow{OP} + 2 \cdot \overrightarrow{PS}$ gilt.

I.4 Stochastik

a) Aus dem Zusammenhang zwischen den Parametern n und p und dem Erwartungswert E(X) folgt:

$$E(X) = n \cdot p \Leftrightarrow p = \frac{E(X)}{n} = \frac{50}{100} = 0{,}5$$

Für die Standardabweichung gilt:

$$\sigma = \sqrt{n \cdot p \cdot (1-p)} = \sqrt{100 \cdot 0{,}5 \cdot 0{,}5} = \sqrt{25} = 5$$

Die Standardabweichung von X beträgt 5.

b) Für $p = 0{,}5$ ist die Wahrscheinlichkeitsverteilung symmetrisch zum Erwartungswert. Es gilt also insbesondere:

$$P(X \leq 39) = P(X \geq 61) \approx 0{,}02$$

Es folgt:

$$P(40 \leq X \leq 60) = 1 - P(X \leq 39) - P(X \geq 61) \approx 1 - 2 \cdot 0{,}02 = 0{,}96$$

Die Wahrscheinlichkeit $P(40 \leq X \leq 60)$ beträgt etwa 96 %.

I.5.1 Analysis

a) Der Graph von f hat bei (–2 | 1) einen weiteren Hochpunkt, der Graph von g hat bei (–2 | –1) einen Tiefpunkt.

b) *Vorbemerkung:*
Eigentlich ist Symmetrie eine Eigenschaft von Funktionsgraphen, nicht jedoch von Funktionen selbst. Um eine gute Lesbarkeit zu gewährleisten, werden im Folgenden verkürzte Formulierungen verwendet. Ist z. B. davon die Rede, dass „die Funktion f achsensymmetrisch zur y-Achse" ist, so ist gemeint, dass der Graph der Funktion f die genannte Symmetrie aufweist.

Das Produkt zweier symmetrischer Funktionen ist wiederum eine symmetrische Funktion. Haben in einem Produkt die beiden Teilfunktionen die gleiche Symmetrieart, dann ist die Produktfunktion achsensymmetrisch, ansonsten ist sie punktsymmetrisch.

Die Funktion f ist achsensymmetrisch. Die Funktion mit $(g(x))^2$ ist achsensymmetrisch, da sie aus dem Produkt zweier punktsymmetrischer Funktionen besteht (g und g). Die Funktion mit $(g(x))^3$ ist folglich punktsymmetrisch, da sie aus dem Produkt der punktsymmetrischen Funktion g und der achsensymmetrischen Funktion mit $(g(x))^2$ besteht. Damit ist die Funktion h punktsymmetrisch zum Koordinatenursprung, da sie aus dem Produkt der achsensymmetrischen Funktion f und der punktsymmetrischen Funktion mit $(g(x))^3$ besteht.

Alternative Lösung:
Wegen der genannten Symmetrien gilt $f(-x)=f(x)$ und $g(-x)=-g(x)$. Es folgt:

$$\begin{aligned} h(-x) &= f(-x)\cdot(g(-x))^3 \\ &= f(x)\cdot(-g(x))\cdot(-g(x))\cdot(-g(x)) \\ &= -f(x)\cdot(g(x))^3 = -h(x) \end{aligned}$$

I.5.2 Lineare Algebra

Für $B=\begin{pmatrix} a & b \\ c & d \end{pmatrix}$ mit $a, b, c, d \in \mathbb{R}$ gilt:

$$A\cdot B=\begin{pmatrix} 1 & 2 \\ 0 & 1 \end{pmatrix}\cdot\begin{pmatrix} a & b \\ c & d \end{pmatrix}=\begin{pmatrix} a+2c & b+2d \\ c & d \end{pmatrix}$$

$$B\cdot A=\begin{pmatrix} a & b \\ c & d \end{pmatrix}\cdot\begin{pmatrix} 1 & 2 \\ 0 & 1 \end{pmatrix}=\begin{pmatrix} a & 2a+b \\ c & 2c+d \end{pmatrix}$$

Da $A\cdot B=B\cdot A$ gilt, folgt:

$$\begin{pmatrix} a+2c & b+2d \\ c & d \end{pmatrix}=\begin{pmatrix} a & 2a+b \\ c & 2c+d \end{pmatrix}$$

Es ergeben sich folgende Gleichungen:

I $\quad a+2c=a \;\Rightarrow\; c=0$

II $\quad b+2d=2a+b \;\Rightarrow\; a=d$

III $\quad c=c$

IV $\quad d=2c+d \;\Rightarrow\; c=0$

Somit kommen für B die Matrizen $\begin{pmatrix} a & b \\ 0 & a \end{pmatrix}$ mit $a, b \in \mathbb{R}$ infrage.

I.5.2 Analytische Geometrie

a) Das eingeschlossene Dreieck P_1Q_1R mit den Schnittpunkten der Geraden $P_1(5\,|\,4\,|\,1)$, Q_1 und $R(1\,|\,1\,|\,1)$ hat einen rechten Winkel bei P_1. Für den Flächeninhalt A gilt somit:

$$A=\frac{1}{2}\cdot\left|\overrightarrow{RP_1}\right|\cdot\left|\overrightarrow{P_1Q_1}\right|$$

Q_1 ist der Schnittpunkt der Geraden h und k:

$$\begin{pmatrix}1\\1\\1\end{pmatrix}+s\cdot\begin{pmatrix}1\\7\\0\end{pmatrix}=\begin{pmatrix}5\\4\\1\end{pmatrix}+t\cdot\begin{pmatrix}-3\\4\\0\end{pmatrix}$$

LGS:

I $\quad 1+s=5-3t$

II $\quad 1+7s=4+4t$

III $\quad 1=1$

$\text{I}\cdot(-7)+\text{II} \;\Rightarrow\; -6=-31+25t \;\Rightarrow\; t=1$

Zur Kontrolle: $t=1$ in I $\;\Rightarrow\; 1+s=5-3 \;\Rightarrow\; s=1$

Berechnung von Q_1 durch Einsetzen von $t=1$ in k:

$$\overrightarrow{OQ_1}=\begin{pmatrix}5\\4\\1\end{pmatrix}+1\cdot\begin{pmatrix}-3\\4\\0\end{pmatrix}=\begin{pmatrix}2\\8\\1\end{pmatrix} \;\Rightarrow\; Q_1(2\,|\,8\,|\,1)$$

Es folgt für die Beträge der Seiten des rechtwinkligen Dreiecks:

$$|\overrightarrow{RP_1}|=\sqrt{(5-1)^2+(4-1)^2+(1-1)^2}=5$$

$$|\overrightarrow{P_1Q_1}|=\sqrt{(2-5)^2+(8-4)^2+(1-1)^2}=5$$

Damit ergibt sich für den Flächeninhalt:

$$A=\frac{1}{2}\cdot 5\cdot 5=\frac{25}{2} \qquad \text{(w. z. z. w.)}$$

b) Das Dreieck RP_2Q_2 ist auch ein gleichschenkliges, rechtwinkliges Dreieck, da alle Dreiecke, die durch eine Parallelverschiebung von k entstehen, ähnlich zum Dreieck RP_1Q_1 sind. Die Länge der gleich langen Seiten beträgt hier wegen des geforderten Flächeninhalts von 50 genau 10, denn $A=\frac{1}{2}\cdot 10\cdot 10=50$.

Insbesondere ist $|\overrightarrow{RP_2}|$ doppelt so lang wie $|\overrightarrow{RP_1}|$, ein Punkt P_2 ist also:

$$\overrightarrow{RP_2}=\overrightarrow{OR}+2\cdot\overrightarrow{RP_1}=\begin{pmatrix}1\\1\\1\end{pmatrix}+2\cdot\begin{pmatrix}4\\3\\0\end{pmatrix}=\begin{pmatrix}9\\7\\1\end{pmatrix}$$

$\Rightarrow\; P_2(9\,|\,7\,|\,1)$

Skizze:

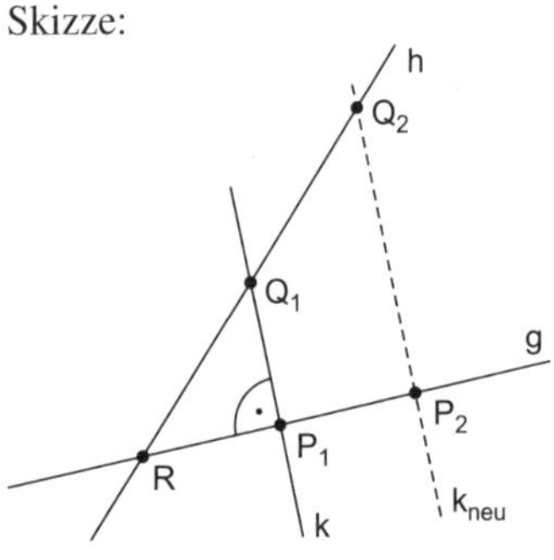

Bemerkung:
Es gibt noch eine weitere Möglichkeit, k zu verschieben, und zwar auf die andere Seite von R. Ein weiterer möglicher Punkt P_2 ist also:

$$\overrightarrow{RP_2} = \overrightarrow{OR} - 2 \cdot \overrightarrow{RP_1} = \begin{pmatrix} 1 \\ 1 \\ 1 \end{pmatrix} - 2 \cdot \begin{pmatrix} 4 \\ 3 \\ 0 \end{pmatrix} = \begin{pmatrix} -7 \\ -5 \\ 1 \end{pmatrix} \quad \Rightarrow \quad P_2(-7\,|-5\,|\,1)$$

I.5.3 Stochastik

a) Wahrscheinlichkeit dafür, dass beide Kugeln gelb sind:

$$P(\text{gelb, gelb}) = \frac{1}{3} \cdot \frac{1}{3} = \frac{1}{9}$$

Die Wahrscheinlichkeit dafür, dass beide Kugeln gelb sind, beträgt $\frac{1}{9}$.

b) Die Anzahl der gelben Kugeln ist x. Da zwei gelbe Kugeln durch zwei blaue ersetzt wurden, waren davor $(x+2)$ gelbe Kugeln und insgesamt $3 \cdot (x+2)$ Kugeln im Behälter. Die Wahrscheinlichkeit dafür, dass beim Entnehmen zweier Kugeln unter den neuen Voraussetzungen beide Kugeln gelb sind, beträgt $\frac{1}{16}$. Das bedeutet, dass jede vierte Kugel gelb ist. Somit erhält man folgende Gleichung:

$$\frac{x}{3 \cdot (x+2)} = \frac{1}{4} \quad \Leftrightarrow \quad 4x = 3 \cdot (x+2) \quad \Rightarrow \quad x = 6$$

Im Behälter befinden sich 6 gelbe Kugeln.

II Analysis 1

Die Abbildung 1 zeigt modellhaft den Längsschnitt einer dreiteiligen Brücke aus Holz für eine Spielzeugeisenbahn. Die Züge können sowohl über die Brücke fahren als auch darunter hindurch.

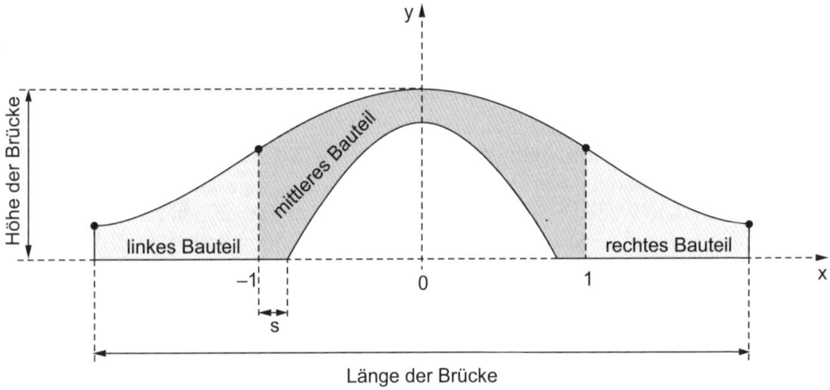

Abb. 1

Die obere Randlinie des Längsschnitts der Brücke kann mithilfe des Graphen der in $\mathbb{R}$ definierten Funktion

$$f:\ x \mapsto \frac{1}{20}x^4 - \frac{2}{5}x^2 + 1$$

beschrieben werden. Dabei werden die Endpunkte dieser Randlinie durch die beiden Tiefpunkte des Graphen von f dargestellt. Im verwendeten Koordinatensystem beschreibt die x-Achse die Horizontale; eine Längeneinheit entspricht einem Dezimeter in der Realität.

Punkte

1. a) **Zeigen** Sie rechnerisch, dass die obere Randlinie achsensymmetrisch ist. 2

   b) **Bestimmen** Sie rechnerisch die Höhe und die Länge der Brücke.
   (*Zur Kontrolle:*
   Ein Tiefpunkt des Graphen von f hat die x-Koordinate 2.) 5

   c) Betrachtet wird derjenige Punkt der oberen Randlinie, der sich am Übergang vom mittleren zum rechten Bauteil befindet.
   Prüfen Sie, ob dieser Punkt auf halber Höhe zwischen dem höchsten Punkt der oberen Randlinie und deren rechtem Endpunkt liegt. 3

d) **Geben** Sie die Bedeutung des Terms

$$\frac{f(2)-f(1)}{2-1}$$

im Sachzusammenhang **an** und **berechnen** Sie seinen Wert. 2

e) **Berechnen** Sie die Größe des größten Steigungswinkels der Brücke, der beim Überfahren zu überwinden ist. 5

Der parabelförmige Teil der unteren Randlinie des Längsschnitts der Brücke kann mithilfe des Graphen einer in $\mathbb{R}$ definierten Funktion

$q\colon\ x \mapsto 0{,}8 - a \cdot x^2$

mit $a \in \mathbb{R}^+$ beschrieben werden.

f) In der Abbildung 1 ist die Länge einer der beiden Bodenflächen des mittleren Bauteils mit s bezeichnet.
Bestimmen Sie alle Werte von a, die für diese Länge mindestens 0,1 dm liefern. 4

g) **Begründen** Sie im Sachzusammenhang, dass für die Beschreibung der unteren Randlinie beliebig große Werte von a nicht infrage kommen. 2

h) Für die Brücke gilt $a = 1{,}25$. Die drei Bauteile der Brücke werden aus massivem Holz hergestellt; 1 dm^3 des Holzes hat eine Masse von 800 Gramm. Die Brücke ist 0,4 dm breit.
Ermitteln Sie die Masse des mittleren Bauteils. 7

2. Während der Planung der Brückenform kamen zur Beschreibung der oberen Randlinie für das linke Bauteil eine Funktion g_ℓ und für das rechte Bauteil eine Funktion g_r infrage. Auch bei Verwendung dieser Funktionen wäre die obere Randlinie achsensymmetrisch gewesen.
Entscheiden Sie für jede der folgenden beiden Aussagen, ob sie jeweils richtig ist.
Begründen Sie Ihre Entscheidung.

I $\quad -g_\ell(x) = g_r(-x) \quad$ für $-2 \le x \le -1$

II $\quad g_\ell(x-1) = g_r(-x+1) \quad$ für $-1 \le x \le 0$ 4

3. Die Form und die Größe der Brücke werden verändert, indem im bisher verwendeten Modell die obere Randlinie des Längsschnitts mithilfe der in $\mathbb{R}$ definierten Funktion

$$k:\ x \mapsto \frac{3}{5} \cdot \cos\left(\frac{\pi}{3}x\right) + \frac{4}{5}$$

beschrieben wird. Die Bauteile der veränderten Brücke lassen sich nach dem in der Abbildung 2 dargestellten Prinzip aus einem quaderförmigen Holzblock sägen. Der beim Sägen auftretende Materialverlust soll im Folgenden vernachlässigt werden.

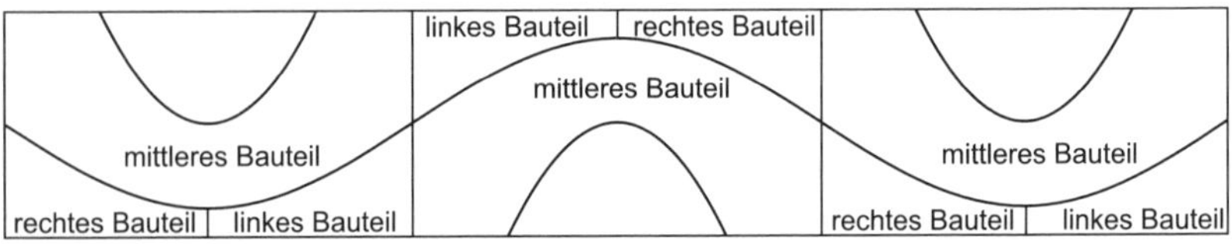

Abb. 2

a) Der Graph von k ist symmetrisch bezüglich jedes seiner Wendepunkte. **Beschreiben** Sie mithilfe von Abbildung 2, wie diese Eigenschaft bei der Produktion der Spielzeugeisenbahnbrücke genutzt wird. 2

b) **Ermitteln** Sie mithilfe des Funktionsterms von k den Flächeninhalt der gesamten in der Abbildung 2 gezeigten rechteckigen Vorderseite des Holzblocks. 4

40

Hinweise und Tipps

Teilaufgabe 1 a

Achsensymmetrie

- Zeigen Sie, dass für die Funktion f, die die obere Randlinie beschreibt, $f(-x) = f(x)$ gilt.

Teilaufgabe 1 b

Höhe und Länge der Brücke

- Der höchste Punkt befindet sich auf der y-Achse. Berechnen Sie also den entsprechenden Funktionswert.
- Mithilfe von Abbildung 1 können Sie eine erste Abschätzung für die Brückenlänge machen.
- Die Brückenlänge entspricht dem Abstand der beiden Tiefpunkte von f.
- Bestimmen Sie die Gleichung der 1. Ableitungsfunktion f' und setzen Sie $f'(x) = 0$.

Teilaufgabe 1 c

Höhe des Übergangs vom mittleren zum rechten Bauteil

- Der Übergang vom mittleren zum rechten Bauteil befindet sich bei $x = 1$. Berechnen Sie den Funktionswert von f an dieser Stelle.
- Der höchste Punkt der oberen Randlinie befindet sich bei $x = 0$, der rechte Endpunkt bei $x = 2$. Bilden Sie den Mittelwert der beiden dazugehörigen Funktionswerte und vergleichen Sie diesen mit dem Funktionswert bei $x = 1$.

Teilaufgabe 1 d

Bedeutung des angegebenen Terms

- Der angegebene Term ist ein Differenzenquotient. Welche geometrische Bedeutung hat dieser?

Teilaufgabe 1 e

Größter Steigungswinkel

- Die größte Steigung befindet sich an einer der beiden Wendestellen von f, an der anderen befindet sich das größte Gefälle. Werfen Sie dazu einen Blick auf Abbildung 1.
- Zur Berechnung der Wendestellen benötigen Sie die Gleichung der 2. Ableitungsfunktion f''.
- Wenn Sie die richtige Wendestelle gefunden haben, müssen Sie die größte Steigung berechnen, indem Sie diese Wendestelle in $f'(x)$ einsetzen.
- Der passende Steigungswinkel lässt sich aus der Steigung mithilfe des Tangens berechnen.

Teilaufgabe 1 f

Werte von a

- Überlegen Sie, in welchem Bereich sich die negative Nullstelle von q befinden muss, damit die Länge der beschriebenen Bodenfläche mindestens 0,1 dm beträgt.
- *Alternativ* können Sie auch den Funktionswert $q(-0{,}9)$ betrachten. Was muss für ihn gelten, damit die Bodenfläche lang genug ist?

Teilaufgabe 1 g

Beliebig große Werte für a

- Wie verändern sich der Graph der Funktion q und damit die Brückendurchfahrt mit wachsendem a?

Teilaufgabe 1 h

Masse des mittleren Bauteils

- Zur Berechnung der Masse benötigen Sie das Volumen. Die Breite des Bauteils kennen Sie, ermitteln müssen Sie noch den Flächeninhalt des Längsschnitts.
- Der gesuchte Flächeninhalt ergibt sich aus der Differenz $A_2 - A_1$ zweier Flächeninhalte.
- Beide Flächeninhalte können Sie mithilfe von Integralen berechnen.
- A_2 ist der Inhalt der Fläche, die sich im Intervall $-1 \le x \le 1$ zwischen dem Graphen von f und der x-Achse befindet.
- A_1 ist der Inhalt der Fläche, die sich im Intervall $x_1 \le x \le x_2$ zwischen dem Graphen von q und der x-Achse befindet. Die Stellen x_1 und x_2 sind die beiden Nullstellen von q, die Sie zunächst berechnen müssen.
- Bei der Berechnung der bestimmten Integrale können Sie folgende Eigenschaft von Funktionen g, deren Graphen symmetrisch zur y-Achse sind, nutzen:

$$\int_{-b}^{b} g(x)\,dx = 2 \cdot \int_{0}^{b} g(x)\,dx \quad \text{mit } b \in \mathbb{R}$$

Aufgabe 2

Beurteilung der Aussagen

- Beleuchten Sie beide Aussagen hinsichtlich der Achsensymmetrie. Nur eine der beiden Aussagen trifft zu.

Teilaufgabe 3 a

Symmetrie der Wendepunkte

- Betrachten Sie in Abbildung 2 die Lage der einzelnen Flächen. Achten Sie darauf, wie die einzelnen Exemplare des linken, mittleren und rechten Bauteils zueinander angeordnet sind, damit sie aus dem quaderförmigen Holzblock gesägt werden können.

Teilaufgabe 3 b

Flächeninhalt der Vorderseite des Holzblocks

- Überlegen Sie zunächst, welche Periode die Funktion hat. Die Periode entspricht z. B. dem horizontalen Abstand zwischen zwei benachbarten Hochpunkten.
- Denken Sie daran, dass $\cos 0 = 1$ und $\cos 2\pi = 1$ gilt. Prüfen Sie also, für welchen x-Wert $\frac{\pi}{3}x = 0$ und für welchen $\frac{\pi}{3}x = 2\pi$ gilt, und schließen Sie daraus auf die Periode.
- Wenn Sie die Periode kennen, müssen Sie noch ermitteln, wie viele Perioden auf einem Holzblock Platz haben. Damit ergibt sich die Breite des Blocks. (Es muss sich nicht um ein ganzzahliges Vielfaches einer Periode handeln!)
- Die Höhe des Holzblocks ergibt sich aus der Summe der y-Koordinate eines Hochpunkts und der y-Koordinate eines Tiefpunkts. Beachten Sie, dass für alle Hochpunkte $\cos\left(\frac{\pi}{3}x\right) = 1$ und für alle Tiefpunkte $\cos\left(\frac{\pi}{3}x\right) = -1$ gilt.

Lösung

1. a) Wenn $f(-x)=f(x)$ gilt, dann liegt eine Achsensymmetrie vor:

$$f(-x)=\frac{1}{20}\cdot(-x)^4-\frac{2}{5}\cdot(-x)^2+1=\frac{1}{20}x^4-\frac{2}{5}x^2+1=f(x)$$

Also sind der Graph der Funktion f und damit die obere Randlinie achsensymmetrisch zur y-Achse. (w. z. z. w.)

b) Höhe der Brücke:
Die Höhe der Brücke ergibt sich aus der y-Koordinate des Schnittpunkts des Graphen von f mit der y-Achse, der gleichzeitig lokaler Hochpunkt von f ist:

$$f(0)=\frac{1}{20}\cdot 0^4-\frac{2}{5}\cdot 0^2+1=1 \quad\Rightarrow\quad \text{Die Höhe der Brücke beträgt 1 dm.}$$

Länge der Brücke:
Die Länge der Brücke ist gleich dem Abstand der beiden Tiefpunkte. Für die 1. Ableitungsfunktion f' von f gilt:

$$f'(x)=4\cdot\frac{1}{20}x^3-2\cdot\frac{2}{5}x=\frac{1}{5}x^3-\frac{4}{5}x$$

Mit der notwendigen Bedingung für Extremstellen $f'(x)=0$ folgt:

$$\frac{1}{5}x^3-\frac{4}{5}x=0 \quad\Leftrightarrow\quad \frac{1}{5}x\cdot(x^2-4)=0$$

Eine mögliche Extremstelle ist $x=0$. Diese gehört jedoch zum lokalen Hochpunkt (vgl. Berechnung der Höhe). Für die Tiefpunkte gilt deshalb:

$$x^2-4=0 \quad\Rightarrow\quad x=2 \text{ oder } x=-2$$

Damit ergibt sich in Verbindung mit der Abbildung 1, dass sich die beiden Tiefpunkte des Graphen von f bei $x=2$ und $x=-2$ befinden.

Somit ist die Brücke 4 dm lang.

c) Der Übergang vom mittleren zum rechten Bauteil befindet sich bei $x=1$. An dieser Stelle hat f die folgende y-Koordinate:

$$f(1)=\frac{1}{20}\cdot 1^4-\frac{2}{5}\cdot 1^2+1=\frac{13}{20}$$

Mit $f(0)=1$ und $f(2)=\frac{1}{20}\cdot 2^4-\frac{2}{5}\cdot 2^2+1=\frac{1}{5}$ gilt für die halbe Höhe zwischen dem höchsten Punkt und dem rechten Endpunkt der oberen Randlinie:

$$\frac{f(0)+f(2)}{2}=\frac{1+\frac{1}{5}}{2}=\frac{\frac{6}{5}}{2}=\frac{6}{10}=\frac{3}{5}\neq\frac{13}{20}$$

Der Punkt der oberen Randlinie, der sich am Übergang vom mittleren zum rechten Bauteil befindet, liegt nicht auf halber Höhe zwischen dem höchsten Punkt und dem rechten Endpunkt.

d) Der Term $\frac{f(2)-f(1)}{2-1}$ ist der Differenzenquotient der Funktion f im Intervall $1 \le x \le 2$ und gibt gemäß Abbildung 1 die mittlere Steigung $\overline{m}$ für das rechte Bauteil an.
Nach den Berechnungen in Teilaufgabe c gilt:

$$f(2)=\frac{1}{5} \text{ und } f(1)=\frac{13}{20}$$

Dann gilt für die mittlere Steigung:

$$\overline{m}=\frac{\frac{1}{5}-\frac{13}{20}}{2-1}=-\frac{9}{20}$$

Skizze:

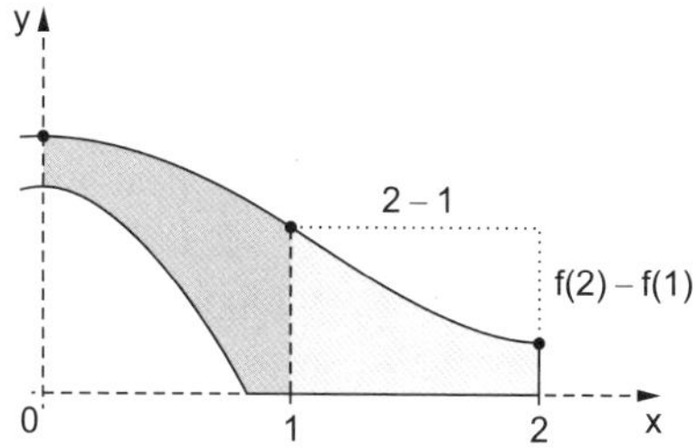

Der Wert des Differenzenquotienten und damit die mittlere Steigung des rechten Bauteils betragen $-\frac{9}{20}$.

e) Mit $f'(x)=\frac{1}{5}x^3-\frac{4}{5}x$ (vgl. Teilaufgabe b) gilt für die 2. Ableitungsfunktion:

$$f''(x)=\frac{3}{5}x^2-\frac{4}{5}$$

Die größte Steigung befindet sich bei einer der beiden Wendestellen von f. Mit der notwendigen Bedingung für Wendestellen $f''(x)=0$ folgt:

$$\frac{3}{5}x^2-\frac{4}{5}=0 \quad \Leftrightarrow \quad x^2=\frac{4}{3} \quad \Rightarrow \quad x=\frac{2}{3}\sqrt{3} \text{ oder } x=-\frac{2}{3}\sqrt{3}$$

In der Abbildung ist zu erkennen, dass sich bei $x=-\frac{2}{3}\sqrt{3}$ die größte Steigung befinden muss.

Für den größten Steigungswinkel gilt:

$$\tan\alpha=f'\left(-\frac{2}{3}\sqrt{3}\right)=\frac{1}{5}\cdot\left(-\frac{2}{3}\sqrt{3}\right)^3-\frac{4}{5}\cdot\left(-\frac{2}{3}\sqrt{3}\right)=\frac{16}{45}\sqrt{3}$$

$$\Rightarrow \quad \alpha=\arctan\left(\frac{16}{45}\sqrt{3}\right)=31{,}62\ldots^\circ\approx 31{,}6^\circ$$

Der größte Steigungswinkel beträgt etwa 31,6°.

f) Die Länge von s beträgt mindestens 0,1 dm, wenn die negative Nullstelle von q größer oder gleich dem Wert $-0{,}9$ ist.

Für die Nullstellen von q gilt:

$$0{,}8-a\cdot x^2=0 \quad \Leftrightarrow \quad x=\pm\sqrt{\frac{0{,}8}{a}} \text{ mit } a\in\mathbb{R}$$

Für die negative Nullstelle $x=-\sqrt{\frac{0{,}8}{a}}$ soll gelten:

$$-\sqrt{\frac{0{,}8}{a}}\ge-0{,}9 \quad \Leftrightarrow \quad \frac{0{,}8}{a}\le 0{,}9^2 \quad \Leftrightarrow \quad a\ge\frac{0{,}8}{0{,}81}$$

Alle Werte $a \geq \frac{0,8}{0,81}$ liefern für die Länge s mindestens 0,1 dm.

Alternative Lösung:

Die Länge von s beträgt mindestens 0,1 dm, wenn der Funktionswert von q für $x = -0,9$ kleiner oder gleich null ist, der entsprechende Punkt also auf oder unterhalb der x-Achse liegt. Es muss also gelten:

$$q(-0,9) = 0,8 - a \cdot (-0,9)^2 \leq 0$$

$$\Leftrightarrow \quad 0,8 - 0,81a \leq 0$$

$$\Leftrightarrow \quad 0,8 \leq 0,81a \quad \Rightarrow \quad a \geq \frac{0,8}{0,81}$$

g) Je größer a in $f(x) = 0,8 - a \cdot x^2$ ist, desto schmaler sind der Graph von q und damit die Brückendurchfahrt. Bei zu großem Wert für a kann kein Zug durch die Brücke fahren.

h) Das Volumen des mittleren Bauteils, das zur Berechnung der Masse benötigt wird, ergibt sich aus dem Produkt der Fläche A des Längsschnitts und der Breite 0,4 dm. Die Fläche A ist die Differenz aus der Fläche A_2, die sich im Intervall $-1 \leq x \leq 1$ zwischen dem Graphen von f und der x-Achse befindet, und der Fläche A_1, die der Graph der Funktion q mit der x-Achse einschließt:

Skizze:

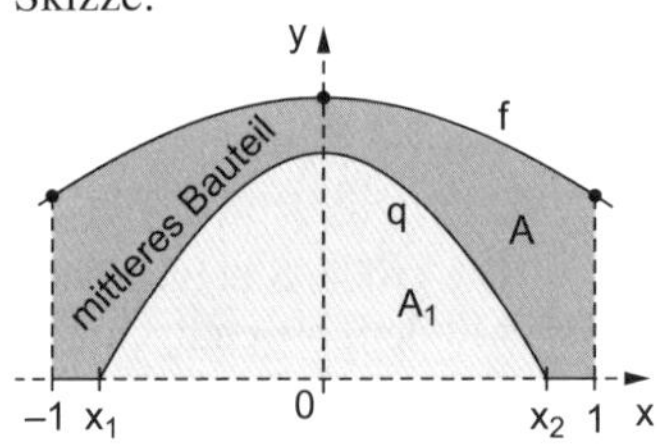

$$A = A_2 - A_1$$

$$= \int_{-1}^{1} f(x)\,dx - \int_{x_1}^{x_2} q(x)\,dx$$

Dabei sind x_1 und x_2 die Nullstellen von q. Für diese gilt:

$$q(x) = 0,8 - 1,25 \cdot x^2 = 0 \quad \Leftrightarrow \quad x^2 = \frac{80}{125} = \frac{16}{25} \quad \Rightarrow \quad x_1 = -0,8; \; x_2 = 0,8$$

Weil beide Funktionen symmetrisch zur y-Achse sind, kann die Fläche im 1. Quadranten berechnet und dann verdoppelt werden:

$$A = 2 \cdot \left(\int_0^1 f(x)\,dx - \int_0^{0,8} q(x)\,dx \right)$$

$$= 2 \cdot \left(\left[\frac{1}{100}x^5 - \frac{2}{15}x^3 + x \right]_0^1 - \left[0,8x - \frac{1,25}{3}x^3 \right]_0^{0,8} \right)$$

$$= 2 \cdot \left[\frac{1}{100} \cdot 1^5 - \frac{2}{15} \cdot 1^3 + 1 - 0 - \left(0,8 \cdot 0,8 - \frac{1,25}{3} \cdot 0,8^3 - 0 \right) \right] = 0,9$$

Für die Masse m erhält man:

$$m = 0{,}9\ \text{dm}^2 \cdot 0{,}4\ \text{dm} \cdot \frac{800\ \text{g}}{1\ \text{dm}^3} = 288\ \text{g}$$

Die Masse des mittleren Bauteils beträgt 288 g.

2. Die Bedingung für eine zur y-Achse achsensymmetrische Funktion f ist, dass $f(-x) = f(x)$ erfüllt ist.

Aussage I:
Setzt man eine im Intervall liegende beliebige Zahl ein, z. B. $x = -1{,}5$, so ergibt sich:

$$-g_\ell(-1{,}5) = g_r(-(-1{,}5)) \quad \Rightarrow \quad -g_\ell(-1{,}5) = g_r(1{,}5)$$

Damit ist die Bedingung $f(-x) = f(x)$ für die Achsensymmetrie nicht erfüllt, die Aussage ist also nicht richtig. (Die Aussage wäre richtig, wenn die Graphen von g_ℓ und g_r zueinander punktsymmetrisch bezüglich des Ursprungs wären.)

Aussage II:
Wegen der Achsensymmetrie gilt insbesondere:

$$g_\ell(-1 - x) = g_r(1 + x) \text{ für } 0 \le x \le 1$$

Somit gilt auch:

$$g_\ell(-1 + x) = g_r(1 - x) \text{ für } -1 \le x \le 0$$

Die Aussage II ist folglich korrekt.

3. a) Wegen der Symmetrie der drei Wendepunkte haben die drei linken, die drei mittleren und die drei rechten Bauteile jeweils die gleiche Form.

b) Breite des Rechtecks:
Die Funktion k hat einen lokalen Hochpunkt, wenn $\cos\left(\frac{\pi}{3}x\right) = 1$ gilt. Dies ist z. B. der Fall für $\frac{\pi}{3}x = 0 \Leftrightarrow x = 0$. Der nächstgelegene Hochpunkt befindet sich bei $\frac{\pi}{3}x = 2\pi \Leftrightarrow x = 6$. Die Periode beträgt also 6. Im Holzstück sind insgesamt 1,5 Perioden abgebildet, die Breite des Holzstücks beträgt somit $b = 1{,}5 \cdot 6 = 9$.

Höhe des Rechtecks:
Die Höhe ergibt sich aus der Summe der y-Koordinate eines Hochpunkts und der y-Koordinate eines Tiefpunkts. Am Hochpunkt gilt $\cos\left(\frac{\pi}{3}x\right) = 1$, am Tiefpunkt $\cos\left(\frac{\pi}{3}x\right) = -1$. Es folgt:

$$h = \frac{3}{5} \cdot 1 + \frac{4}{5} + \left(\frac{3}{5} \cdot (-1) + \frac{4}{5}\right) = \frac{8}{5}$$

Für den Flächeninhalt A folgt:

$$A = b \cdot h = 9 \cdot \frac{8}{5} = \frac{72}{5} = 14{,}4$$

Hamburg Kernfach Mathematik – Zentralabitur 2021
Erhöhtes Anforderungsniveau – Lineare Algebra

Anmerkung der Redaktion:
Diese Aufgabe wurde nur den Schülerinnen und Schülern von Kursen vorgelegt, die den Schwerpunkt Lineare Algebra gewählt hatten.

III Lineare Algebra

Ein Energieversorgungsunternehmen bietet drei verschiedene Stromtarife an: den Basistarif X, den Onlinetarif Y und den Ökotarif Z.

Das Unternehmen ermöglicht es seinen Kunden, den gewählten Tarif monatlich zu wechseln.
Die Verteilung der Kunden auf die drei Tarife kann durch Vektoren der Form $\begin{pmatrix} x \\ y \\ z \end{pmatrix}$ dargestellt werden.
Die Entwicklung der Kundenverteilung von einem Monat n zum nächsten lässt sich modellhaft durch die Gleichung $P \cdot \vec{v}_n = \vec{v}_{n+1}$ mit

$$P = \begin{pmatrix} 0{,}84 & 0{,}02 & 0{,}01 \\ 0{,}14 & 0{,}71 & 0{,}13 \\ 0{,}02 & 0{,}27 & 0{,}86 \end{pmatrix}$$

beschreiben.

Punkte

a) **Stellen** Sie die Entwicklung der Kundenverteilung von einem Monat n zum nächsten in einem Übergangsdiagramm **dar**. 3

b) Für den Anteil aller Kunden, die von einem Monat zum nächsten den Tarif wechseln, gibt es im Modell einen kleinsten und einen größten möglichen Wert.
Geben Sie diese beiden Werte **an** und **begründen** Sie Ihre Angabe. 3

Die Lösungen der Gleichung $P \cdot \vec{v} = \vec{v}$ haben die Form $t \cdot \begin{pmatrix} 55 \\ 222 \\ 436 \end{pmatrix}$ mit $t \in \mathbb{R}$.

Das Unternehmen verfolgt das Ziel, dass mindestens 60 % der Kunden den Tarif Z nutzen.

c) **Zeigen** Sie auf der Grundlage des Modells, dass das Ziel langfristig erreicht wird. 2

d) Um das Ziel schneller zu erreichen, wird eine Werbekampagne durchgeführt. Anschließend kann die Entwicklung der Kundenverteilung im Modell mithilfe einer Matrix

$$Q = \begin{pmatrix} 0{,}84 \cdot (1-q) & 0{,}02 & 0{,}01 \\ 0{,}14 \cdot (1-q) & 0{,}71 & 0{,}13 \\ 0{,}02 + r \cdot q & 0{,}27 & 0{,}86 \end{pmatrix} \text{ mit } q \in \left]0;1\right[\text{ dargestellt werden.}$$

Beschreiben Sie die Bedeutung von q im Sachzusammenhang und **bestimmen** Sie den Wert von r. 4

e) Die Kunden, die sich für den Tarif Z entscheiden, können zwischen den Varianten Z_1 (mit festem Verbrauchspreis) und Z_2 (mit flexiblem Verbrauchspreis) wählen. Unter Berücksichtigung dessen wird die Verteilung der Kunden durch Vektoren der Form $\begin{pmatrix} x \\ y \\ z_1 \\ z_2 \end{pmatrix}$ dargestellt. Dabei sind z_1 und z_2 die Anteile der Kunden, die sich für Z_1 bzw. Z_2 entscheiden. Die Entwicklung der Kundenverteilung von einem Monat zum nächsten wird in dem so erweiterten Modell durch die Matrix

$$R = \begin{pmatrix} 0{,}84 & 0{,}02 & 0{,}01 & 0{,}01 \\ 0{,}14 & 0{,}71 & 0{,}13 & 0{,}13 \\ 0{,}01 & 0{,}25 & 0{,}61 & 0{,}04 \\ 0{,}01 & 0{,}02 & 0{,}25 & 0{,}82 \end{pmatrix}$$

beschrieben.
Aus der Matrix R lässt sich die Matrix P herleiten.
Zeigen Sie dies für die Einträge 0,27 und 0,86 von P.
Begründen Sie, dass umgekehrt aus der Matrix P nicht die Matrix R hergeleitet werden kann. 5

Die Verteilungen der Kunden auf die drei Tarife X, Y und Z können in einem dreidimensionalen Koordinatensystem durch Punkte $(x \mid y \mid z)$ dargestellt werden.

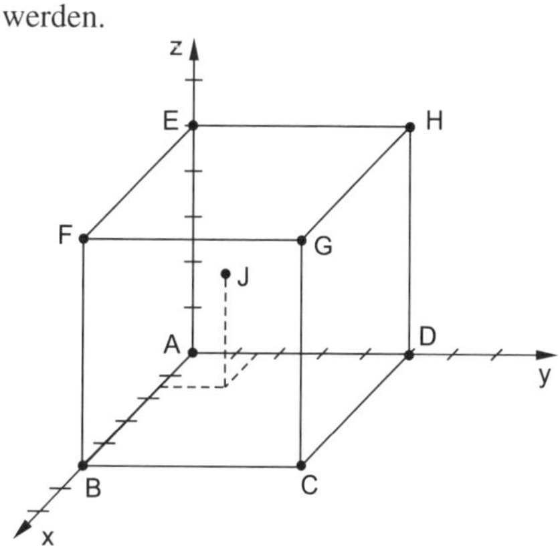

Abb. 1

Die Abbildung 1 zeigt den Würfel ABCDEFGH mit $A(0 \mid 0 \mid 0)$, $B(1 \mid 0 \mid 0)$ und $D(0 \mid 1 \mid 0)$.

f) Betrachtet werden die Punkte $J(0{,}3 \mid 0{,}3 \mid 0{,}5)$ und $K(0{,}6 \mid 0{,}4 \mid 0)$.
Zeichnen Sie K in die Abbildung 1 **ein**.

Ergänzen Sie gestrichelte Hilfslinien so, dass die Lage dieses Punkts im Raum – wie die Lage von J – zu erkennen ist.
Geben Sie **an**, welcher der beiden Punkte keine mögliche Verteilung der Kunden darstellt, und **begründen** Sie Ihre Angabe. 2

g) **Beurteilen** Sie jede der folgenden Aussagen auf Richtigkeit.
Begründen Sie Ihre Entscheidung.
I Alle Punkte, die mögliche Verteilungen der Kunden darstellen, liegen innerhalb des abgebildeten Würfels oder auf dessen Oberfläche.
II Alle Punkte, die innerhalb des abgebildeten Würfels oder auf dessen Oberfläche liegen, stellen mögliche Verteilungen der Kunden dar. 3

h) Betrachtet werden alle möglichen Kundenverteilungen, bei denen genau 40 % der Kunden den Tarif X nutzen.
Beschreiben Sie die Lage der zugehörigen Punkte im Koordinatensystem und **begründen** Sie Ihre Angabe. 3

25

Hinweise und Tipps

Teilaufgabe a

Übergangsdiagramm

- Die drei Tarife X, Y und Z werden durch drei Felder dargestellt.
- Die Anteile der Kunden, die zu einem anderen Tarif wechseln oder bei einem Tarif bleiben, werden mithilfe entsprechend beschrifteter Pfeile dargestellt.
- Die Werte dieser Anteile lassen sich der Matrix P entnehmen.

Teilaufgabe b

Kleinst- und größtmöglicher Anteil an allen Kunden

- Der Anteil aller Kunden, die von einem Monat zum nächsten den Tarif wechseln, ist am kleinsten, wenn alle Kunden zunächst einen bestimmten Tarif nutzen. Welchen?
- Der Anteil aller Kunden, die von einem Monat zum nächsten den Tarif wechseln, ist am größten, wenn alle Kunden zunächst einen bestimmten Tarif nutzen. Welchen?
- Prüfen Sie dazu für jeden Tarif, welcher Anteil jeweils innerhalb eines Monats zu einem anderen Tarif wechselt. Nutzen Sie z. B. das Übergangsdiagramm oder die Matrix P.

Teilaufgabe c

Erreichen des Ziels

- Setzen Sie den Eintrag des gegebenen Vektors für den Tarif Z ins Verhältnis zu der Summe aller Einträge.

Teilaufgabe d

Bedeutung von q

- Prüfen Sie, in welchen Einträgen der Matrix Q der Parameter q vorkommt, und überlegen Sie, wie sich der Wert des Eintrags verändert, wenn sich q vergrößert.

Wert von r

- Nutzen Sie für die Berechnung von r die Bedingung, dass die Summe der Einträge jeder Spalte 1 ergeben muss.

Teilaufgabe e

Herleitung der Matrix P aus Matrix R

- Welchem Tarifwechsel entspricht der Eintrag 0,27 der Matrix P?
- Dieser Eintrag ergibt sich aus der Summe zweier Einträge der Matrix R, da beim Tarif Z zwischen zwei Varianten unterschieden wird.
- Der Eintrag 0,86 der Matrix P steht mit vier Einträgen der Matrix R im Zusammenhang, denn: Ein Kunde, der im Tarif Z bleibt, kann in Variante Z_1 bleiben, in Variante Z_2 bleiben, von Z_1 zu Z_2 wechseln oder von Z_2 zu Z_1 wechseln.

Herleitung der Matrix R aus Matrix P

- Legen Sie dar, inwiefern Informationen in Bezug auf den Tarif Z und seine Varianten Z_1 und Z_2 fehlen.

Teilaufgabe f

Einzeichnen von K

- Die z-Koordinate von K ist 0, der Punkt liegt also in der xy-Ebene.

Punkt, der keine mögliche Verteilung darstellt

- Da es nur die drei Tarife X, Y und Z gibt, müssen die drei Koordinaten aller Punkte, die eine mögliche Verteilung darstellen, in der Summe 1 ergeben.

Teilaufgabe g

Beurteilung der Aussagen

- Überlegen Sie, welchen Minimal- und welchen Maximalwert die drei Koordinaten eines Punkts, der eine mögliche Verteilung beschreibt, jeweils haben können. Trifft diese Eigenschaft auf alle Punkte, die sich im Innern oder auf der Oberfläche des Würfels befinden, zu?
- Die beiden Aussagen sind ähnlich, aber nicht gleichwertig. Machen Sie sich den Unterschied klar.
- Prüfen Sie, ob Aussage II mit der Erkenntnis aus der vorigen Teilaufgabe f vereinbar ist.

Teilaufgabe h

Beschreibung der Lage der Punkte

- Da der Anteil 0,4 auf X entfällt, bleibt der Anteil 0,6 für die beiden anderen Tarife.
- Zwei mögliche Punkte sind $(0{,}4\,|\,0{,}6\,|\,0)$ und $(0{,}4\,|\,0\,|\,0{,}6)$. Wo befinden sich alle anderen möglichen Punkte bezüglich dieser beiden Punkte?

Lösung

a) Übergangsdiagramm:

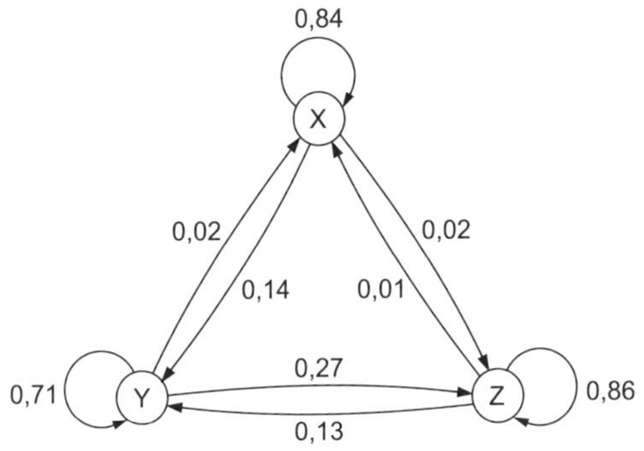

b) Für den Anteil aller Kunden, die von einem Monat zum nächsten den Tarif wechseln, lautet im Modell der kleinste mögliche Wert 14 % (100 % − 86 % = 14 %), wenn alle Kunden zunächst den Tarif Z nutzen. Der größte Anteil entsteht, wenn alle Kunden zunächst den Tarif Y nutzen, er beträgt 29 % (100 % − 71 % = 29 %).

c) Die Lösungen der Gleichung $P \cdot \vec{v} = \vec{v}$ sind die Vektoren, die sich langfristig ergeben. Langfristig nutzen also $t \cdot 436$ Kunden den Tarif Z, wenn die Gesamtanzahl der Kunden $t \cdot (55 + 222 + 436)$ beträgt. Für den prozentualen Anteil p_Z der Kunden von Z folgt:

$$p_Z = \frac{t \cdot 436}{t \cdot (55 + 222 + 436)} = \frac{436}{713} = 0{,}6115\ldots \approx 0{,}612$$

Den Tarif Z nutzen langfristig ca. 61,2 %, also mehr als 60 %. (w. z. z. w.)

d) Der Anteil der Kunden im Tarif X, die innerhalb eines Monats diesen Tarif beibehalten bzw. in den Tarif Y wechseln, hat jeweils um den Anteil q abgenommen.

Die Summe der Einträge jeder Spalte muss 1 ergeben, es muss also gelten:

$$0{,}84 \cdot (1 - q) + 0{,}14 \cdot (1 - q) + 0{,}02 + r \cdot q = 1$$

$$\Leftrightarrow \quad 0{,}84 - 0{,}84q + 0{,}14 - 0{,}14q + 0{,}02 + r \cdot q = 1$$

$$\Leftrightarrow \quad (r - 0{,}84 - 0{,}14) \cdot q = 0$$

Da $q \in \,]0;\, 1[$:

$r - 0{,}84 - 0{,}14 = 0 \quad \Leftrightarrow \quad r = 0{,}98$

e) Der Eintrag 0,27 von P ist der Anteil der Kunden von Y, die von einem Monat zum nächsten zu Z wechseln. In der Matrix R geben der dritte Eintrag 0,25 und der vierte Eintrag 0,02 der zweiten Spalte die Anteile von Y an, die zu Z_1 bzw. Z_2 wechseln. Aus ihnen ergibt sich also der Eintrag 0,27 von P: $0{,}25 + 0{,}02 = 0{,}27$

Der Eintrag 0,86 von P ist der Anteil der Kunden von Z, die dort verbleiben. In der Matrix R geben der dritte Eintrag 0,61 und der vierte Eintrag 0,25 der dritten Spalte die Anteile von Z_1 an, die bei Z verbleiben (die also bei Z_1 verbleiben bzw. zu Z_2 wechseln). Der dritte Eintrag 0,04 und der vierte Eintrag 0,82 der vierten Spalte geben die Anteile von Z_2 an, die bei Z verbleiben (die also zu Z_1 wechseln bzw. bei Z_2 verbleiben). Es bleiben also $0{,}61 + 0{,}25$ von Z_1 und $0{,}04 + 0{,}82$ von Z_2 bei Z, insgesamt bleiben folglich 0,86 bei Z:
$0{,}61 + 0{,}25 = 0{,}04 + 0{,}82 = 0{,}86$

Aus der Matrix P lässt sich nicht R herleiten, weil nicht bekannt ist, wie sich die zu Z wechselnden und die bei Z verbleibenden Kunden auf Z_1 und Z_2 aufteilen.

f) Zeichnung mit Punkt K:

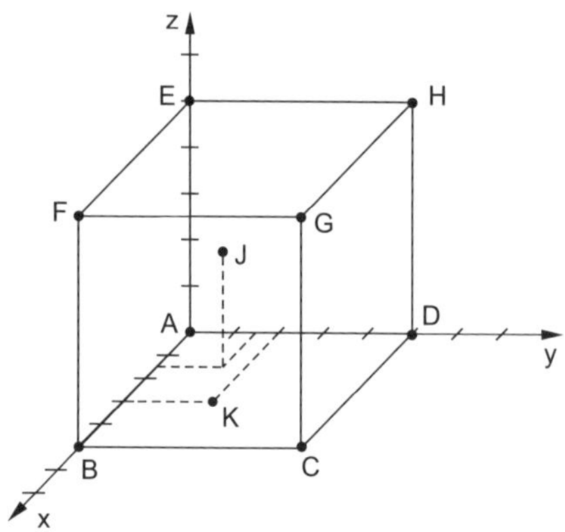

Der Punkt J stellt keine mögliche Verteilung dar, weil die Summe seiner Koordinaten größer als 1 ist: $0{,}3 + 0{,}3 + 0{,}5 = 1{,}1 \neq 1$

g) Die Aussage I ist wahr:
Der Anteil der Kunden in jedem der drei Tarife X, Y und Z ist mindestens 0 und höchstens 1.

Die Aussage II ist falsch:
Nur diejenigen Punkte innerhalb des Würfels oder auf der Würfeloberfläche, deren Koordinaten in der Summe 1 ergeben, stellen mögliche Verteilungen dar. Beispielsweise stellt der Punkt J keine Verteilung dar, obwohl er sich innerhalb des Würfels befindet.

h) Die x-Koordinate der Punkte ist 0,4. Somit gilt $y + z = 0{,}6$ mit $0 \leq y \leq 0{,}6$. Damit liegen die Punkte, die alle möglichen Kundenverteilungen darstellen, auf der Strecke mit den Endpunkten $(0{,}4 \mid 0{,}6 \mid 0)$ und $(0{,}4 \mid 0 \mid 0{,}6)$.

Anmerkung der Redaktion:
Diese Aufgabe wurde nur den Schülerinnen und Schülern von Kursen vorgelegt, die den Schwerpunkt Analytische Geometrie gewählt hatten.

III Analytische Geometrie

Gegeben sind die Punkte A(5 | −5 | 12), B(5 | 5 | 12) und C(−5 | 5 | 12).

	Punkte
a) **Zeigen** Sie, dass das Dreieck ABC gleichschenklig ist.	2
b) **Begründen** Sie, dass A, B und C Eckpunkte eines Quadrats sein können, und **geben** Sie die Koordinaten des vierten Eckpunkts D dieses Quadrats **an**.	3

Im Folgenden wird die abgebildete Doppelpyramide betrachtet. Die beiden Teilpyramiden ABCDS und ABCDT sind gleich hoch. Der Punkt T liegt im Koordinatenursprung, der Punkt S ebenfalls auf der z-Achse.

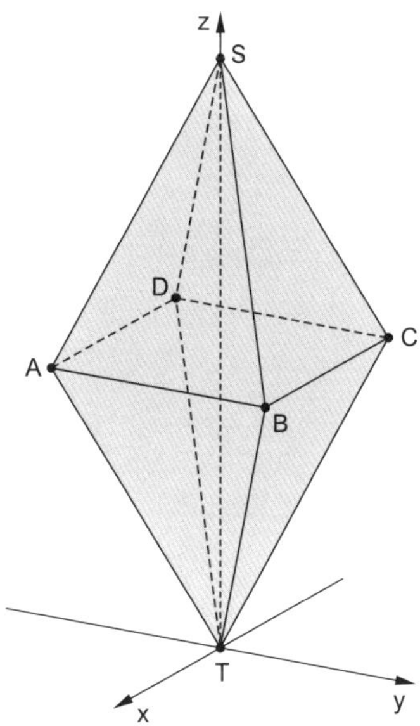

Abb. 1

Die Seitenfläche BCT liegt in einer Ebene E.

c) **Bestimmen** Sie eine Gleichung von E in Koordinatenform.
(*Zur Kontrolle:* $12y - 5z = 0$) 3

d) **Bestimmen** Sie die Größe des Winkels, den die Seitenfläche BCT mit der Fläche ABCD einschließt. 3

E gehört zur Schar der Ebenen E_k: $ky - 5z = 5k - 60$ mit $k \in \mathbb{R}$.

e) Alle Ebenen der Schar schneiden sich in einer Gerade.
Weisen Sie **nach**, dass die Kante $\overline{BC}$ auf dieser Gerade liegt. 2

f) **Ermitteln** Sie diejenigen Werte von k, für die E_k mit der Seitenfläche ADS mindestens einen Punkt gemeinsam hat. 4

g) Die Seitenfläche ADT liegt in der Ebene F.
Geben Sie einen Normalenvektor von F **an** und **begründen** Sie Ihre Angabe, ohne die Koordinaten von A und D zu verwenden.
Bestimmen Sie denjenigen Wert von k, für den E_k senkrecht zu F steht. 4

h) Die Doppelpyramide wird so um die x-Achse gedreht, dass die bisher mit BCT bezeichnete Seitenfläche in der xy-Ebene liegt und der bisher mit S bezeichnete Punkt eine positive y-Koordinate hat.
Bestimmen Sie diese y-Koordinate und **veranschaulichen** Sie Ihr Vorgehen durch eine Skizze. 4

25

Hinweise und Tipps

Teilaufgabe a

Dreieck ABC gleichschenklig

- Berechnen Sie die drei Seitenlängen, indem Sie die Beträge der entsprechenden Vektoren bilden. Zwei Seiten sollten gleich lang sein.

Teilaufgabe b

A, B, C Eckpunkte eines Quadrats

- Ein Quadrat hat vier gleich lange Seiten und vier rechte Winkel.
- Die Punkte A, B und C können nur Eckpunkte eines Quadrats sein, wenn ein Innenwinkel des Dreiecks ABC ein rechter Winkel ist und die angrenzenden Seiten gleich lang sind.
- Aus Teilaufgabe a ist bekannt, welche beiden Seiten gleich lang sind. Zeigen Sie mithilfe des Skalarprodukts, dass diese Seiten senkrecht zueinander stehen.

Koordinaten von D

- Alle drei Punkte A, B und C haben die z-Koordinate 12. Das Quadrat liegt also in der Ebene $z = 12$.
- Aus den x- und y-Koordinaten der drei Punkte A, B und C können Sie sofort auf die x- und die y-Koordinate des Punkts D schließen.
- Sie können das Dreieck ABC als Projektion auf die xy-Ebene zeichnen, die Lage des Punkts D ist dann problemlos zu erkennen.

Teilaufgabe c

Gleichung von E in Koordinatenform

- Stellen Sie zunächst die Ebenengleichung in Parameterform auf. Wählen Sie den Ortsvektor des Punkts T als Stützvektor.
- Da der Punkt T im Koordinatenursprung liegt, sind die Ortsvektoren der Punkte B und C Richtungsvektoren von E.
- Sie benötigen einen Normalenvektor der Ebene E. Nutzen Sie aus, dass jeder Normalenvektor zu den Richtungsvektoren orthogonal ist.
- Für die Ebenengleichung in Koordinatenform gilt mit dem Normalenvektor $\vec{n} = \begin{pmatrix} n_1 \\ n_2 \\ n_3 \end{pmatrix}$: $n_1x + n_2y + n_3z = d$
- Da der Punkt T und damit der Koordinatenursprung in der Ebene E liegen, gilt $d = 0$.

Teilaufgabe d

Größe des Winkels

- Sie können das rechtwinklige Dreieck TMM_1 betrachten, wobei M der Schnittpunkt des Quadrats ABCD (und damit der Ebene $z=12$) mit der z-Achse ist und M_1 der Mittelpunkt der Kante $\overline{BC}$.
- Der Innenwinkel des Dreiecks TMM_1 bei M_1 ist der gesuchte Winkel, den die Seitenfläche BCT mit der Fläche ABCD einschließt.
- *Alternativ* können Sie einen Normalenvektor $\vec{n}_1$ der Ebene E ermitteln, in der BCT liegt, sowie einen Normalenvektor $\vec{n}_2$ der Ebene, in der ABCD liegt.
- Für den Winkel φ, den die Seitenfläche BCT mit der Fläche ABCD einschließt, gilt:
  $\cos\varphi = \dfrac{|\vec{n}_1 \circ \vec{n}_2|}{|\vec{n}_1| \cdot |\vec{n}_2|}$

Teilaufgabe e

Kante $\overline{BC}$

- Alle Punkte, die auf der beschriebenen Schnittgeraden liegen, erfüllen die Gleichung von E_k für alle $k \in \mathbb{R}$.
- Wenn die beiden Punkte B und C auf der Geraden liegen, dann liegt auch die Kante $\overline{BC}$ auf der Geraden.

Teilaufgabe f

Werte von k

- Alle Ebenen der Schar E_k, die mit der Seitenfläche ADS mindestens einen Punkt gemeinsam haben, liegen zwischen zwei bestimmten Ebenen. In einer der beiden Ebenen liegt der Punkt S, in der anderen liegen die Punkte A und D.
- Ermitteln Sie die Werte von k für diese beiden Ebenen. Diese beiden Werte sind die Randwerte des gesuchten Intervalls, in dem alle möglichen Werte von k liegen.

Teilaufgabe g

Normalenvektor von F

- Beachten Sie, dass die Ebene F durch Spiegelung der Ebene E an der xz-Ebene entsteht. Ein Normalenvektor der Ebene E ist bekannt.

Wert von k

- E_k steht zu F senkrecht, wenn das Skalarprodukt der Normalenvektoren null ist.

Teilaufgabe h

y-Koordinate

- Zeichnen Sie die gedrehte Doppelpyramide als Projektion auf die yz-Ebene und finden Sie ein rechtwinkliges Dreieck, das Ihnen bei der Berechnung hilft.

Lösung

a) Berechnung der drei Seitenlängen:

$$\overrightarrow{AB}=\overrightarrow{OB}-\overrightarrow{OA}=\begin{pmatrix}5\\5\\12\end{pmatrix}-\begin{pmatrix}5\\-5\\12\end{pmatrix}=\begin{pmatrix}0\\10\\0\end{pmatrix}\quad\Rightarrow\quad|\overrightarrow{AB}|=10$$

$$\overrightarrow{AC}=\overrightarrow{OC}-\overrightarrow{OA}=\begin{pmatrix}-5\\5\\12\end{pmatrix}-\begin{pmatrix}5\\-5\\12\end{pmatrix}=\begin{pmatrix}-10\\10\\0\end{pmatrix}\quad\Rightarrow\quad|\overrightarrow{AC}|=\sqrt{(-10)^2+10^2}=\sqrt{200}$$

$$\overrightarrow{BC}=\overrightarrow{OC}-\overrightarrow{OB}=\begin{pmatrix}-5\\5\\12\end{pmatrix}-\begin{pmatrix}5\\5\\12\end{pmatrix}=\begin{pmatrix}-10\\0\\0\end{pmatrix}\quad\Rightarrow\quad|\overrightarrow{BC}|=10$$

Da $|\overrightarrow{AB}|=|\overrightarrow{BC}|=10$ gilt, ist das Dreieck ABC gleichschenklig (mit der Basis $\overline{AC}$). (w. z. z. w.)

b) Damit die Punkte A, B und C Eckpunkte eines Quadrats sein können, muss ein Innenwinkel des Dreiecks ABC ein rechter Winkel sein und die angrenzenden Seiten müssen gleich lang sein. Mit Blick auf Teilaufgabe a kann sich der rechte Winkel nur bei B befinden. Für die gleich langen Seiten $\overline{AB}$ und $\overline{BC}$ gilt:

$$\overrightarrow{AB}\circ\overrightarrow{BC}=\begin{pmatrix}0\\10\\0\end{pmatrix}\circ\begin{pmatrix}-10\\0\\0\end{pmatrix}=0$$

Das Dreieck ABC ist rechtwinklig, somit können die Punkte A, B und C Eckpunkte eines Quadrats ABCD sein.

Aufgrund der Koordinaten von A, B und C gilt für den vierten Eckpunkt:
D(–5 | –5 | 12)

Begründung (nicht verlangt):
Da alle Punkte A, B und C die z-Koordinate 12 besitzen, liegt das Quadrat ABCD in der Ebene $z=12$ und lässt sich einfach als Projektion auf die xy-Ebene darstellen. Es ist sofort zu erkennen, dass D die Koordinaten $x=-5$ und $y=-5$ haben muss.

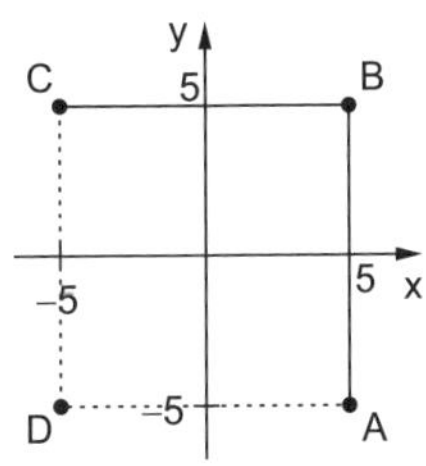

c) Eine Parameterform der Ebene lautet:

$$E:\ \vec{x}=\overrightarrow{OT}+r\cdot\overrightarrow{TB}+s\cdot\overrightarrow{TC}=\begin{pmatrix}0\\0\\0\end{pmatrix}+r\cdot\begin{pmatrix}5\\5\\12\end{pmatrix}+s\cdot\begin{pmatrix}-5\\5\\12\end{pmatrix};\ r,s\in\mathbb{R}$$

Für einen Normalenvektor der Ebene E muss gelten:

$$\begin{pmatrix}n_1\\n_2\\n_3\end{pmatrix}\circ\begin{pmatrix}5\\5\\12\end{pmatrix}=0\quad\text{und}\quad\begin{pmatrix}n_1\\n_2\\n_3\end{pmatrix}\circ\begin{pmatrix}-5\\5\\12\end{pmatrix}=0$$

LGS:

I $\quad 5n_1 + 5n_2 + 12n_3 = 0$

II $\; -5n_1 + 5n_2 + 12n_3 = 0$

Mit $n_1 = 0$ ergibt sich aus beiden Gleichungen $5n_2 = -12n_3$. Eine mögliche Lösung ist $n_2 = 12$ und $n_3 = -5$. Als Normalenvektor der Ebene E ergibt sich:

$$\vec{n} = \begin{pmatrix} 0 \\ 12 \\ -5 \end{pmatrix} \quad \Rightarrow \quad E\colon 12y - 5z = 0$$

d) Der Punkt $M(0|0|12)$ liegt über T auf der z-Achse, er ist der Mittelpunkt der Fläche ABCD. Der Abstand von T und M ist 12. Der Punkt $M_1(0|5|12)$ ist Mittelpunkt der Strecke $\overline{BC}$. Die Länge der Strecke $\overline{MM_1}$ beträgt 5.

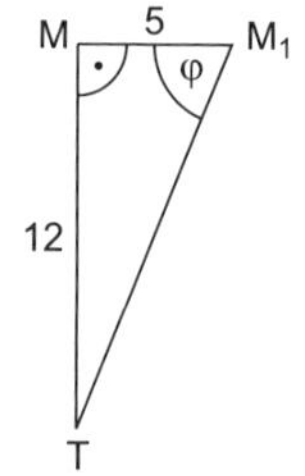

Anmerkung:
Der Abstand von M und M_1 lässt sich gut anhand der Zeichnung in der Lösung zur Teilaufgabe b (Projektion auf die xy-Ebene) nachvollziehen.

Der Winkel φ im rechtwinkligen Dreieck TMM_1 ist gleich dem Winkel, den die Seitenfläche BCT mit der Fläche ABCD einschließt. Für ihn gilt:

$$\tan\varphi = \frac{12}{5} = 2{,}4 \quad \Rightarrow \quad \varphi = \arctan 2{,}4 = 67{,}38\ldots^\circ \approx 67{,}4^\circ$$

Alternative Lösung:
Ein Normalenvektor $\vec{n}_1$ der Ebene E, in der die Fläche BCT liegt, und ein Normalenvektor $\vec{n}_2$ der Ebene, in der die Fläche ABCD liegt, lauten:

$$\vec{n}_1 = \begin{pmatrix} 0 \\ 12 \\ -5 \end{pmatrix} \text{ und } \vec{n}_2 = \begin{pmatrix} 0 \\ 0 \\ 1 \end{pmatrix}$$

Für den eingeschlossenen Winkel φ gilt dann:

$$\cos\varphi = \frac{|\vec{n}_1 \circ \vec{n}_2|}{|\vec{n}_1| \cdot |\vec{n}_2|}$$

$$= \frac{\left|\begin{pmatrix} 0 \\ 12 \\ -5 \end{pmatrix} \circ \begin{pmatrix} 0 \\ 0 \\ 1 \end{pmatrix}\right|}{\left|\begin{pmatrix} 0 \\ 12 \\ -5 \end{pmatrix}\right| \cdot \left|\begin{pmatrix} 0 \\ 0 \\ 1 \end{pmatrix}\right|} = \frac{|0 \cdot 0 + 12 \cdot 0 + (-5) \cdot 1|}{\sqrt{0^2 + 12^2 + (-5)^2} \cdot 1} = \frac{5}{13}$$

$$\varphi = \arccos\left(\frac{5}{13}\right) = 67{,}38\ldots^\circ \approx 67{,}4^\circ$$

e) Wenn zwei Punkte in einer Ebene liegen, dann liegt auch ihre Verbindungsgerade in dieser Ebene E_k. Die Punkte $B(5|5|12)$ und $C(-5|5|12)$ haben die gleiche y- und die gleiche z-Koordinate, die in die Gleichung von E_k eingesetzt werden:
$k \cdot 5 - 5 \cdot 12 = 5k - 60 \quad \Leftrightarrow \quad -60 = -60 \quad \Rightarrow \quad$ wahre Aussage

Die Punkte B und C liegen in allen Ebenen E_k, die Kante $\overline{BC}$ liegt somit auf der Geraden, in der sich alle Ebenen der Schar schneiden.

f) Diejenige Ebene der Schar E_k, in der S und somit die Fläche BCS liegen, schneidet die Fläche ADS in genau einem Punkt. Diejenige Ebene der Schar E_k, in der die Fläche ABCD liegt, schneidet die Fläche ADS insbesondere in zwei Punkten, und zwar A und D. Alle weiteren Ebenen, die die Fläche ADS schneiden, liegen zwischen den genannten Ebenen.

Liegt $S(0|0|24)$ in E_k, muss gelten:
$k \cdot 0 - 5 \cdot 24 = 5k - 60 \quad \Leftrightarrow \quad 5k = 60 - 120 \quad \Rightarrow \quad k = -12$

Liegt $A(5|-5|12)$ in E_k, muss gelten:
$k \cdot (-5) - 5 \cdot 12 = 5k - 60 \quad \Leftrightarrow \quad 10k = 0 \quad \Rightarrow \quad k = 0$

Für die Werte $-12 \leq k \leq 0$ hat E_k mit der Seitenfläche ADS mindestens einen Punkt gemeinsam.

Alternative Lösung:
Für alle Ebenen der Schar E_k, die mit der Seitenfläche ADS mindestens einen Punkt gemeinsam haben, gilt: Die z-Koordinate des Schnittpunkts der Ebene mit der z-Achse liegt im Intervall $12 \leq z \leq 24$.
Für die Schnittpunkte von E_k mit der z-Achse gilt:
$k \cdot 0 - 5 \cdot z = 5k - 60 \quad \Leftrightarrow \quad z = 12 - k$

Es folgt, dass E_k für die Werte $-12 \leq k \leq 0$ mindestens einen Punkt mit der Seitenfläche ADS gemeinsam hat.

g) Die Ebene E hat den Normalenvektor $\vec{n}_E = \begin{pmatrix} 0 \\ 12 \\ -5 \end{pmatrix}$. Da F durch Spiegelung von E an der xz-Ebene entsteht, ist $\vec{n}_F = \begin{pmatrix} 0 \\ -12 \\ -5 \end{pmatrix}$ ein Normalenvektor von F.

E_k steht zu F senkrecht, wenn das Skalarprodukt der Normalenvektoren null ist:

$$\begin{pmatrix} 0 \\ k \\ -5 \end{pmatrix} \circ \begin{pmatrix} 0 \\ -12 \\ -5 \end{pmatrix} = 0 \quad \Leftrightarrow \quad k \cdot (-12) + (-5) \cdot (-5) = 0 \quad \Rightarrow \quad k = \frac{25}{12}$$

h) Der Abstand 24 der beiden Spitzen bleibt unverändert, der Winkel bei T ergibt sich aus der Winkelsumme im Dreieck $TM'M_1'$. Für die y-Koordinate von S' gilt folglich:

$$y_{S'} = 24 \cdot \cos(90° - \varphi)$$
$$\Leftrightarrow \quad y_{S'} \approx 24 \cdot \cos(90° - 67{,}4°) = 22{,}157\ldots \approx 22{,}16$$

Projektion auf yz-Ebene:

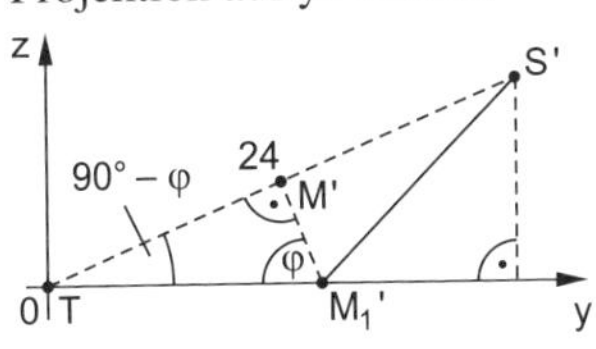

IV Stochastik

Hinweis: Zur Bearbeitung der folgenden Aufgabe können nach Bedarf die Tabellen in der Anlage genutzt werden.

Punkte

1. Für ein Land wird die Bevölkerungsgruppe der Erwachsenen betrachtet. In dieser Bevölkerungsgruppe beträgt der Anteil der Internetnutzer 88 %; der Anteil derjenigen, die mindestens 65 Jahre alt sind und das Internet nutzen, beträgt 17 %. Die betrachtete Bevölkerungsgruppe besteht aus 60,7 Millionen Personen, von denen 16,4 Millionen mindestens 65 Jahre alt sind.
   Aus der betrachteten Bevölkerungsgruppe wird eine Person zufällig ausgewählt. Untersucht werden folgende Ereignisse:
   A: „Die Person nutzt das Internet."
   B: „Die Person ist mindestens 65 Jahre alt."

   a) **Stellen** Sie den Sachzusammenhang in einer vollständig ausgefüllten Vierfeldertafel **dar**. 3

   b) **Untersuchen** Sie, ob die Ereignisse A und B stochastisch unabhängig sind. 3

   c) **Beschreiben** Sie das Ereignis $\overline{A} \cap B$ im Sachzusammenhang. 2

   d) **Bestimmen** Sie für den Fall, dass die ausgewählte Person jünger als 65 Jahre ist, die Wahrscheinlichkeit dafür, dass sie das Internet nutzt. 2

In der betrachteten Bevölkerungsgruppe nutzen etwa 72 % das Internet mit einem Smartphone.

   e) Aus der betrachteten Bevölkerungsgruppe werden 150 Personen zufällig ausgewählt.
   Bestimmen Sie die Wahrscheinlichkeit dafür, dass die Anzahl derjenigen ausgewählten Personen, die das Internet mit einem Smartphone nutzen, weniger als 10 % vom Erwartungswert dieser Anzahl abweicht. 4

   f) **Ermitteln** Sie, wie viele Personen aus der betrachteten Bevölkerungsgruppe mindestens zufällig ausgewählt werden müssen, damit mit einer Wahrscheinlichkeit von mehr als 98 % mehr als zwei dieser Personen das Internet mit einem Smartphone nutzen. 4

2. In zwei Behältern befinden sich insgesamt 300 Kugeln, von denen 105 weiß und die übrigen schwarz sind. Im ersten Behälter befinden sich k Kugeln, von denen w weiß sind. Jedem Behälter wird eine Kugel zufällig entnommen.

a) **Interpretieren** Sie den Term $\frac{195-(k-w)}{300-k}$ im Sachzusammenhang. 3

b) Es gilt:
- Mit einer Wahrscheinlichkeit von 12,5 % sind beide entnommenen Kugeln weiß.
- Mit einer Wahrscheinlichkeit von 37,5 % ist die aus dem ersten Behälter entnommene Kugel schwarz und die aus dem zweiten Behälter entnommene Kugel weiß.

Geben Sie zwei Gleichungen **an**, mit deren Hilfe man die Anzahl der weißen Kugeln im ersten Behälter berechnen kann. 4

25

Anlage zur Aufgabe „Stochastik“

						p						
k	0,02	0,03	0,04	0,05	0,1	$\frac{1}{6}$	0,28	0,3	$\frac{1}{3}$	0,4	0,5	
0	0,0483	0104	0022	0005								149
1	1961	0585	0159	0041								148
2	4209	1693	0584	0182	0000							147
3	6472	3384	1458	0548	0001							146
4	8170	5307	2796	1256	0005							145
5	9181	7043	4424	2344	0019							144
6	9680	8340	6063	3729	0056							143
7	9890	9166	7468	5228	0140							142
8	9966	9622	8515	6638	0307	0000						141
9	9991	9845	9203	7809	0600	0001						140
10	9998	9942	9607	8678	1060	0002						139
11	9999	9980	9821	9260	1709	0006						138
12		9994	9925	9615	2545	0016						137
13		9998	9971	9813	3530	0036						136
14		9999	9989	9915	4602	0075						135
15			9996	9964	5682	0145						134
16			9999	9986	6694	0264						133
17				9995	7581	0452						132
18				9998	8308	0730						131
19				9999	8870	1115						130
20					9279	1621						129
21					9560	2246	0000					128
22					9744	2980	0001					127
23					9857	3796	0002	0000				126
24					9924	4660	0004	0001				125
25					9961	5531	0008	0001				124
26					9981	6369	0017	0003				123
27					9991	7138	0031	0006				122
28					9996	7814	0056	0011	0000			121
29					9998	8383	0096	0021	0001			120
30					9999	8842	0160	0038	0002			119
31						9197	0255	0067	0004			118
32						9461	0393	0112	0009			117
33						9650	0585	0181	0016			116
34						9780	0843	0283	0029			115
35						9866	1174	0429	0050			114
36						9921	1586	0627	0084	0000		113
37						9955	2079	0890	0136	0001		112
38						9975	2649	1225	0214	0001		111
39						9987	3286	1636	0325	0002		110
40						9993	3974	2126	0480	0004		109
41						9996	4691	2689	0688	0008		108
42						9998	5415	3316	0957	0015		107
43						9999	6122	3990	1295	0026		106
	0,98	0,97	0,96	0,95	0,9	$\frac{5}{6}$	0,72	0,7	$\frac{2}{3}$	0,6	0,5	k
						p						

k	p 0,02	0,03	0,04	0,05	0,1	$\frac{1}{6}$	0,28	0,3	$\frac{1}{3}$	0,4	0,5	
44							6790	4692	1706	0043		105
45							7403	5402	2190	0071		104
46							7947	6096	2743	0113		103
47							8414	6754	3354	0176		102
48							8805	7359	4010	0265		101
49							9121	7899	4693	0389		100
50							9369	8366	5383	0555	0000	99
51							9559	8759	6059	0773	0001	98
52							9699	9079	6703	1050	0001	97
53							9800	9333	7298	1391	0002	96
54							9870	9529	7832	1799	0004	95
55							9918	9675	8299	2274	0007	94
56							9949	9781	8694	2811	0012	93
57							9970	9857	9020	3402	0021	92
58							9982	9908	9282	4034	0034	91
59							9990	9943	9486	4690	0056	90
60							9994	9965	9640	5354	0088	89
61							9997	9979	9755	6007	0136	88
62							9998	9988	9836	6631	0204	87
63							9999	9993	9894	7213	0300	86
64								9996	9932	7741	0430	85
65								9998	9958	8206	0603	84
66								9999	9975	8605	0825	83
67								9999	9985	8939	1103	82
68									9991	9210	1442	81
69									9995	9425	1846	80
70									9997	9591	2313	79
71									9999	9716	2839	78
72									9999	9807	3416	77
73										9872	4033	76
74										9917	4675	75
75										9948	5325	74
76										9968	5967	73
77										9981	6584	72
78										9989	7161	71
79										9993	7687	70
80										9996	8154	69
81										9998	8558	68
82										9999	8897	67
83										9999	9175	66
84											9397	65
85											9570	64
86											9700	63
87											9796	62
88											9864	61
89											9912	60
	0,98 p	0,97	0,96	0,95	0,9	$\frac{5}{6}$	0,72	0,7	$\frac{2}{3}$	0,6	0,5	k

	p											
k	0,02	0,03	0,04	0,05	0,1	$\frac{1}{6}$	0,28	0,3	$\frac{1}{3}$	0,4	0,5	
90											9944	59
91											9966	58
92											9979	57
93											9988	56
94											9993	55
95											9996	54
96											9998	53
97											9999	52
	0,98	0,97	0,96	0,95	0,9	$\frac{5}{6}$	0,72	0,7	$\frac{2}{3}$	0,6	0,5	k
	p											

Tab. 1: Summierte Binomialverteilung $P(X \leq k)$ für $n = 150$. Alle freien Plätze, die unterhalb der Zahlenkolonnen liegen, würden durch das Runden auf 4 Dezimalen den Wert 1,0000 enthalten.

Beachte: Wenn Werte über den zweiten, dunkelgrau unterlegten Eingang der Tabelle abgelesen werden sollen, d. h. $p \geq 0{,}5$, muss die Differenz 1 – (abgelesener Wert) ermittelt werden.

n	k 1	2	3	4	5	6	7	8	9	10
1	1,0000									
2	0,4816	1,0000								
3	0,1913	0,6268	1,0000							
4	0,0694	0,3132	0,7313	1,0000						
5	0,0238	0,1376	0,4303	0,8065	1,0000					
6	0,0079	0,0557	0,2196	0,5356	0,8607	1,0000				
7	0,0026	0,0213	0,1016	0,3081	0,6266	0,8997	1,0000			
8	0,0008	0,0078	0,0438	0,1594	0,3973	0,7031	0,9278	1,0000		
9	0,0003	0,0028	0,0179	0,0762	0,2260	0,4829	0,7660	0,9480	1,0000	
10	0,0001	0,0010	0,0070	0,0342	0,1181	0,2979	0,5622	0,8170	0,9626	1,0000
11	0,0000	0,0003	0,0027	0,0146	0,0577	0,1685	0,3719	0,6335	0,8577	0,9730
12		0,0001	0,0010	0,0060	0,0267	0,0887	0,2254	0,4452	0,6963	0,8900
13		0,0000	0,0004	0,0024	0,0118	0,0440	0,1270	0,2870	0,5155	0,7505
14			0,0001	0,0009	0,0050	0,0208	0,0673	0,1718	0,3509	0,5813
15			0,0000	0,0003	0,0021	0,0094	0,0338	0,0965	0,2220	0,4154
16				0,0001	0,0008	0,0041	0,0163	0,0514	0,1317	0,2761
17				0,0000	0,0003	0,0018	0,0075	0,0261	0,0739	0,1721
18					0,0001	0,0007	0,0034	0,0127	0,0395	0,1014
19					0,0000	0,0003	0,0015	0,0060	0,0202	0,0568
20						0,0001	0,0006	0,0027	0,0100	0,0305
21						0,0000	0,0003	0,0012	0,0048	0,0157
22							0,0001	0,0005	0,0022	0,0078
23							0,0000	0,0002	0,0010	0,0038
24								0,0001	0,0004	0,0018
25								0,0000	0,0002	0,0008
26									0,0001	0,0004
27									0,0000	0,0002
28										0,0001
29										0,0000

Tab. 2: Summierte Binomialverteilung $P(X \leq k)$ für $n \in [1; 29]$ und $p = 0{,}72$.

Hinweise und Tipps

Teilaufgabe 1 a

Vierfeldertafel

- Berechnen Sie mithilfe der passenden Angaben im Aufgabentext zunächst die Wahrscheinlichkeit dafür, dass die ausgewählte Person mindestens 65 Jahre alt ist.
- Mit diesem Wert und zwei weiteren Prozentangaben im Aufgabentext können Sie drei Einträge in der Vierfeldertafel vornehmen.
- Alle anderen Einträge ergeben sich dann, indem Sie sich einzelne Spalten oder Zeilen vornehmen und die entsprechende Addition bzw. Subtraktion durchführen.

Teilaufgabe 1 b

Stochastische Unabhängigkeit der Ereignisse A und B

- Die zwei Ereignisse A und B sind stochastisch unabhängig, wenn gilt: $P(A \cap B) = P(A) \cdot P(B)$

Teilaufgabe 1 c

Ereignis $\overline{A} \cap B$

- Gehen Sie von den angegebenen Beschreibungen der Ereignisse A und B aus.
- Beachten Sie den Querstrich über dem A, es geht also um das Gegenereignis von A.

Teilaufgabe 1 d

Wahrscheinlichkeit, dass unter 65-jährige Person das Internet nutzt

- Hier ist eine bedingte Wahrscheinlichkeit gefragt. Überlegen Sie anhand des Aufgabentextes, was die Bedingung ist.
- Wenden Sie die Formel für bedingte Wahrscheinlichkeiten an. Die Vierfeldertafel aus Teilaufgabe a kann helfen.

Teilaufgabe 1 e

Abweichung vom Erwartungswert kleiner als 10 %

- Die Anzahl derjenigen Personen, die das Internet mit einem Smartphone nutzen, wird durch eine binomialverteilte Zufallsgröße X beschrieben.
- Berechnen Sie mit den angegebenen Parametern n und p den Erwartungswert von X. In welchem Bereich muss X liegen, damit die Abweichung vom Erwartungswert kleiner als 10 % ist?
- Sie müssen eine Wahrscheinlichkeit der Form $P(k_1 \leq X \leq k_2)$ berechnen. Nutzen Sie aus, dass gilt: $P(k_1 \leq X \leq k_2) = P(X \leq k_2) - P(X \leq k_1 - 1)$
- Sie können Tabelle 1 nutzen. Beachten Sie dabei, dass $p \geq 0{,}5$ gilt. Lesen Sie dazu die Anmerkung, die unter der Tabelle steht.

Teilaufgabe 1 f

Mindestanzahl der auszuwählenden Personen

- Nun geht es um eine Zufallsgröße Y, bei der p gegeben und n gesucht ist.
- Nutzen Sie die Tabelle 2. Suchen Sie den kleinsten Wert von n, für den gilt: $P(Y \leq 2) < 0{,}02$

Teilaufgabe 2 a

Interpretation des Terms

- Überlegen Sie sich für jeden Teilterm genau, welche Kugelanzahl er angibt.

Teilaufgabe 2 b

Zwei Gleichungen

- Sie müssen nur die Gleichungen angeben, nach der Berechnung der Anzahl der weißen Kugeln im ersten Behälter ist nicht gefragt.
- Betrachten Sie für die erste Gleichung die erste Bedingung: Setzen Sie 12,5 % gleich einem Produkt, dessen erster Faktor ein Term für die Wahrscheinlichkeit ist, dass die dem ersten Behälter entnommene Kugel weiß ist, und dessen zweiter Faktor ein Term für die Wahrscheinlichkeit ist, dass die dem zweiten Behälter entnommene Kugel weiß ist.
- Gehen Sie genauso für die zweite Bedingung und die zweite Gleichung vor.

Lösung

1. a) Wahrscheinlichkeit dafür, dass die ausgewählte Person mindestens 65 Jahre alt ist:

$$P(B) = \frac{16,4 \cdot 10^6}{60,7 \cdot 10^6} = 0,270\ldots \approx 0,27$$

Vierfeldertafel:

	A	$\overline{A}$	
B	**0,17**	0,10	**0,27**
$\overline{B}$	0,71	0,02	0,73
	0,88	0,12	1,00

Anmerkung:
Alle fett gedruckten Einträge ergeben sich aus der Aufgabenstellung. Alle restlichen Einträge ergeben sich durch Addition bzw. Subtraktion.

b) Die zwei Ereignisse A und B sind stochastisch unabhängig, wenn gilt:
$P(A \cap B) = P(A) \cdot P(B)$

Hier gilt:
$P(A \cap B) = 0,17$

$P(A) \cdot P(B) = 0,88 \cdot 0,27 = 0,2376 \approx 0,24$

$\Rightarrow \quad P(A \cap B) \neq P(A) \cdot P(B)$

Die beiden Ereignisse A und B sind stochastisch abhängig.

c) Bedeutung von $\overline{A} \cap B$:
Die Person ist mindestens 65 Jahre alt, sie nutzt aber kein Internet.

d) Bedingte Wahrscheinlichkeit:

$$P_{\overline{B}}(A) = \frac{P(A \cap \overline{B})}{P(\overline{B})} = \frac{0,71}{0,73} = 0,9726\ldots \approx 0,973$$

Für den Fall, dass eine Person jünger als 65 Jahre ist, beträgt die Wahrscheinlichkeit dafür, dass diese Person das Internet nutzt, etwa 97,3 %.

e) Die Zufallsgröße X beschreibt die Anzahl derjenigen Personen, die das Internet mit einem Smartphone nutzen. Sie ist binomialverteilt mit $n = 150$ und $p = 0,72$.

Erwartungswert: $E(X) = n \cdot p = 150 \cdot 0,72 = 108 \quad \Rightarrow \quad 10\,\%$ von $E(X) = 10,8$

Die Anzahl weicht also weniger als 10 % vom Erwartungswert ab, wenn gilt:
$98 \leq X \leq 118$

Mit der Tabelle 1 ergibt sich:

$$\begin{aligned} P(98 \le X \le 118) &= P(X \le 118) - P(X \le 97) \\ &= (1 - 0{,}0255) - (1 - 0{,}9699) \\ &= 0{,}9745 - 0{,}0301 = 0{,}9444 \approx 0{,}944 \end{aligned}$$

Die Wahrscheinlichkeit dafür, dass die Anzahl der ausgewählten Personen, die das Internet mit einem Smartphone nutzen, weniger als 10 % vom Erwartungswert abweicht, beträgt etwa 94,4 %.

f) Die Zufallsgröße Y ist binomialverteilt mit $p = 0{,}72$ und gesuchtem n. Es soll gelten:

$P(Y > 2) > 0{,}98 \Leftrightarrow 1 - P(Y \le 2) > 0{,}98 \Leftrightarrow P(Y \le 2) < 0{,}02$

Mithilfe der Tabelle 2 findet man:

$n = 7$: $P(Y \le 2) = 0{,}0213 > 0{,}02$

$n = 8$: $P(Y \le 2) = 0{,}0078 < 0{,}02$

Es müssen mindestens acht Personen ausgewählt werden.

2. a) Der Term $300 - k$ im Nenner ist die Anzahl der Kugeln im Behälter 2. Der erste Term 195 im Zähler ist die Anzahl der schwarzen Kugeln insgesamt. Der zweite Term $(k - w)$ im Zähler ist die Anzahl der schwarzen Kugeln im Behälter 1. Der gesamte Term kann also geschrieben werden als:

$$\frac{\text{(Anzahl schwarze Kugeln insg.)} - \text{(Anzahl schwarze Kugeln Behälter 1)}}{\text{(Anzahl Kugeln Behälter 2)}}$$

Da der Zähler somit die Anzahl der schwarzen Kugeln in Behälter 2 angibt, folgt:
Der Term gibt die Wahrscheinlichkeit dafür an, dass die aus dem zweiten Behälter entnommene Kugel schwarz ist.

b) Die beiden Gleichungen lauten:

$$\text{I} \quad \frac{w}{k} \cdot \frac{105 - w}{300 - k} = 0{,}125$$

$$\text{II} \quad \frac{k - w}{k} \cdot \frac{105 - w}{300 - k} = 0{,}375$$

Anmerkung:
Die Berechnung ist nicht verlangt, sondern nur das Angeben der Gleichungen. Falls Sie trotzdem nachrechnen wollen, ist im Folgenden eine Lösung dargestellt.

Mit $3 \cdot \text{I}$ ergibt sich III:

$$\text{III} \quad 3 \cdot \frac{w}{k} \cdot \frac{105 - w}{300 - k} = 0{,}375$$

Mit II = III ergibt sich:

$$\frac{k-w}{k}\cdot\frac{105-w}{300-k}=3\cdot\frac{w}{k}\cdot\frac{105-w}{300-k} \qquad \left|\cdot\frac{300-k}{105-w}\right.$$

$$\Leftrightarrow \qquad \frac{k-w}{k}=3\cdot\frac{w}{k} \qquad |\cdot k$$

$$\Leftrightarrow \qquad k-w=3w \qquad |+w$$

$$\Rightarrow \qquad k=4w$$

k = 4w einsetzen in I:

$$\frac{w}{4w}\cdot\frac{105-w}{300-4w}=0{,}125 \qquad |\cdot 4$$

$$\Leftrightarrow \qquad \frac{105-w}{300-4w}=0{,}5$$

$$\Leftrightarrow \qquad 105-w=150-2w$$

$$\Rightarrow \qquad w=45$$

Im ersten Behälter befinden sich 45 weiße Kugeln.

V Analysis 2

Ein Influencer lädt ein neues Video auf seinem Kanal hoch. Die zeitliche Entwicklung der Klickrate soll näherungsweise durch die Funktion f mit
$f(t) = 1\,000 \cdot t^2 \cdot e^{-2t} \quad (t \in \mathbb{R}_0^+)$
dargestellt werden. Dabei beschreibt t die Zeit in Stunden nach dem Hochladen des Videos und f(t) die momentane Klickrate in tausend Klicks pro Stunde zum Zeitpunkt t (siehe Abbildung 1).

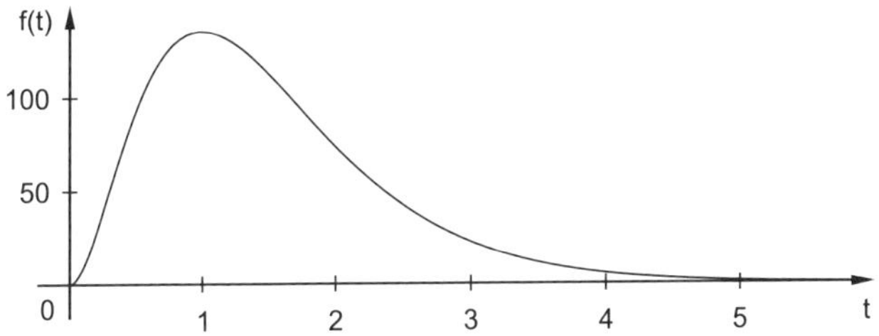

Abb. 1

In der nachfolgenden Tabelle 1 sind die Klickraten, die zu verschiedenen Zeitpunkten gemessen wurden, dargestellt:

Zeit in Stunden, nachdem das Video hochgeladen wurde	2	3
Klickrate in tausend Klicks pro Stunde	73	22

Tab. 1: Klickrate

Punkte

a) **Bestätigen** Sie, dass der Funktionswert für t = 2 um weniger als 2 % vom Tabellenwert abweicht. 3

b) **Ermitteln** Sie grafisch das Zeitintervall, in dem die Klickrate über 100 000 Klicks pro Stunde liegt.
Ergänzen Sie zur Veranschaulichung Ihres Lösungswegs die Abbildung 1. 3

c) **Weisen** Sie **nach**, dass die erste Ableitung von f durch
$f'(t) = 2\,000 \cdot e^{-2t} \cdot (t - t^2)$
gegeben ist. 3

d) **Berechnen** Sie das Maximum der Klickrate. 5

Aufgrund eines Werbevertrags erhält der Influencer automatisch Geld, sobald insgesamt seit dem Hochladen des Videos 25 000 Klicks erreicht wurden.

e) **Geben** Sie eine Gleichung **an**, mit der dieser Zeitpunkt t_G bestimmt werden kann. 2

f) Um den Verlauf der Klickrate bei anderen Videos zu modellieren, werden Funktionen $\hat{f}$ der Form $\hat{f}(t) = a \cdot f(b \cdot t)$; $t \in \mathbb{R}_0^+$; $a, b > 0$ verwendet.
Beurteilen Sie die folgenden Aussagen:
A: Je größer der Wert von a, bei festem b, desto weiter rechts befindet sich der Hochpunkt des Graphen von $\hat{f}$.
B: Die Modellfunktion $\hat{f}$ beschreibt für $a = 1$ und $b = 0{,}4$ einen Prozess, bei dem die Gesamtanzahl der Klicks innerhalb der ersten vier Stunden nach Hochladen des Videos geringer ist als bei der Modellfunktion f. 4

In Abbildung 2 ist der Verlauf der Klickrate eines Videos eines anderen Influencers als gestrichelte Kurve dargestellt.

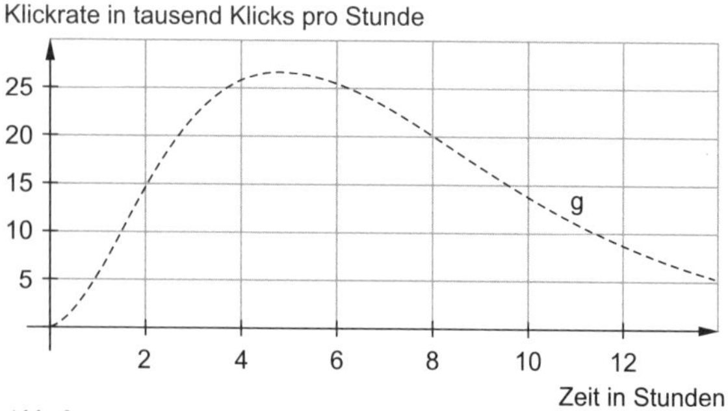

Abb. 2

Die Klickrate wird durch eine Funktion g beschrieben, deren Funktionsgleichung nicht bekannt ist. Die Gesamtzahl G der Klicks in den ersten 10 Stunden kann deshalb nur näherungsweise bestimmt werden. Eine Möglichkeit hierfür ist durch die folgende Formel gegeben:

$$G = \sum_{k=1}^{5} \left(2 \cdot \frac{g(2k) + g(2k-2)}{2} \right)$$

g) **Erläutern** Sie den Näherungsansatz, der zu dieser Formel führt. 3

h) **Ermitteln** Sie näherungsweise die Gesamtzahl der Klicks in den ersten zehn Stunden.
Geben Sie die Werte gerundet auf ganze Hunderter **an**. 2

25

Hinweise und Tipps

Teilaufgabe a

Abweichung vom Tabellenwert kleiner als 2 %

- Berechnen Sie f(2) und setzen Sie das Ergebnis mit dem passenden Tabellenwert ins Verhältnis.

Teilaufgabe b

Zeitintervall, in dem die Klickrate über 100 000 Klicks pro Stunde liegt

- Zeichnen Sie die Gerade $y = 100$ ein. Sie verläuft parallel zur x-Achse.
- Die Gerade schneidet den Graphen an zwei Stellen. Diese beiden Stellen bilden die Ränder des Zeitintervalls, da für alle Zeitwerte dazwischen der Graph von f oberhalb der Geraden verläuft.

Teilaufgabe c

Erste Ableitung von f

- Wenden Sie die Produktregel an.

Teilaufgabe d

Maximum der Klickrate

- Ermitteln Sie mögliche Extremstellen mit der notwendigen Bedingung für Extremstellen $f'(t) = 0$.
- Es sollte sich genau ein Wert für t ergeben. Sie müssen nicht mithilfe der 2. Ableitungsfunktion zeigen, dass es sich um eine Maximalstelle handelt, da dies aus der Abbildung 1 eindeutig ersichtlich ist.
- Vergessen Sie nicht, die maximale Klickrate zu bestimmen, indem Sie die Maximalstelle in f(t) einsetzen. Achten Sie darauf, dass die Klickrate in tausend Klicks pro Stunde angegeben ist.

Teilaufgabe e

Gleichung zur Berechnung des Zeitpunkts t_G

- Die Funktion f(t) gibt die Klickrate zu einem bestimmten Zeitpunkt t an. Um die absolute Klickanzahl zu erhalten, muss über ein entsprechendes Zeitintervall integriert werden.

Teilaufgabe f

Beurteilung der Aussagen

- Überlegen Sie jeweils, ob eine Änderung von a oder b eine Dehnung bzw. Stauchung in x- oder in y-Richtung bewirkt.
- Bei der Aussage B ist es hilfreich, den Graphen von $\hat{f}$ in Abbildung 1 zu skizzieren.

Teilaufgabe g

Erläuterung des Näherungsansatzes

- Denken Sie daran: Die Funktion g gibt wiederum die Klickrate an. Zur Gesamtzahl der Klicks kommt man durch Integrieren. Dies bedeutet auch, dass der Inhalt der Fläche unter dem Graphen von g ein Maß für die Gesamtanzahl der Klicks ist.
- Mit dem angegebenen Summenterm wird also die Fläche unter dem Graphen von g für $0 \leq t \leq 10$ genähert.
- Für jedes k mit $k \in \{1; 2; 3; 4; 5\}$ ergibt sich ein Term, mit dem sich der Flächeninhalt eines bestimmten Rechtecks berechnen lässt. Zeichnen Sie zum besseren Verständnis jedes dieser Rechtecke in Abbildung 2 ein.

Teilaufgabe h

Gesamtzahl der Klicks in den ersten 10 Stunden

- Nutzen Sie die angegebene Formel. Die benötigten Funktionswerte müssen Sie der Abbildung 2 entnehmen.

Lösung

a) Funktionswert für t = 2:

$f(2) = 1\,000 \cdot 2^2 \cdot e^{-2 \cdot 2} = 4\,000 \cdot e^{-4} = 73{,}262\ldots \approx 73{,}26$

Tabellenwert: 73

Verhältnis:

$\frac{73{,}26}{73} = 1{,}0035\ldots \approx 1{,}004$

Die Abweichung beträgt etwa 0,4 %, also weniger als 2 %.

b) Ergänzte Abbildung 1:

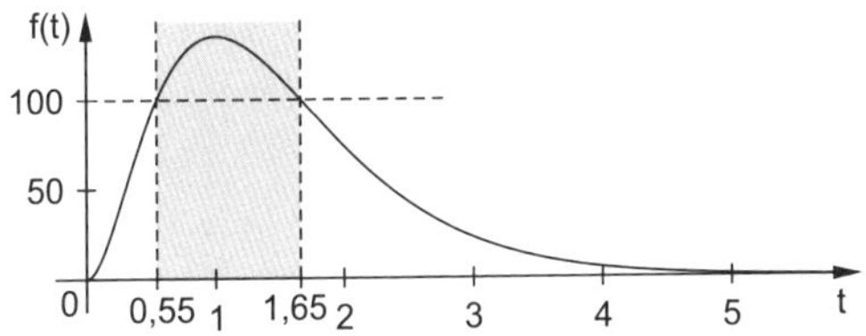

Das Zeitintervall, in dem die Klickrate über 100 000 Klicks pro Stunde liegt, ist ungefähr $t \in [0{,}55; 1{,}65]$.

Rechnerische Kontrolle (nicht verlangt):

$f(0{,}55) = 1\,000 \cdot 0{,}55^2 \cdot e^{-2 \cdot 0{,}55} = 100{,}69\ldots \approx 100{,}7$

$f(1{,}65) = 1\,000 \cdot 1{,}65^2 \cdot e^{-2 \cdot 1{,}65} = 100{,}41\ldots \approx 100{,}4$

c) Anwendung der Produktregel:

$$\begin{aligned} f'(t) &= 1\,000 \cdot 2t \cdot e^{-2t} + 1\,000 \cdot t^2 \cdot (-2 \cdot e^{-2t}) \\ &= 2\,000 \cdot t \cdot e^{-2t} - 2\,000 \cdot t^2 \cdot e^{-2t} \\ &= 2\,000 \cdot e^{-2t} \cdot (t - t^2) \qquad \text{(w. z. z. w.)} \end{aligned}$$

d) Beim Maximum der Klickrate muss die notwendige Bedingung $f'(t) = 0$ für Extremstellen erfüllt sein:

$$2000 \cdot e^{-2t} \cdot (t - t^2) = 0$$

$$\Leftrightarrow \quad e^{-2t} \cdot (t - t^2) = 0$$

Wegen $e^{-2t} \neq 0$ gilt:

$t - t^2 = 0 \quad \Leftrightarrow \quad t = t^2 \quad \Rightarrow \quad t = 0 \text{ oder } t = 1$

Mit Blick auf die Abbildung 1 ist klar, dass es sich bei der gefundenen Stelle t = 1 um die Maximalstelle handelt.

Die maximale Klickrate ergibt sich durch Einsetzen von t = 1 in f(t):

$f(1) = 1\,000 \cdot 1^2 \cdot e^{-2 \cdot 1} = 1\,000 \cdot e^{-2} = 135{,}33\ldots \approx 135{,}3$

Nach einer Stunde wird die maximale Klickrate von etwa 135 300 Klicks pro Stunde erreicht.

Anmerkung:
Es lässt sich auch mithilfe der 2. Ableitungsfunktion f" zeigen, dass bei $t=1$ ein Maximum existiert. Für f" gilt:

$$f''(t) = 2\,000 \cdot (-2) \cdot e^{-2t} \cdot (t - t^2) + 2\,000 \cdot e^{-2t} \cdot (1 - 2t)$$
$$= 2\,000 \cdot e^{-2t} \cdot (-2t + 2t^2 + 1 - 2t)$$
$$= 2\,000 \cdot e^{-2t} \cdot (2t^2 - 4t + 1)$$
$$f''(1) = 2\,000 \cdot e^{-2 \cdot 1} \cdot (2 \cdot 1^2 - 4 \cdot 1 + 1)$$
$$= -2\,000 \cdot e^{-2} < 0$$

Da $f''(1) < 0$ gilt, handelt es sich bei $t=1$ um eine Maximalstelle.

e) Gleichung zur Berechnung des Zeitpunkts t_G, ab dem der Influencer Geld bekommt:

$$\int_0^{t_G} f(t)\,dt = 25$$

f) Aussage A:
Wenn b unverändert ist und sich nur $a > 0$ erhöht, dann liegt der Hochpunkt an derselben Stelle, nur der y-Wert wird größer. Der Graph wird in y-Richtung gestreckt.
Die Aussage A ist also falsch.

Aussage B:
Mit $a=1$ und $b=0{,}4$ gilt: $\hat{f}(t) = f(0{,}4 \cdot t)$
Der Faktor 0,4 im Argument der Funktion verursacht eine Streckung mit dem Faktor $\frac{1}{0{,}4} = 2{,}5$ in x-Richtung. Der Graph von $\hat{f}$ mit $\hat{f}(t) = f(0{,}4 \cdot t)$ sieht wie folgt aus:

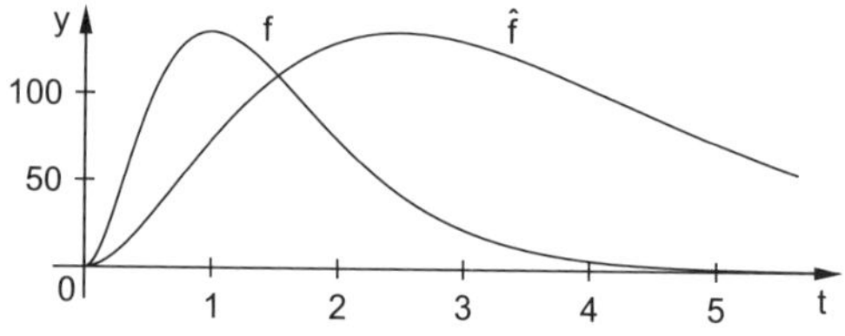

Die Fläche unter der Kurve, die die Gesamtzahl der Klicks in einem bestimmten Intervall angibt, ist beim Graphen von $\hat{f}$ im Intervall $0 \le t \le 4$ größer als beim Graphen von f.
Die Aussage B ist also falsch.

g) Die Gesamtzahl G der Klicks entspricht dem Inhalt der Fläche, die sich für $0 \le t \le 10$ zwischen dem Graphen von g und der x-Achse befindet. Diese Fläche wird durch 5 rechteckige Streifen genähert, wobei jeder Streifen die Breite 2 hat. Die Höhe eines Streifens ist der Mittelwert aus den Funktionswerten g(2k) und g(2k − 2) mit $k \in \{1; 2; 3; 4; 5\}$. Die Streifen sind in folgender Abbildung dargestellt:

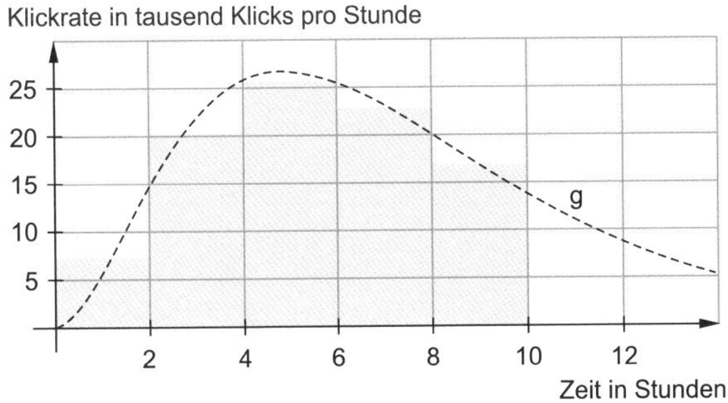

h) Näherung der Gesamtzahl der Klicks:

$$G = \sum_{k=1}^{5}\left(2 \cdot \frac{g(2k) + g(2k-2)}{2}\right)$$

$$= 2 \cdot \frac{g(2) + g(0)}{2} + 2 \cdot \frac{g(4) + g(2)}{2} + 2 \cdot \frac{g(6) + g(4)}{2} + 2 \cdot \frac{g(8) + g(6)}{2} + 2 \cdot \frac{g(10) + g(8)}{2}$$

Aus der Abbildung lassen sich folgende Werte ablesen:
$g(0) = 0;\ g(2) \approx 15;\ g(4) = 26;\ g(6) \approx 26;\ g(8) \approx 20;\ g(10) \approx 14$

Damit folgt:

$$G \approx 2 \cdot \frac{15 + 0}{2} + 2 \cdot \frac{26 + 15}{2} + 2 \cdot \frac{26 + 26}{2} + 2 \cdot \frac{20 + 26}{2} + 2 \cdot \frac{14 + 20}{2}$$

$$= 15 + 41 + 52 + 46 + 34 = 188 \approx 200$$

Die Gesamtanzahl der Klicks in den ersten 10 Stunden beträgt näherungsweise 200 000.